実践 Java/Script!

プログラミングを楽しみながら
しっかり身につける

武舎 広幸 著

JN039233

Ohmsha

はじめに

　故あって、2014年以来、ほぼ毎月2回ずつ、すべて自前で、初心者向けのJavaScript講座を開催してきました[注1]。受講いただいた方は、延べ2,000人以上。作成したオリジナルの練習問題は、約100個（＋そのバリエーション）。

　皆さんのフィードバックをもとに少しずつ改良を重ね、「決定版」と思えるものができあがったので、書籍の形にしたいと思い、ご相談したところ、運よく「OK」をいただき、この本になりました。筆者自身のプログラミングとプロジェクト管理の経験をベースに、これまでに翻訳した20冊ほどのプログラミング関連書からさまざまなアイデアを拝借、講座受講生の皆さんや編集者の方々のご意見も参考に、かなりの出来に仕上げられたのではないかと自負しています。

　目指したのは、すぐに古くなってしまうような知識ではなく、長期間役に立つ[注2]、重要なポイントがしっかり身につく入門書です。楽しくてわかりやすい、それでいて本格的な1冊。

　プログラミングを身につけるのは、（多くの人にとっては）簡単ではありません。図にするとこんな感じでしょうか。最初の1、2台目のハードルはちょ～っと高いと思います。

　それを、こんな感じにしたいと思って、対面の講座を開催し、そしてこの本を書きました。

注1　どんな「故」かは「あとがき」に書きましたので、よろしかったらお読みください。
注2　本当は「10年は役に立つ」としたいところなのですが、ここのところのAI（人工知能）の動向を見ると「ちょっと厳しいかも」とも思えるのでこう書いておきます。なお、この本でも第8章などで「生成AI」の活用法の一例を紹介しています。いずれにしろ、AIを最大限に活用できる開発者になるためには、「枝葉」だけでなく、プログラミングの「幹」となる考え方への理解が欠かせません。それを楽しみながら身につけていただくのがこの本の狙いです。

　この本でプログラミングを始めていただくと、最初のほうのハードルは低くなり、3台目以降と同程度になります。とはいっても、相変わらずハードルはあります。それは皆さんご自身で越えてください。そのための練習問題を100問以上用意しました。

　自分で試行錯誤して問題を解いているうちに、「そうか、こんな感じでやればいいんだ」と「わかる」とき（見えてくるとき、とてもよいかもしれません）がやってくるはずです。

　ただし、人によってわかるまでの時間はかなり違います。これまた図にしてみると、こんな感じでしょうか。

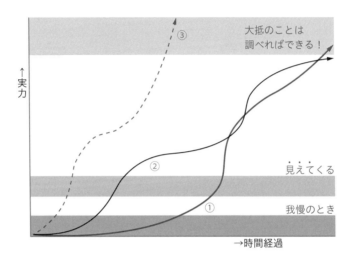

　パターンは人それぞれです。赤の実線①のように最初はかなり苦労しますが、あるところから急に実力がアップする人もいますし、出だしはまずまず順調に進み、途中で伸び悩む黒い実線②のような人もいます。最初にくる「我慢のとき」を乗り越えられるかどうかが、プログラミングを（ほぼ）不自由なくできるようになるか、楽しめようになるかどうかの分かれ目です。稀にですが、赤の破線③のように、ほとんど苦労せずに、見えるようになってしまう、「前世でもプログラミングをやっていたのではないか」と思わせるような方もいらっしゃいます[注3]。

　「むずかしい」と感じたら、まず、細かいところにあまりこだわらずに、「感じ」を掴むようにしてみてください。細かい点は本文を読んで練習問題の解答のプログラムを作っていくうちに自然に覚えられます。重要な概念は繰り返し登場するので、強制的に復習させられます。ですから、意識的に覚える必要は（あまり）ありません。実習をすることで、徐々に「納得」できるようになります。

　筆者は、大学5年生のときに始めたプログラミングの虜になって、大学院での志望専攻を数学からコンピュータ・サイエンスに変えてしまいました。この本がきっかけになって、多くの方がプログラミングに夢中に（とまではいかなくても「好きに」）なってくださったら、と思っています。

　それでは、プログラミングの世界に入っていきましょう。

注3　もっとも、「我慢のとき」を過ごすうちに、「こんなこと、もうやりたくない！」と思ってしまう人もいるでしょう。何事にも、向き不向きはあります。仕事でやらなければならない人を除けば、無理してプログラミングをする必要はないでしょう。この本は、自分の向き不向きを見極めたり、プログラマーの心理を理解するのにもお役に立てるかもしれません。

前提とする知識と機器

この本は、次の問題の答えがわかる方なら、どなたでも読み進んでいただけるように書きました。

関数 $f(x) = x^2+1$ の、$f(3)$ の値はいくつか。

答えがわからなくても、答え[注4]をみて、「そういえば、そうだったな」と思い出していただけるようなら大丈夫です。これ以上難しい数学の知識は必要ありません。

プログラミングとはどのようなものなのかを知るために、本文を読んで例題や練習問題の解答例を試していただくだけなら、スマホだけでも大丈夫です。

この本でプログラミング技術を身につけるためには、パソコンが必要です。また、ウェブブラウザを使ってページの閲覧やデータのダウンロードができ、「マイクロソフト・ワード」などのワープロアプリが使える程度のパソコンの知識を前提に説明していきます。

パソコンとしては、Windows あるいは macOS が動作するものを想定して説明します[注5]。2017年以降に発売されたパソコンなら問題ないでしょう（これより古くても、メーカーがサポートしているOSが動作するならば、動作は多少遅くなるかもしれませんが多分大丈夫です）。

ChromeBook や iPad などの情報端末（もっといえばスマホ）でも不可能ではありませんが、操作が複雑になるため初心者にはおすすめしません。そのため、説明の対象外とさせていただきます。

イントロ —— JavaScript と英語を比較する

先にお話しした対面の講座を始めて3年ぐらい経った頃だったと思いますが、JavaScript（などのプログラミング言語）の学習を、英語（などの外国語）の学習と比較することからその日の話を始めるようにしました。英語と比べることで、大まかな「イメージ」がつかみやすくなるのではないかと考えたのです。この本でも、両者の比較から始めましょう。

JavaScript（の学習）と英語（の学習）には次のような共通点があります。

1. どちらも意味や意図を相手に伝えるための道具である
2. 使えるようになるためには文法を覚える必要がある。ただし、覚えただけでは使えない
3. 「対象領域」に関する知識も必要である
4. 文系、理系はあまり関係がない
5. ある日突然「わかる」

それぞれについてもう少し詳しく説明しましょう。

1. 意味や意図を相手に伝えるための道具

英語は人間同士のやり取りに、JavaScript などのプログラミング言語は人間とコンピュータとのやり取りに使われます。このように、やり取りの相手は異なるものの、いずれも人間が相手に意図を伝えるために使

注4　x に3が入るので、「3^2+1」ですから、答えは10です。
注5　Linux が動作するものでも大丈夫ですが、Linux 用の説明は省かせていただきます。

えるという点は共通です。

英語は長い歴史をもった自然発生的な言語（コンピュータ業界では「自然言語」と呼ばれます）ですが、JavaScriptは30年ほど前に最初は一人で作られた人工的な言語（「人工言語」）です。

自然言語は世界のすべてについて記述しなければならないため、構文も複雑で単語数も膨大です。

これに対してプログラミング言語を使った記述は、現在のコンピュータにできることに限定され、自然言語に比べればかなり範囲が狭くなります。このため、構文は単純で、しかも使われる単語の数も限られています。

たくさんある英語の構文の（ごく）一部だけを形式化して、コンピュータに可能なことを、人間が依頼できるようにしたのがプログラミング言語です。

2. 文法を覚える必要があるが、覚えただけでは使えない

英語を使えるようになるためには、単語やイディオム、それに文法を覚える必要がありますが、覚えただけでは使い物になりません。繰り返し練習をして、すぐに口から出てくるようにしなければ会話はできませんし、スラスラ書けるようになっていなければ時間がかかって実用になりません。

この点はJavaScriptについても同じです。覚えるべき文法は英語に比べればはるかに単純です。しかし、文法を覚えただけでは役に立つプログラムは作れません。英語でいえば「イディオム」のようなものを覚え、さまざまな場面で応用できるように練習しておかないと、使えるようにはなりません。

英語もJavaScriptも、文法を覚えないと使えませんが、文法を覚えただけでは役に立たないのです。

3. 対象領域に関する知識が必要

英語はあくまで道具であり、通常は何かをするために英語を使います。銀行に就職した英語が得意な人が英国に派遣されたとしましょう。英語がわかっても、銀行業務に関する知識がなければ、使い者になりません。

プログラミングでも対象分野の知識が必要です。たとえば、一世を風靡した「ポケモンGO」などの位置情報ゲームについて考えてみましょう。「ジム」をどこに配置するのか。北緯何度何分、東経何度何分の位置に配置するのか。そもそも、どうやって位置情報を扱うのか、知らない人にはポケモンGOのゲームは作れません。

銀行向けのシステムを作るならば、銀行内部の処理の仕組みや流れを把握しない限り使えるシステムはできません。

このように、対象とする領域の知識も、どうしても必要になります。

自分やプロジェクトのメンバーが必要とする知識は、開発するアプリやシステムによって、毎回変わることも珍しくありません。

個人でアプリなどを作る場合も同様です。どんなアプリを作るかによって、必要な知識は大きく異なります。ですから、「これを読めばどんなシステムでも作れるようになる」といった本を書くのは不可能で、何をするかによって必要な知識は変わってしまいます。

このため、すべての皆さんの用途に合致するような課題解決の方法を提示することは不可能なのです。「たとえば、こんなときにはこんなふうにすればよい」という例を（できるだけたくさん）示し、皆さん自身が応用できるようになっていただくしかありません。

この本では、ウェブブラウザで比較的簡単に扱え（それでいて結構見栄えのする）画像や動画を使った例や、筆者が得意とする語学関連の例を多く使って説明しています。

4. 理系、文系はあまり関係がない

「プログラミングは理系の人がやるもの」と思っていませんか。筆者が思うに、理系、文系はあまり関係がありません。文系の人でもプログラミングが得意になる人は少なくありません。

たしかに、大学などでプログラミング言語の授業を担当するのは理工系の学科の先生がほとんどですし、英語（などの外国語）は文系の学科の先生が担当する場合が多いでしょう。

そのせいもあるかと思いますが、英語の授業のテキストとしては小説など文系の文章を読まされることが多いように思います。筆者は小説は嫌いではありませんが、時々しか読みませんし、「英語で」となるとかなりハードルが高くなります。大学の授業で、テキストにスポーツ関連の話題が登場したことがあって、そのときはとても読むのが楽しく、友達に「今日はスポーツの話題だったら、簡単に読めた」と話したのを今でも覚えています。

英語嫌いの人は、自分が好きでない内容を英語で学ばされて、英語嫌いになったのかもしれません。ですから、プログラミングに関する知識を英語で仕入れるのは、（それほど）嫌ではない可能性もあります。

一方、プログラミングの本には、「フィボナッチ数列を表示するプログラムを作れ」といったような数学関連の話題が登場するケースが少なくないように思います。「理系の読者が多い」と、（無意識のうちに）仮定している著者が多いのかもしれません。

語学やプログラミングの好き嫌い、向き不向きの判定には、理系、文系とは別の基準が必要なようです。どんな人がプログラミングに向いているのか。筆者は講座でお目にかかったとき、「プログラミングに向いてそう」などと思う人が時々いるのですが、自分で何を根拠にそう思うのかはよくわかりません[注6]。

いずれにしろ、「文系だからプログラミングには向いていない」と決めつける必要はありません。

5. ある日突然「わかる」

「はじめに」で紹介した「ある日突然わかる」という現象は、語学学習についてもあてはまるようです[注7]。「浸る」時間が必要なこと、人によって習得するスピードが異なることも同様です。

英語ができたほうが有利

ここまでは英語（外国語学習）と JavaScript（プログラミング言語の学習）の共通点について書きましたが、今度は両者の関係を別の角度から見てみましょう。

「英語ができたほうが JavaScript の習得には有利」なのです。

プログラミング言語はいわば「形式的な英語」です。形式的な英語を使ってコンピュータに命令をして、いろいろな処理をしてもらいます。ですから、「ホボホボ英語」であるプログラム（「コード」とも呼ばれます）をていねいに「読む」ことができれば、何をやっているか意味がわかるのです。

命令（動詞）は（基本）すべて英語の表現で書かれますし、操作対象（名詞）も英語で書かれることが多いのです。そして、そうした命令や操作対象を表す英語表現の綴りを一箇所でも間違ってしまうと、そこでプログラムは動かなくなります。x と小文字で入力すべきだったものを、X と大文字にしてしまっただけでも動かなくなります。

さらには、誤りを伝えてくれる「エラーメッセージ」などもすべて英語です（これは「形式的な英語」で

注6　といったような、対面でないと伝わらない情報もあるようですので、対面の講座へのご参加もお待ちしています。本やリモート講座では得られない効果があります。お申し込みはこの後ろに示すサポートページからどうぞ。

注7　「英語がある日突然わかる」でウェブ検索してみてください。

はなく「普通の英語」で書かれます）し、「ドキュメント」（資料）も英語で書かれることが圧倒的に多いのです。ですから、英語の読解力があったほうが情報の入手がはるかに簡単になります。

　さらに、キーボードを見ずに文字を入力できる「タッチタイピング」ができたほうが、右手の人差し指だけを使って入力するよりも効率が上がります。

　したがって、英語が得意な人のほうが、英語が苦手だった人よりも有利なのです。

　でも、安心してください。そんなに難しい英語は使われません。プログラムの基本要素（構文要素）で使われる英単語の数は全部で百個にもなりません。それだけ英語の表現を覚えれば、プログラム自体は書けるのです。

　ただ、プログラムで処理する対象は限定されないので、説明のための文書に登場する単語には、どのようなものが出てくるかわかりません。たとえば、原子力発電を制御するシステムなら、物理の専門用語が使われる可能性が高いでしょう。

　しかし安心してください。一般的な小説などに比べれば、かなり平易（へいい）な単語や表現が使われます。ネイティブスピーカー以外の人も読むことを知っているので、多くの人は平易な表現を使ってドキュメントを書いてくれます。そして、平易な表現で書かれた文書は、最近の翻訳アプリを使えば、かなりの精度で日本語に翻訳してもらえます。

　逆に考えれば、「授業以外、英語で会話をした経験がないので、英語はまったく役に立ったことがない」という人にとっては、役に立つ英語を学ぶチャンスなのです。そう考えて、積極的に英語のドキュメントの読解にも（翻訳アプリの助けを借りて）挑戦してみてください。

　そして「英語が前から好きだった、得意だ」という人にとっては、それを活かす絶好のチャンスです。

この本の英単語帳 ≒ JSの単語帳

　プログラムを構成する「キーワード」などに使われる単語数は、ごく限られており、100個も覚えれば十分です。そこで主なものをここに一覧にしてしまいました。ここにあげた単語を覚えていただけば、基礎的なJavaScriptのプログラムを書くには（だいたい）十分なのです。

　英語を学ぶときはいつでもですが、単語そのものの「感じ」というか、「雰囲気（ふんいき）」を覚えるようにしてください。「単語が発するものを全身で受け止める」感覚をもっていただくとよいと思います。

　新しい人に出会ったときに、その人の印象をなんとなく記憶すると思いますが、単語のもつ雰囲気を心に刻むようにするのが語学上達の（ひとつの）コツだと思います。

　では、この本の必須英単語の一覧です。赤色になっている文字は要注意の綴（つづり）や発音、それにコンピュータ用語です。ここにあげた単語だけは、この本を読み終わるまでに絶対に覚えてください[8]。

- alert /ələ́rt/　or　/ələ́:t/ ── 注意（せよ）
- prompt ── 促進する、（入力を）促す、催促、入力促進を促す記号、**プロンプト**
- function ── 機能、関数
- for ── 〜に対して、〜の間、〜のために
- loop ── 繰り返し、ループ
- variable（var）── 変化する、変数 ［vary + able ── 変わる + 〜ができる］
- constant（const）── 変化しない、定数

注8　とはいっても、繰り返し登場しますので、多分絶対覚えられます。ご安心ください。

- **let** —— ～にする、～させる。「let x = 3」← x の値を 3 にする
- **if** —— もし...ならば、...のとき、...の場合
- **else** —— そうでなければ、ほかの（とき）
- **true** —— 真、正しい
- **false** —— 偽、正しくない、間違い
- warning [wɔ́ːrniŋ] —— 警告（エラーの可能性大）
- error —— 間違い、エラー
- math —— 数学（← mathematics）
- modulo（mod）—— （割り算の）余り（剰余）
- random —— ランダムな、無作為の
- floor —— 床、切り下げる
- operator —— **演算子、オペレータ**
- operand —— 何かをされる人（物）、**被演算子、演算（計算）の対象**
- division —— 部分、～部、分割 ← <div> タグ
- scope —— 範囲、スコープ
- span —— 及ぶ、期間、範囲、間の距離 ← <span> タグ
- object —— もの、物体、**オブジェクト**
- property —— 性質、属性、**プロパティ**
- method —— 方法、やりかた、手段、**メソッド**
- **document** —— 文書、ドキュメント、書類
- element —— 要素、構成要素、成分
- ID（← identification の省略形）—— 識別、識別用の番号、身分証明（書）
- inner —— 内側の、内部の
- height [hait]（ハイト）—— 高さ
- width [widθ]（ウィドゥス）—— 幅
- margin —— 余白、余裕、へり、利幅、**マージン**
- pad（padding）—— クッション、詰め物（をする）、パッド、少し膨らませる、**パッディング**
- integer（int）—— 整数 (0, 1, 2, ..., -1, -2,...)
- float、floating number —— 小数（小数点付きの数字）
- string —— 文字の並び、**文字列、糸、一連のもの**
- location —— 場所、ロケーション、位置
- reference —— 参照（する）
- strict —— 厳格な、厳密な
- parse —— 単語に分け品詞などを特定する、**構文解析する**

楽しめれば上達は早い

なぜ筆者がプログラミングの虜になったか。

楽しかったからです。

プログラミングを始めてから○十年以上、基本的にはずっと楽しんでプログラミングをしてきました。もちろん、締め切り間近なのにうまくいかず、（ほぼ）徹夜続きで胃が痛くなる思いをしたこともありましたが。

ものを作るのは楽しいのです。日曜大工とか、手芸とか、実際に物を作るのは、楽しいですし、完成すると嬉しくなります。

プログラミングは、こういった「物理的な物」を作る作業よりは、小説を書いたり、作曲したりといったほうに近いといえます。コンピュータの画面上に表示される「仮想的なもの」を作る作業です。

よくできたゲームをするのは楽しいですが、楽しいゲームを作るほうがもっと楽しい。「俺ならもっと楽しいゲームを作れる（かもしれない）」からなのかもしれません。

英語が話せれば、新しい友達（や恋人！）ができたり、外国旅行が（それほどの）不自由なくできるようになり、新しい世界が広がります。そうすると、英語（を学ぶこと）がより楽しいものになるでしょう。

就職に有利だから、お金が稼げるから、というのも十分な動機にはなるでしょうが、楽しめれば、プログラミングも英語も、楽に（苦労せずに）身につけられます。

「楽しい」「楽しくない」は個人的な感情なので、「楽しく思え」というわけにもいきませんが、この本を読み進めてみて何の楽しさも感じられないようならば、プログラマーになるのは厳しい（向いていない）のかもしれません。

念のため —— Java と JavaScript は別言語

この本で紹介する JavaScript（略して「JS」）と、Java は、名前の由来に関係はありますが、まったく別のプログラミング言語です。

まちがって、Java の本だと思われた方、「Java」の後ろに「Script」が付いていない本をご購入ください。

もっとも、Java を学ぶ前に、この本でプログラミングの基礎を学んでいただくのも効果的ですから、よろしかったら、まずこの本をお読みください。

ちなみに、付録 B には、Java（を含む他のプログラミング言語）の紹介があります。

本書のロードマップ

この本の本文は、大きく次の4つの部分から構成されています。

第1章から第7章は、プログラミングの基本概念の紹介です。計算をするための「+」や「−」などの「演算子」や、「制御構造」と呼ばれる処理の順番を制御する機構（関数、分岐、繰り返し、タイマー）、それに処理の際にデータを記憶するための「データ構造」（変数、定数、配列）について説明します。

いずれの章でも、その章で紹介する概念を端的に表す「章の課題」を最初に提示し、それを解いていく形式で進めます。各章の最後には、数個から十数個の練習問題が付いています。

第8章はプログラムがうまく動作しないときに、その原因となる「バグ」を取り除いて問題を解決する「デバッグ」に関する説明です。ChatGPT などの生成 AI を使う方法も含め、筆者の講座の受講生の方々が遭遇したバグを題材に、それを解決するための方法を紹介します。また、そもそも「デバッグを（できるだけ）しなくてすむようにする方法」についても説明します。

　第9章から第12章は、ブラウザに付随するJavaScriptが得意とする、画像や動画などの動的<small>ダイナミック</small>な処理を中心に、「オブジェクト指向」や「イベント処理」について解説します。この4つの章で、合計約40問の練習問題が用意されています。

　第13章と第14章は、全体の「まとめ」です。第13章でプログラミングに登場する概念を分類、整理し、第14章でこれまでの知識を総動員して、小規模ながら完結したウェブサイトを構築します。

　このほか、付録Aと付録Bに付加的な情報があります。付録Aには、本文に書ききれなかったJavaScriptの機能などで、初心者のレベルを卒業する前に知っておきたい事柄をまとめました。付録Bでは、これから先に進みたい方のために、参考文献や（ブラウザ付属の）JavaScript以外の言語（Node.js、Go、Javaなど）を紹介しています。

補足資料

　この本には「サポートページ」があり、追加情報の閲覧や本文で使う例題や問題の解答例のダウンロードなどができます。

`https://musha.com/scjs`　

　例題や解答例のダウンロード方法は第1章で紹介しますので、その指示に従ってください。
　また、この本と（ほぼ）同じ内容を解説した動画も公開しています。上記サポートページからご覧ください。

目次

はじめに iii

前提とする知識と機器 v

イントロ —— JavaScriptと英語を比較する v

  1. 意味や意図を相手に伝えるための道具 v

  2. 文法を覚える必要があるが、覚えただけでは使えない vi

  3. 対象領域に関する知識が必要 vi

  4. 理系、文系はあまり関係がない vii

  5. ある日突然「わかる」... vii

  英語ができたほうが有利 vii

  この本の英単語帳 ≒ JSの単語帳 viii

  楽しめれば上達は早い x

  念のため —— JavaとJavaScriptは別言語 x

本書のロードマップ x

補足資料 xi

第1章 初めてのJavaScriptプログラム
世界で一番有名で、一番短いプログラムを書いてみよう
1

  この章の課題 ダイアログボックスの表示 2

1.1 ブラウザによる表示 **2**

1.2 アプリとデータのダウンロード **3**

  例題と問題の解答例のダウンロード 5

  Google Chromeのインストール 6

  Visual Studio Codeのインストール 6

  VS Codeの日本語化 8

  VS Codeの環境設定 9

  各アプリとデータの確認 10

1.3 この章の課題のコード **10**

  この章の課題 ダイアログボックスの表示（VS Codeから実行）........... 11

1.4	エディタによる表示	11
1.5	エディタから実行	14
1.6	HTMLコードの詳細	16
1.7	JavaScriptの「コード」	18
1.8	関数とその働き	18
	関数の構造	19
1.9	文字列	20
1.10	この章のまとめ	22
1.11	練習問題	22
1.12	練習問題の解答例	25

第2章 関数はプログラムのレゴブロック

難しいことはだいたい関数がやってくれる

		27
この章の課題	HTMLタグの出力	28
2.1	関数document.write	29
2.2	Math.random	32
2.3	実行順序	35
2.4	文を区切るセミコロン	35
2.5	この章のまとめ	37
2.6	練習問題	38

第3章 人生は選択の連続である

分岐、プラスして変数と演算子

		43
この章の課題	おみくじ	44
3.1	手順	45
3.2	コードの日本語訳	45
3.3	"use strict"	46

3.4	変数の宣言と代入	46
	変数の宣言	46
	変数への代入	47

3.5	if文の実行	49

3.6	変数のスコープ ── 大域変数と局所変数	51

3.7	結果の出力	54

3.8	分岐のパターン	55
	やるかやらないかパターン	56
	二択	56
	三択	57
	n択	58

3.9	論理演算子	58
	大小	58
	等号、不等号	59

3.10	算術演算子	59

3.11	算術演算子と変数の値の更新	60

3.12	++ と --	61

3.13	文字列の連結	62

3.14	この章のまとめ	64

3.15	練習問題	65

3.16	練習問題の解答例	72

第4章 何万回でも何億回でもヘビーローテーション
ループ（繰り返し） 73

この章の課題 画像の連続表示	74

4.1	一番単純なfor文 ── 同じことの繰り返し	75

4.2	同じようなことを繰り返すfor文	77

4.3	for文はどのように実行されるか	78

4.4	制御部分のパターン	79

4.5	テンプレートリテラル（可変部分付き文字列）	81

4.6	imgタグの生成にテンプレートリテラルを利用	82
4.7	スタイルの指定	83
4.8	変数や定数を使ってコードをわかりやすく	86
	途中経過を変数に記憶	86
	定数の利用	86
4.9	この章のまとめ	88
4.10	練習問題	89

第5章 「オーダーメイド」のレゴブロックを作ろう
ユーザー定義関数　　　101

この章の課題	おみくじ その2	102
5.1	関数の定義	103
5.2	関数を使う意味	104
	関数は概念に名前をつける	104
	関数は再利用を促進する	104
5.3	引数の指定	105
5.4	サブ関数の呼び出し	107
5.5	数学の関数との比較	109
5.6	識別子に関するルール	110
5.7	この章のまとめ	111
	関数の構文のまとめ	111
	関数の長所	112
5.8	練習問題	115

第6章 カウントダウンイベント御用達
タイマーを使った定期的繰り返し　　　119

この章の課題	カウントダウン	120
6.1	1画面のHTMLコード	121
6.2	画面の書き換え	122

6.3	定期的繰り返し — setInterval	123
6.4	関数「カウントダウン」	123
6.5	関数「画面書き換え」	124
6.6	無名関数	125
6.7	アロー関数	126
	アロー関数の省略形	127
6.8	この章のまとめ	129
6.9	練習問題	130

第7章 配列 — 何千個でも、何万個でもまとめて記憶 133

この章の課題	漢数字を使ったカウントダウン	134
7.1	全体の流れ	135
7.2	配列の長さ	136
7.3	合計や平均の計算	136
7.4	この章のまとめ	138
7.5	練習問題	138

第8章 デバッグ — 虫取りは人類を救うか 143

8.1	デバッグ時の心構え	144
	一発で動くことは滅多にない	144
	慣れないと、自分でバグを見つけるのは簡単ではない	144
8.2	生成AIを使った「丸投げデバッグ」	144
	エラーその1—「タイポ」	145
	エラーその2— 形式のミス	145
	エラーその3— 演算子の間違い	146
8.3	最初にチェック！	150
	そもそもJavaScriptのプログラムとして認識されているかを確認する	150
	"use strict" を冒頭に指定する	150

8.4	コンソール（console）をチェック	**152**
8.5	エラーメッセージで見当がつかないとき	**154**
8.6	Chromeのコンソール	**155**
8.7	コンソールの便利な使い方	**156**
8.8	「約物」に注意する	**156**

丸括弧（...）...157
波括弧 {...} ― 複数の文をまとめる...157
角括弧 [...]...158
引用符（"..."、'...'、`...`）...158
テンプレートリテラル ― `... ${...} ...`...158
その他の約物 158

8.9	例外処理 ― Uncaughtは（当面）無視してよい	**159**
8.10	その他の主要なエラーメッセージ	**161**

Uncaught ReferenceError: ●● is not defined...161
Uncaught TypeError: ●● is not a function 161
Uncaught SyntaxError: Unexpected token '}' 162
Uncaught TypeError: Cannot read properties of null (reading '●●')...........163
Uncaught TypeError: Cannot set properties of null (setting '●●').............164

8.11	デバッガの利用	**164**

ブレークポイントとステップ実行 165
ステップオーバー 167
ブレークポイントの設定と解除 167
Chromeのデバッガ 167

8.12	デバッグ前にやっておくこと	**168**

デバッグの前にもう一度プログラムを見直す 168
できるだけコピペ（copy & paste）する 169
バグが見つけやすい美しいコードを書く 170

8.13	ソフトウェアテスト	**173**
8.14	この章のまとめ	**173**
8.15	練習問題	**174**

第9章 世の中はもの（オブジェクト）でできている
オブジェクト指向とは 175

この章の課題 動画を交互に再生 176

9.1 オブジェクト指向の登場前 177

9.2 オブジェクト指向の中核をなすアイデア ─ プロパティとメソッド 179

プロパティ 180
メソッド 180

9.3 動画オブジェクト 182

9.4 例題のコード 183

動画を表すタグ 183
クラス指定 184
muted属性 186
交互に再生 186

9.5 この章のまとめ 188

9.6 練習問題 189

第10章 ブラウザの中身は全部オブジェクト 193

この章の課題 スライドショー 194

10.1 ブラウザとオブジェクト 195

10.2 コードの解説 195

10.3 windowオブジェクト 196

windowのメソッド 196
windowのプロパティ 197

10.4 ブラウザのJavaScriptで扱えるオブジェクトの種類 198

10.5 window.console ─ コンソール関係の処理をするオブジェクト 200

10.6 window.location ─ URLを取得・操作するためのオブジェクト 202

10.7 window.navigator ─ ユーザーの環境を取得するオブジェクト 202

10.8 この章のまとめ 204

10.9 練習問題 204

第11章 documentオブジェクトとアニメーション　207

この章の課題 カウントダウン（改良版） 208

| 11.1 | documentオブジェクトのメソッド | 209 |

| 11.2 | この章の課題の説明 | 211 |

| 11.3 | スタイルとアニメーション | 212 |

大きさの変化 213

位置の変化 215

| 11.4 | この章のまとめ | 216 |

| 11.5 | 練習問題 | 216 |

第12章 パソコンの中にも凄腕のイベント屋がいる　225
イベント処理

この章の課題 フォトギャラリー 226

| 12.1 | JavaScriptのイベントの例 | 228 |

| 12.2 | プログラムの実行順序とイベント処理 | 228 |

| 12.3 | イベントハンドラ ─ イベントを捕獲する罠を仕掛ける | 230 |

| 12.4 | 1枚の画像をmouseoverで拡大する例 | 231 |

| 12.5 | 2枚の画像から1枚をmouseoverで拡大する例 | 233 |

| 12.6 | タッチデバイスへの対応 ─ touchstartでタップを判定する | 235 |

| 12.7 | コードの改良 ─ 重複を避ける | 237 |

| 12.8 | コードの改良 ─ 関数を使って簡潔に | 238 |

| 12.9 | この章のまとめ | 241 |

| 12.10 | 練習問題 | 241 |

第13章 プログラムを作る≒アルゴリズムとデータ構造を考える　255

| 13.1 | 概念の相関図 | 256 |

データ構造 256

型 256

フロー制御とアルゴリズム 258

演算子 259

アルゴリズム＋データ構造≒プログラム 259

13.2 局所変数と大域変数 ─ 大域変数を避ける **259**

let と var のスコープ 259

大域変数を安全に使う 260

13.3 これから進む道 **261**

第14章 ウェブサイトを作ってみよう 263

14.1 サイト構築の手法 **264**

トップダウンかボトムアップか 264

小規模サイトではボトムアップがオススメ 265

14.2 この本の例題や解答例のサイト **265**

ファイルの構成とトップページ 266

JavaScript を使った HTML コードの生成 269

例題フォルダや解答例フォルダの構成 271

14.3 ライブラリの利用 **273**

オブジェクトライブラリの利用 273

特殊用途のライブラリ 274

14.4 API を利用した辞書引きサイトの構築 **278**

翻訳訳語辞典 278

API の利用方法 280

14.5 この章のまとめ **285**

14.6 発展課題 **285**

付録A JavaScriptのその他の構文や関数 287

A.1 演算子関連 **288**

「++i」と「i++」の違い 288

=== と == の違い 289

>= や > は（原則）使わない 289

条件演算子（三項演算子） 291

A.2 制御構造 **292**

for 文の条件などの省略と break、continue 292

for 文のほかの構文..295

for 文以外のループ構文...296

switch 文...297

A.3　配列関連のメソッド　298

Array.forEach..298

Array.reduce..299

Array.map...300

Array のその他のメソッド...300

付録 B　ほかの言語も使ってみよう　301

B.1　各言語の特徴　302

B.2　例題　302

B.3　開発環境のインストールとターミナルを使った開発（Python）　304

「開発環境」の準備（インストール）...304

例題の実行...306

B.4　Node.js のコード　307

B.5　Go 言語のコード　308

B.6　Java のコード　311

B.7　練習問題　312

あとがき...313

索引...315

第 **1** 章

初めての
JavaScriptプログラム

世界で一番有名で、
一番短いプログラムを書いてみよう

　この本では多くの章で、最初に「章の課題」をあげ、その章で学ぶ内容
を端的に表す例題を示します。まずこの第1章では「世界で一番有名なプ
ログラム」を動かしてみましょう。
　「hello, world」というメッセージを画面に表示するという課題です（な
ぜこれが世界で一番有名なのかは、この章の最後のほうにあるコラムをご
覧ください）。

この章の課題：ダイアログボックスの表示

「hello, world」という文字列（文字の並び）をダイアログボックスに表示せよ（**図1.1**）

●実行結果

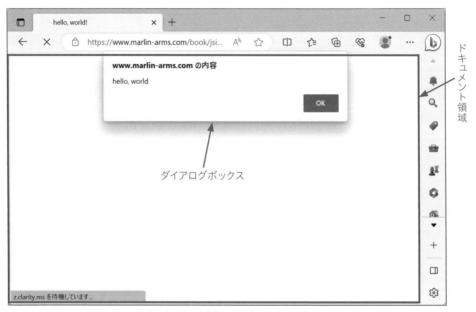

図1.1　ダイアログボックスの表示

ブラウザで表示 `https://musha.com/scjs?ch=0101`

 ## 1.1　ブラウザによる表示

　手始めに**ダイアログボックス**にメッセージを表示する方法を見てみましょう。ダイアログボックスは**図1.1**のように、普通のメッセージなどが表示される**ドキュメント領域**の手前に突然現れる、長方形の小さめのウィンドウです。

　以下のいずれかを実行してみてください。

- 電子版の方は、上のリンクを選択（クリックあるいはタップ）します
- 書籍版の方は、上のQRコードを使ってスマートフォンで表示するか、ブラウザにURLを入力して表示します（手入力の場合は「`https://`」の部分は省略できます）

リンクを選択したときは、Windowsの場合Microsoft Edge（略して「Edge」）が、macOS[注1]の場合Safariが起動して、ダイアログボックスが表示されるはずです。ただし、別のブラウザ、たとえばGoogle ChromeやFirefoxなどを「標準のブラウザ」に設定している場合は、そのブラウザが起動されます。

スマートフォンで表示した場合も同様で、標準のブラウザにダイアログボックスが表示されます。

> **Note**
>
> この本ではEdgeやSafariを使うのは（基本的には）今回だけで、次からはほとんどの例で、これからインストールするGoogle Chromeを使います。

なお、ダイアログボックスの表示はブラウザによってだいぶ異なります。先ほどの**図1.1**はWindowsのMicrosoft Edgeのもので、ダイアログボックスは上部中央に表示されています。これに対して、**図1.2**はiPhoneのSafariで表示したものですが、画面中央に表示されて雰囲気もだいぶ異なっています。

ダイアログボックスの表示を確認したら、[OK]や［閉じる］などを選択（クリックあるいはタップ）してダイアログボックスを閉じてください。

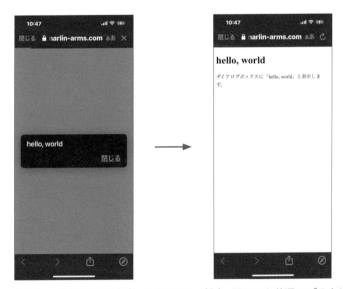

図1.2 iPhoneのSafariでダイアログボックスを表示（左）。閉じると普通のブラウザの画面に戻る（右）

 ## 1.2 アプリとデータのダウンロード

この章では、どのような仕組みでこのウェブページにダイアログボックスが表示されるのかを詳しく見ていきますが、まずは準備が必要です。プログラムを実行したり編集するために、下に示すデータやアプリをダウンロード（インストール）してください。

データのダウンロードやアプリのインストールに慣れている人は、細かい説明（「例題と問題の解答例の

注1 Macintosh、略してMacを使っている人は（特別なことをしない限り）macOSというOS（オペレーティングシステム）を使っています。macOSが使われているコンピュータはAppleのMacintoshだけですので、「Macintoshでは」といっても「macOSでは」といっても対象は（ほぼ）同じになります。この本ではWindowsと対比するために「Macintosh」とは書かずに、「macOS」と書くことにします。

ダウンロード」「Google Chrome のインストール」「Visual Studio Code のインストール」の各節）は飛ばしても結構です。次に示す URL[注2] を入力してダウンロードやインストールを行ってください。それが終わったら、「VS Code の日本語化」に進んでください。VS Code のメニューなどを日本語にする機能拡張をインストールします。

　まず概要の説明です。次の 3 つのデータやアプリを準備してください。

- この本の例題と解答例 ── https://musha.com/scjs
  - Windows では、ダウンロードが済んだら、エクスプローラで右クリックして、[すべて展開...] を選んで「デスクトップ」の下に jsdata フォルダを展開しておいてください[注3]
  - macOS では、jsdata フォルダを「デスクトップ」に移動しておいてください[注3]
- Google Chrome ── https://musha.com/scjs?ap=chr
- Visual Studio Code ── https://musha.com/scjs?ap=vsc

  Windows でインストールする際には、セットアップの途中の画面で表示される「追加タスクの選択」で、すべての項目にチェックを入れてインストールしてください（macOS ではこの操作は必要ありません）

　Google Chrome（略して Chrome）はウェブブラウザ（略して「ブラウザ」）、Visual Studio Code（略して「VS Code」）は**テキストエディタ**（略して「**エディタ**」。「コードエディタ」と呼ばれる場合もあり）です。この本では、この 2 つのアプリを使ってプログラミングを学んでいきます。ほかのブラウザやエディタなどを使ってもプログラミングはできますが、現在非常に多くのプログラマーが開発に利用しているので、この本でも、この 2 つを利用しましょう。

> ▶ Note
>
> 　普段ほかのエディタを使っている人も、ひとまず VS Code をインストールして使ってみてください。なかなか使いやすいエディタですので。
> 　しばらく使ってみて、「やっぱり『○○エディタ』のほうがいい」と思ったら、戻っても結構です。ただし、この本では VS Code を仮定して説明していきます。他のエディタを使ってファイルの編集が終わり、ブラウザ（Chrome）で実行する際には、[ファイル] メニューから読み込むか、編集したファイルのアイコンをブラウザの「ドキュメント領域」にドロップして開いてください。
> 　筆者は長年 Emacs というエディタを使っており、ほかのエディタはほとんど使っていませんでした。ですが、筆者の JavaScript 講座にいらっしゃる方々の多くが VS Code を使うようになってきたので、自分でもときどき使ってみるようにしていました。
> 　少し前までは、「初心者にはとても使いこなせない」という印象をもったので、プログラミングが初めての人にはほかのエディタを推奨していました。しかし、最近はだいぶ簡単に（直感的に）使えるようになってきて、例題を次々に実行する操作などがとてもスムーズにできるようになりました。このため、現在は初心者も含め皆さんにこのエディタを推奨しています。
> 　筆者の現状はというと、数々のショートカットを指が記憶してしまっているので、まだ手放せず、この原稿も Emacs で書いてはいますが……。

注2　入力しやすいように「短縮 URL」になっています。筆者が管理するサイトを経由して、グーグルやマイクロソフトなどのページに移動します。「リンク切れ」が見つかったら、次のこの本のサポートページからご連絡いただけると幸いです ── https://musha.com/scjs
注3　「デスクトップ」以外の場所においても構いませんが、以降の説明では「デスクトップ」にあるものとして説明します。それ以外のところに置いた場合は、読み替えてください。

例題と問題の解答例のダウンロード

アプリなどのダウンロードやインストールに慣れていない人は、以下の手順に従ってください。
まず、この本で利用する例題と問題の解答例の入ったデータファイルをダウンロードします。

1. ウェブブラウザで https://musha.com/scjs を表示します
2. 『「例題および解答例」のダウンロードはこちらから』と書かれたリンクをクリックしてダウンロードを開始します

ダウンロードが終わったら、次の手順に従って、jsdataというフォルダを「**デスクトップ**」フォルダの下に移動してください。

● **Windows の場合**

1. エクスプローラで「ダウンロード」フォルダを表示します
2. jsdataを右クリックして［すべて展開...］を選択します（**図1.3**）
3. 「展開先の選択とファイルの展開」のウィンドウで、［参照（R）...］を選択し、表示される「ダイアログボックス」で、「デスクトップ」を選択します
4. ［フォルダーの選択］ボタンをクリックすると「展開先の選択とファイルの展開」のウィンドウに戻りますので、［展開（E）］のボタンを選択します
5. 進行状況（○○％完了）が表示されて、終了すると「デスクトップ」フォルダの下にjsdataというフォルダができています

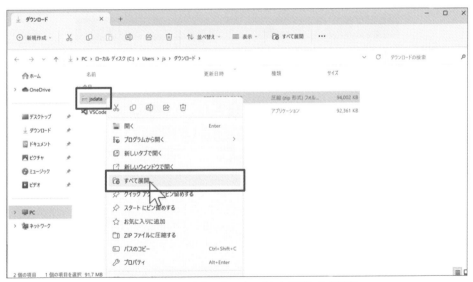

図1.3 jsdataを右クリックして［すべて展開...］を選択

● **macOS の場合**

macOSの場合は、「ダウンロード」フォルダに jsdataというフォルダができていますので、そのフォル

ダを「デスクトップ」フォルダに移動してください。

これでこの本の「例題および解答例」の準備は完了です。

Google Chrome のインストール

続いて、ブラウザの Chrome をインストールします。

1. ブラウザで `https://musha.com/scjs?ap=chr` を表示します
2. 「Chrome をダウンロード」を選択してダウンロードします
3. ブラウザのページにインストール方法が表示されているはずですので、それに従ってインストールしてください
4. Chrome が自動的に起動された場合、メッセージを読んで、OK などのボタンを押し、いったん Chrome を終了してください（Windows の場合、右上の✖をクリックするのが簡単です）

Visual Studio Code のインストール

最後にエディタ（テキストエディタ）の VS Code をインストールします。

1. ブラウザで `https://musha.com/scjs?ap=vsc` を表示します
2. Windows の場合は「Windows」のボタンを、macOS の場合は「Mac」のボタンを選択してダウンロードを開始します（**図1.4**）。ボタンの下に細かい指定がありますが、上の「Windows」あるいは「Mac」を選択するだけで大丈夫です

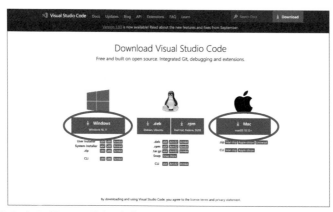

図1.4　VS Code のダウンロードページ。「Windows」あるいは「Mac」のボタンを選択すれば大丈夫

以降の手順は OS によって少し異なります。また、この本の執筆時点からインストール方法が変わる可能性もあります。もしも下記の手順でインストールできなかった場合は、サポートページの VS Code のインストール方法のページ（`https://musha.com/scjs?ap=vsc-exp`）を参照してください。インストール方法が、より詳しく書かれています。

● **VS Codeのインストール ── Windowsの場合**

1. Edgeのドキュメント領域右上の「ダウンロード」という小さなウィンドウに表示されている［ファイルを開く］のリンクをクリックして「セットアップ」を開始します

2. 他のアプリと同じように、［同意する］や［次へ］などを選択して進めます

   ただし、［追加タスクの選択］のウィンドウでは、**図1.5**のように、すべての選択肢にチェックを入れてください

3. ［インストール］を選択してインストールを完了します。「Visual Studio Code」というアイコンがデスクトップに表示されていることを確認してください

4. ダウンロードフォルダにある**VSCodeUserSetup-**で始まるファイルをゴミ箱に入れて削除します

図1.5　［追加タスクの選択］では、すべての選択肢をチェックする

　VS CodeのWindowsへのインストール方法の説明は以上です。「VS Codeの日本語化」に進んでください。

● **VS Codeのインストールと起動 ── macOSの場合**

1. 「ダウンロード」フォルダに**Visual Studio Code**というファイルができているはずですので、確認してください（もし、zipファイルがある場合は、ダブルクリックして展開してください）

2. **Visual Studio Code**を「アプリケーション」フォルダに移動します

3. 「アプリケーション」フォルダにコピーした**Visual Studio Code**をダブルクリックして起動してください

4. **Visual Studio Code**のアイコンがDock（ドック）に表示されるはずです。アイコンを左のほうに移動して、Dockにいつも表示されるようにしてください

　VS CodeのmacOSへのインストール方法の説明は以上です。すぐ下の「VS Codeの日本語化」に進んでください。

VS Codeの日本語化

　インストールしたら、VS Code のメニューなどを日本語化するために機能拡張（extension）の「Japanese Language Pack」をインストールします。

　macOS では「表示言話を日本語に変更するには言話パックをインストールします。」という小さなウィンドウが表示されます（**図1.6**）。この場合は［インストールして再起動］のボタンをクリックするとインストールされます（表示されなかった場合は、下の手順に従ってください）。

図1.6　macOSで表示される日本語の言語パックのインストールを促すメッセージ

　Windows では**図1.6**のウィンドウは表示されませんので、次の手順で日本語用の「言語パック」（Japanese Language Pack）をインストールしてください（**図1.7**）。

1. ウィンドウ左側の「アクティビティバー」の機能拡張（Extensions）のアイコンを選択します（①）
2. 右隣の「サイドバー」に「拡張機能」が表示されるので検索欄に「japanese」と入力します（②）
3. 「Japanese Language ...」の右下に［Install］のボタンが表示されるのでこれを選択してインストールします（③）
4. しばらくすると、右下に［Change Language and Restart］（言語を変更して再起動）というボタン（**図1.8**）が表示されるので、これを選択して VS Code を再起動してください

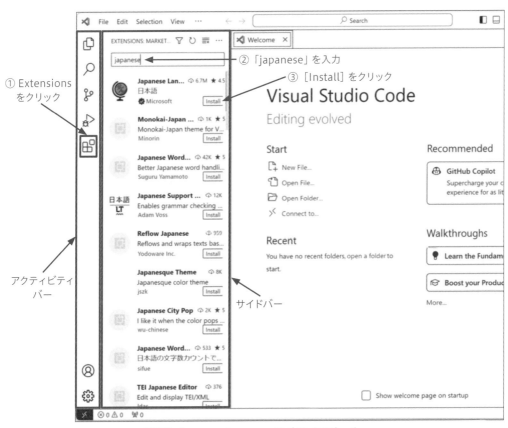

図1.7　Japanese Language Packのインストール

図1.8　［Change Language and Restart］をクリックして再起動するとメニューなどが日本語に変わる

VS Codeの環境設定

　VS Codeにはさまざまな設定項目があり、色使いや文字の大きさなどを変更できます。たとえば次のような設定が可能です。

- 配色の選択 ── アクティビティバーの一番下にある歯車のアイコン ⚙ を選択して、［テーマ］→［配色テーマ］で配色を選択できます。2023年12月現在の標準の設定は［ハイ コントラスト ダーク テーマ］になっていますが、この本では「ライト モダン」にして、書籍などで読む際に見やすくしています

- 画面の各要素の拡大・縮小 —— VS Code の［表示］→［外観］→［拡大］でアクティビティバーやサイドバーも含め、文字やアイコンを拡大できます。［縮小］を選べば縮小されますし、［ズームのリセット］で元どおりの大きさに戻ります
- よく使用するもの —— 歯車のアイコン ⚙ を選択して、［設定］を選択すると「よく使用するもの」が表示されます。たとえば「Editor: Font Size」の数字を変えると、編集中のファイルの文字サイズだけを変更できます

慣れてきたら、自分の好みや開発手法に合わせて、いろいろ設定してみてください。

各アプリとデータの確認

これで準備が完了しました。以下のフォルダやアプリが揃ったことを確認してください。見つからないものがある場合は、上に戻ってもう一度ダウンロード（インストール）してください。

● Windowsの場合
「デスクトップ」に次の 3 つのアイコンがあることを確認してください。

- jsdata というフォルダ
- Google Chrome のアイコン
- Visual Studio Code のアイコン

● macOSの場合
次のフォルダやアプリがあることを確認してください。

- 「デスクトップ」に jsdata というフォルダ
- 「アプリケーション」フォルダに Visual Studio Code と Google Chrome
  なお、この 2 つのアプリを頻繁に使いますので、（まだの場合は）それぞれのアイコンを「Dock」にドラッグして、Dockから使えるようにしておいてください。標準設定では、画面の下のほうにアプリのアイコンがいくつか並んでいます。適当な位置まで「ドラッグ」して「ドロップ」すると、その位置にアイコンが固定されます（ほかのアプリのアイコンの上ではなく、アイコンとアイコンの間に入れてください）。

 ## 1.3　この章の課題のコード

これで準備ができました。「この章の課題」に戻りましょう。
章の冒頭でブラウザにこの章の課題を表示しましたが、今度はダウンロード（インストール）したエディタのVS Codeとブラウザのchromeを使ってやってみます。
まず、VS Code（エディタ）で表示し、VS Code から Chrome（ブラウザ）に表示します。

この章の課題：ダイアログボックスの表示（VS Codeから実行）

「hello, world」という文字列（文字の並び）をダイアログボックスに表示せよ

● **実行結果**

図1.9のように、自分のパソコン（ローカル環境）にあるファイルを表示します。

図1.9　ローカル環境でのダイアログボックスの表示

 ## 1.4　エディタによる表示

　まず（ブラウザではなく）プログラムを編集するためのアプリであるテキストエディタ（エディタ）でファイルを開いて内容を見てみましょう。このダイアログボックスを表示するページはどのような「コード」でできているのでしょうか。

　エディタにはいろいろな種類がありますが、この本では先ほどインストールしたVS Codeを使います。

1. VS Codeが起動していない場合は、起動してください（**デスクトップ** の `Visual Studio Code` のアイコンをダブルクリック［ mac Dockのアイコンをクリック[注4]］）
2. VS Codeの［ファイル］メニューから［フォルダーを開く...］を選択して、**デスクトップ**にある `jsdata` を選択して開きます。

注4　これ以降、WindowsとmacOSで操作が異なるところでは、まずWindows用の操作を示し、その後に mac のマークを付けてmacOS用の操作を示します。

> 「このフォルダー内のファイルの作成者を信頼しますか？」というダイアログボックスが表示された
> ら、[はい、作成者を信頼します] を選択します

3. サイドバーに「エクスプローラー」が表示されるので、**JSDATA**→**example**と選択して展開し、
   ch0101.htmlを選択します

すると**図1.10**のようにHTMLの「ソースコード」が右側の「エディタペイン」に表示されます。

📝Note

　図1.10に、VS Codeのウィンドウを構成する部分の名前も示しておきます。「エディタペイン」と「パネルペイン」
の正式名称は「エディタ」と「ペイン」のようですが、「エディタ」だけでは「テキストエディタ」と区別がつきにくい
ですし、「パネル」だけでも意味がよくわかりませんので、この本では「（VS Codeの）エディタペイン」「パネルペイン」
などと呼ぶことにしましょう。サイドバーやアクティビティバーは、「バーペイン」は変なので、「ペイン」を付けずに「サ
イドバー」「アクティビティバー」と呼ぶことにします[注5]

図1.10　HTMLファイルをVS Codeで開く

注5　ウィンドウを複数の領域に分けたとき、各領域は「○○ペイン」と呼ばれます。pane は英語で「窓ガラス」などの意味をもつ単語なので、アク
ティビティバーなどのように細長い領域は「ペイン」と呼ばない（呼べない）と思います。なお、各部分の「正式名称」は次のウェブページにあ
ります ── https://musha.com/scjs?ln=0102

VS Codeのエディタペインに表示されているのが**ch0101.html**というファイルの内容です。HTMLという形式で書かれているので**HTMLファイル**と呼ばれます。エディタペインの左側にある1～19の数字は、何行目かを示しています。自動的に表示されるのでプログラマーが入力する必要はありません。

ブラウザに表示するものとエディタペインに表示するものは同じHTMLファイルなのですが、「ブラウザで開くか」「エディタで開くか」によって表示のされ方が異なります。

- ブラウザに表示されるもの（**図1.9**）はHTMLコードをルールに従って解釈した結果 —— 一般ユーザーは通常ブラウザを使ってこちらを見ています。ブラウザで内容の編集はできません。内容を変えたい場合はエディタを使って開く必要があります
- エディタに表示されるもの（**図1.10**）は素のままのHTML —— HTMLで書かれた内容を表示して、編集（変更）できます。書かれている内容はHTMLの「ソースコード」あるいは単に「コード」と呼ばれます。HTMLファイルに書かれているのが「HTMLコード」です

処理系の関心は文字情報にあり

WordなどのワープロやChromeなどのブラウザに表示される文字の大きさやフォントはさまざまで、色も異なる場合があります。

これに対して、エディタに表示される文字は、すべて同じ大きさ、同じフォントです。色については、多くのエディタが、単語の役割ごとに異なる色で表示してくれます。たとえばVS Codeでは、（これから説明する）HTMLの「タグ」の名前とその「属性」と「属性値」、JavaScriptの「関数名」などが、それぞれ異なる色で表示されているはずです（VS Codeの表示を確認してみてください）。

しかし、この「色付け」は、エディタが選択して、利用者にとってわかりやすいように行っているだけで、本質的な違いではありません。エディタ（やその設定）によっては、すべての文字を同じ色で表示することもあります。

ブラウザに付属するHTMLやJavaScriptの「処理系」は、ファイルに含まれている「文字情報」だけを見て処理を行います。

文字の大きさやフォントの種類、色などは、エディタが選択して変えているもので、エディタごとに異なりますし、エディタ内の「設定」メニューで、利用者の好みに応じて変更できるようになっています。

HTMLファイルは、HTMLという規格に沿って書かれたファイルです。HTMLファイルの中にはJavaScriptのプログラムを埋め込むことができ、このファイルもそうなっています。

エディタペインの14行目の**<script>**と16行目の**</script>**に囲まれた、15行目の記述がJavaScriptのプログラムです。「JavaScriptコード」とも呼ばれます。「HTMLコード」の中に「JavaScriptコード」が埋め込まれているわけです。

Note

このようにJavaScriptはHTMLのコードに埋め込まれていますから、ブラウザで使われるJavaScriptを身につける際には、JavaScriptの知識に加えて、HTMLという別の言語の知識も必要になります。

このほか、HTMLと一緒に使うことの多い、CSS（「カスケーディング・スタイル・シート」の略）という「スタイル」を指定するための言語も使います。この本で「HTML」というときには、多くの場合CSSも含まれると考えてください。両者を区別する必要がある場合は、その旨を明示して説明します。

ほかのプログラミング言語、たとえばPythonを学ぶときに必要なのはPythonに関する知識だけでよいので、それ

に比べると JavaScript の勉強は少しややこしいといえるかもしれません[注6]。

しかし、JavaScript を使ってプログラミングを始めることには次のようなメリットもあります。

- HTML と組み合わせて、画像やムービーなどを使って比較的簡単に面白い、見栄えがするプログラムを作れる
- ブラウザとエディタがあれば開発できるので、「開発環境」の準備が簡単ですぐに始められる（ほかの言語では、時間がかかる場合がある）

というわけで、この本では JavaScript の説明をメインにしつつ、必要な範囲で HTML の説明も一緒にしていきます。

HTML も細かいところまで把握するのは、それなりに大変で時間もかかりますので、「簡単だ」とはいいませんが、概要を理解してそれほど不自由なく使えるようになるための時間は、JavaScript に比べればかなり短くてすむでしょう。この本では HTML については「新顔」が登場するたびに簡単に説明していきます。HTML について詳しく知りたい場合は、筆者が書いた解説ページなどを参照してください —— `https://www.musha.com/scjs/?ln=0101` 。

1.5　エディタから実行

エディタでコードを表示できたので、今度は上でインストールしたブラウザ Chrome で表示してみましょう。

1. VS Code のエディタペインに `ch0101.html` が表示されている状態で、メニューから ［実行］ → ［デバッグなしで実行］ の順に選択します（Windows では ［実行］ などのメニューが、メニューバーの ［…］ の下に隠れていることがあります。［…］ を選択すると下に表示されますので ［実行］ を選択してください）
2. **図1.11** のように選択肢が表示されるので ［Web アプリ（Chrome）］ を選択します

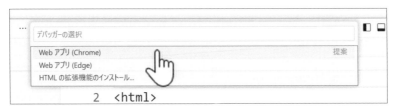

図1.11　Chrome を選択して実行

これで、Chrome が起動し、画面左上に VS Code を覆うようにウィンドウが開き、中にダイアログボックスが表示されます（**図1.12**）。ダイアログボックスの表示内容はこの章の最初に見た**図1.1**のものとは少し違っています。これは、ブラウザが違うのと、インターネット上のファイルではなくパソコン内のファイル（「ローカルファイル」）を表示しているためです。

注6　Python からプログラミングを始めたとしても、多くの人は遅かれ早かれウェブ絡みの知識も必要になります。順序が違うだけで結局は HTML も学ぶことになる可能性は高いでしょう。

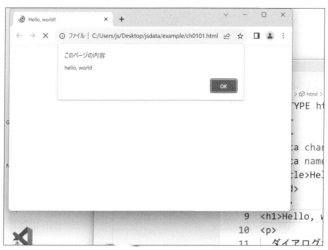

図1.12　ローカルのHTMLファイルをChromeで表示

　[OK] をクリックして、ダイアログボックスを閉じると、今度はドキュメント領域に「hello, world」など
の文字が表示されています。

　それでは、いったんChromeを終了して、HTMLファイルの内容を詳しく見ましょう。

　Chromeを終了するには、Chrome側で［終了］メニューを選んでもよいのですが、VS Code側から**図1.13**
に示す「停止」ボタンをクリックして、Chromeを終了することもできます（終了する前に、その左のボタン
をクリックすれば再起動（再読込）もできます。再起動ボタンのさらに左側に並んでいるボタンは「デバッグ」
用のものです。第8章で説明します）。

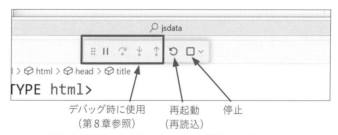

図1.13　VS Code側からChromeを終了することもできる

1.6 HTMLコードの詳細

それでは、ch0101.htmlの内容を見ていきましょう。説明を加えたものを**図1.14**に示します。

```
1   <!DOCTYPE html>  ◄────── DOCTYPE宣言（この文書がHTMLで書かれていることを示す）
2   <html> ←htmlタグ（開始タグ）
3   <head> ←headタグ
4     <meta charset="UTF-8"> ←metaタグ              ヘッド部（ページ全体に関する情報）
5     <meta name="viewport" content="width=device-width, initial-scale=1.0"> ←metaタグ
6     <title>Hello, world!</title> ←titleタグ
7   </head>
8   <body> ←bodyタグ                                ボディ部
9   <h1>Hello, world!</h1> ←h1lタグ ◄──見出し（<h1>から<h5>までのレベルあり）（コンテンツ）
10  <p> ←pタグ
11    ダイアログボックスに「Hello, world」と表示します。 ◄── パラグラフ（段落）
12  </p>
13
14  <script> ←scriptタグ
15    alert("hello, world"); ◄────JavaScriptのプログラム
16  </script>                      <script>…</script>で囲む
17
18  </body>
19  </html> ←htmlの終了タグ（閉じタグ）
```

図1.14 HTMLファイルの構造。DOCTYPE宣言のあと、<html>...</html>で囲む

概要を説明します。

- DOCTYPE宣言と**html**タグ ── HTMLファイルの先頭にはDOCTYPE宣言と呼ばれる文字列 <!DOCTYPE html>を必ず入れます。この宣言につづいて、HTML文書を<html>...</html> で囲んで書きます。<html>や<head>、<meta ...>などの「<」と「>」で囲まれた文字列を**タグ**と呼びます。
- **ヘッド部**（head部。「ヘッダ」とも呼ばれる）── <html>につづいて、<head>...</head>で囲まれたヘッド部を書きます。ここには、「metaタグ」を用いて、ファイルに保存する際の文字コード（UTF-8）や、特にスマートフォンでの表示を制御する指定（viewport）、そしてこの文書（ページ）のタイトルなどを書きます。
  当面、新しいページを作るときには、（このファイルなど）前に作ったファイルをコピーして <title>...</title>に囲まれたタイトル文字列を変更して、ボディ部を置き換えていくようにするとよいでしょう
- **ボディ部**（body部）── ページの内容（コンテンツ）を書く部分で、<body>...</body>で囲みます。「ドキュメント領域」に表示される内容は基本的に、ここに書かれます
- ファイルの最後にHTMLファイルの終わりを示す</html>を書きます。

ページの内容（コンテンツ）はボディ部に書かれます。その際に、タグを用いて、各部分の役割を指定します。

1

「tag」は「荷札」「付箋」などの意味をもつ単語です。荷物に荷札を付けて、その荷物の行き先や種類などを示しますが、HTMLファイルでは「タグ」によって、対象文字列の「文章中の役割」などを示します。

この例のボディ部で使われているタグは次の3種類です。

- h1タグ —— <h1>...</h1>。見出し（一番レベルの高い見出し）を表す（headerのh）。見出しには、h1からh5までの5段階のレベルがある
- pタグ —— <p>...</p>。一般的な「段落（パラグラフ）」を表す（paragraphのp）
- scriptタグ —— <script>...</script>。この本の主題であるJavaScriptのプログラムを表す（JavaScriptのプログラムは「スクリプト（script）」とも呼ばれるため、scriptという名前がついている）。scriptタグは（したがって、JavaScriptのプログラムは）、ヘッド部に書くこともボディ部に書くこともできるが、上の例ではボディ部の最後に書かれている（後ろの章で例を見るように、特定の場所に書かなければいけないときもある）

ほとんどのタグは、上の3種類のタグのように<xx>...</xx>の形式でペアで用いられ、囲まれた部分（対象の文字列）が「その文書においてどのような役割するのか」「どのような形式で書かれるのか」といったことを示します。対象の文字列を開始する「<xx>」のほうを**開始タグ**、対象の終了を示す</xx>のほうを**終了タグ**あるいは**閉じタグ**と呼びます。

<meta>のように終了タグがないものもあります。開始タグと終了タグで囲まれた部分を対象とするわけではなく、単独で機能が果たせるためです。

▶Note

> 厳密にいうと、「タグ」という言葉で指す範囲が微妙に異なる場合があります。たとえば、「pタグ」という言葉は、基本的には「<p>」を指しますが、「<p>」と「</p>」を合わせて「pタグ」と呼ぶ場合があります。
> また、少しラフな場面では、「<p>」と「</p>」で囲まれた文字列まで含めて「pタグ」あるいは「pタグの部分」などという場合もあります。

コラム　「棚上げ」も時には有効

「viewport」や「文字コード」などについて詳しく説明すると、かなりややこしくなるので詳細は省略します。このまま書いておけば問題ありません。

詳しく知りたい場合はウェブ検索をしたりしてください。初心者の方は説明を読んでも、おそらく難しくてよくわからない場合が多いのではないかと想像します。その場合、もう少しJavaScriptやプログラミングに関する知識を深めてから、改めて読解に挑戦するのがよいでしょう。

登場するすべての概念をひとつずつ順番に理解していければ一番よいのですが、少なくともプログラミングに関してそのようなことは不可能ではないかと思います。

- 新しい概念が次々と登場し、使う人によって微妙に意味が違ったりもします
- 説明が上手でない（自分、あるいはごく少数の人しか理解できない言葉で書かれた）ドキュメントも少なくありません

ですから、「詳しい理屈はわからないけどなんとか使える」のならば、「いったん棚上げしておいて先に進み、あとで詳しく理解する必要が生じたら再度調べる」という姿勢も悪くないように思います（もっとも、「すべて棚上げ」してしまうと、何も身につかないことになりますので、程度問題ではあります）。

難しい本に出会ったら、まずわかるところだけ一通り読んでみる。次にもう一度読んでみると、前に読んだときよりも理解できるところが増えている、というケースが多いと思います。

この本では、筆者の経験上、知っておいたほうがよいと考えるものについては、できるだけていねいに説明します。しかし、初心者の皆さんにとって「まだ難しすぎる」あるいは「しばらくは意味がわからなくても（それほどは）困らない」と思うものは、短い説明にとどめ、詳しい説明は「棚上げ」していただくことにします。

1.7　JavaScriptの「コード」

では肝心なJavaScript（以下では「JS」と省略する場合があります）のコードを見ていきましょう。先頭に書いてある数字は、ファイルch0101.htmlの「行番号」を表すものです（<script>タグは、ch0101.htmlの14行目から始まっています）。

```
14: <script>
15:   alert("hello, world");
16: </script>
```

JavaScriptのコードは上の例のように<script>...</script>で囲まれます。JavaScriptのコードだけを別のファイルに書いて、そのファイルをHTMLファイルから読み込んで利用することもできるのですが、しばらくはこの例のようにHTMLファイルの中に直接書いていくことにしましょう。このほうが話が単純になりますし、それでいて利用できる機能は変わりません。

先に説明したように、14行目と16行目の<script>と</script>は、このペアで囲まれた部分がJavaScriptのプログラムであることを示すscriptタグです。

15行目が本当のJavaScriptプログラムで、ダイアログボックスを表示する**関数**になっています。関数は英語の発音をまねて「ファンクション（function）」と呼ばれることもあります[注7]。functionは「機能」「役割」などの意味をもつ単語ですね。関数はその英語名のとおりに、何か「機能」を提供してくれるものです。

1.8　関数とその働き

ファイルch0101.htmlの15行目にあるalertについて詳しく説明しましょう。

「はじめに」で説明したように、プログラムは「形式的な英語」で書かれます。このコードを「翻訳」してみると次のようになります。

(i) Information
» プログラムは形式的な英語

```
alert("hello, world");
```
↓ 日本語に翻訳
```
"hello, world" と警告せよ。
```
↓ お約束

注7　コンピュータ関係者は英語の文書を読むことが多いので、英語の発音をカタカナ表記にした用語を使う人も多いのですが、この本では漢字の表記を優先するようにします。漢字のほうが意味がわかりやすい場合が多いのと、概して短くてすむので、パッと理解できますし、本のページ数が減って少しエコかもしれません。

> "hello, world" とダイアログボックスを使って表示せよ。

(i) **Information**

» **新しい関数**

alert(s) —— ダイアログボックスを使ってメッセージ（文字列）s を表示

alert("hello, world") は JavaScript の**文**で、ブラウザに組み込まれている JavaScript の「処理系」は、この文を解釈してダイアログボックスを表示してくれるわけです。

最後についているセミコロン（;）は文と文を区切るものです。ここでは文がひとつしかありませんが、小学生のときに「文の終わりには必ずマルを付けましょう」と教わったのを思い出しつつ最後に「;」を付けておきましょう（「;」について詳しくは、第2章の「2.4 文を区切るセミコロン」を参照してください）。

alert は「警告する」「注意喚起する」などの意味をもつ単語です[注8]。alert には名詞もありますがこの場合は動詞です。文頭に動詞があるので、文法的にいえば「命令形」になっています。つまり、alert は「警告せよ」という意味になります。

何と警告するかというと、alert に続く「(」と「)」の間にある「hello, world」と警告します。

さて、ブラウザを使って「警告」をするにはどうすればよいでしょうか。

利用者に何かを知らせるにはドキュメント領域に書くか、あるいはダイアログボックスに書くかのいずれかしかありませんが、インパクトが強く警告にふさわしい、ダイアログボックスを表示して、そこにメッセージを書くというやり方になっています。

これは「お約束」です。たとえば「ドキュメント領域にアドバルーンのようなメッセージを表示してしかも横にスクロールさせる」という動作を「お約束」にすることもできた（かもしれない）のですが、そうはせず、ダイアログボックスを使うことにしたのです。

というわけで、JavaScript の処理系は関数 alert を呼び出して、ダイアログボックスにメッセージを表示してくれます。

もうひとつ「お約束」があります。"hello, world" の最初と最後にある「"」は、ダイアログボックスには表示されません。

「alert(hello, world)」と書いてしまうと、「hello」「,」「world」の役目が別にあるように解釈してしまいます（「hello」や「world」を第3章でみる「変数」だと解釈してしまいます）。そのような解釈を防ぐために「文字列は引用符で囲んでまとめること」という約束があるのです。

関数の構造

alert("hello, world") の文は、大きく次の2つの部分から構成されています（**図1.15**）。

1. 関数名
2. 引数（「パラメータ」とも呼ばれる）

注8　最近の日本では夏になると「熱中症警戒アラート」が発令されます。日本語の発音からすると「alart」と書きたくなってしまいますが、「alert」ですので注意してください。alart と書いてしまうとプログラムが動きません！　ちなみに、英語の発音も [ələ́:t] であって、[əlɑ́:t] ではありません。2つ目の母音は口を小さく開けて曖昧に発音する「小さなア」です。いつも「小さなア」で発音するよう意識していると、「alart」とは書かなくなるでしょう。

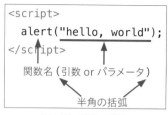

図1.15　関数の構造

関数名は文字どおり関数を区別するための「名前」です。`alert`のほかにも、次章で登場する`document.write`や`Math.random`をはじめとして、たくさんの関数があります。

引数は、関数の操作の対象を指定します。英文法の言葉でいえば、動詞`alert`の「目的語」を指定するわけです。

関数`alert`については、ダイアログボックスに表示する文字の並び（**文字列**）や数値（あるいは第2章で説明する、数値や文字列を記憶している変数など）を1個だけ引数として指定する約束になっています。

引数は関数名の後に、括弧の組 (...) で囲んで指定します。なお、括弧は括弧でも、角括弧の組 ([...]) や波括弧の組 ({ ... }) はここには使えません。これらは他の用途に使われます。

 WARNING

プログラムで使う記号類は半角

　この括弧には日本語入力のときに使える幅の広い「全角」の括弧は使えません。「半角」の括弧にする必要があります（仮名漢字変換をオフにして入力する必要があります）。

　ちなみに関数名の`alert`や文の最後に書く「;」なども半角にします。たとえば、全角で「ａｌｅｒｔ」と書くと、ダイアログボックスを表示する関数としては扱ってもらえません。

　なお、`ALERT("hello, world")`と関数名を大文字で書いたり、`Alert("hello, world")`と先頭を大文字で書く（「キャピタライズ」する）こともできません。どちらも、まったく別の関数として扱われてしまいます（処理系は、「そんな名前の関数は知らない」と（英語で）エラーメッセージを出して止まってしまいます）。

　なお、第8章の「8.8「約物」に注意する」に記号類のまとめがありますので、参考にしてください。

 ## 1.9　文字列

`alert`の引数に指定される文字列は、「0個以上」の文字が並んだものです。JavaScriptの場合は次のいずれかの文字のペアで前後を囲む約束になっています。

- 二重引用符（"）——「ダブルクオート」あるいは「ダブルコーテーション」とも呼ばれる
- 一重引用符（'）——「シングルクオート」あるいは「シングルコーテーション」とも呼ばれる
- バッククオート（` ）——「逆引用符」あるいは「バックティック」とも呼ばれる

この本では、文字列を表す3種類の記号をまとめて**引用符**と呼ぶことがあります。

これまで `"hello, world"` と文字列を二重引用符で囲んでいましたが、次のように書いても同じです。

```
alert('hello, world');
```

さらに次のようにバッククオートも使えます[注9]。

```
alert(`hello, world`);
```

⚠ WARNING

引用符も半角で

　括弧同様、引用符にも「全角」文字は使えません。「半角」にする必要があります（仮名漢字変換をオフにして入力する必要があります）。

　なお、文字列は0個以上の文字が並んだものなので、文字が0個並んでいる（つまり引用符の中に文字がない）`""` や `''`、それに `` `` `` も文字列として扱われます。これは何もない文字列を表すもので、「**空文字列**」と呼ばれます。

　たとえば、次のプログラムを実行するとダイアログボックスが表示されますが、メッセージは何も表示されません（**図1.16**）。なお、ブラウザによっては、この図のように「このページの内容」といった文字列をいつもダイアログボックスに表示します）。

```
alert("");
```

図1.16　関数alertの引数に空文字列を指定

　VS Codeのサイドバーで`ch0101.html`の下にある`ch0102.html`にこのプログラムが入っています。このファイルを選択してから［実行］→［デバッグなしで実行］→［Web アプリ（Chrome）］の順に選択して、Chromeでダイアログボックスを表示してみてください。

　サイドバーにファイルの一覧（エクスプローラー）が表示されていない場合は、左側のアクティビティバーの一番上の「エクスプローラー」のアイコン 📋 を選択すると表示されます。

注9　ただし、バッククオートは第4章で紹介するテンプレートリテラルという特別な文字列を表すのに使えます。そのため、筆者は、この例のような単純な文字列についてはバッククオートは使いません。

コラム　「hello, world」プログラム

　1970年代前半に「C」という名前のプログラミング言語が世に出ました。この「C言語」はそれまでの言語に比べて優れた点がいくつかあったため、徐々に多くの人に使われるようになり、その後開発された多くの言語がC言語に似た構文を採用しました。JavaScriptも例外ではなく、次章以降で登場する基本的な構文は、ほぼC言語のものと同じになっています。

　C言語の中心的な開発者のデニス・リッチーは、ブライアン・カーニハンとともに『プログラミング言語C』という解説書を書きました。そして、この著書の最初の例題が「hello, world」という文字列を出力するというものだったのです。C言語が有名になり、この本も世界中で爆発的に売れました[注10]。

　「hello, world」も「超有名」になり、その結果、C言語に限らず多くのプログラミング言語の解説書で、最初の例題に「hello, world」やそれに類する文字列（翻訳したものなど）を表示するのが「定番」になっているのです。

　この本もC言語の開発者に敬意を表して、この例題を使ったというわけです。

1.10　この章のまとめ

　この章では、とても短いJavaScriptプログラムを書いてみました。alertという「関数」を使ってダイアログボックスにメッセージを表示するものです。

```
alert("hello, world")
```

　ウェブブラウザを使って実行するJavaScriptのプログラムは、HTMLファイルの中に埋め込む形で書けます。

　また、この章ではVS CodeとChromeをインストールして、プログラミングを始める準備をしました。

1.11　練習問題

　では、実際にプログラムを作って実行してみましょう。一人でやってもまごつかないよう、とても単純な問題からやっていきますので、安心してついてきてください（最初の数章は比較的単純な問題が多いですが、徐々に難しめの問題が入ってきます）。

📖Note

> 写経 と書いてある問題は、その問題に書いてあるコード（プログラム）をそのまま入力して実行すればできる問題です（入力も不要なものもあります）。お坊さんが書き写してお経を学ぶように、プログラムを書き写すことで学んでください。
>
> 　ただし、ただ書き写すのではなく、何をしているのか、考えながら入力して実行してください。入力したものの意味がわからない場合は、もう一度本文を読んで復習してください。

注10　日本語版は2022年1月の段階で350刷となっているそうです（https://musha.com/scjs?ln=0103）。この数字は技術書としては驚異的なものです（筆者は50を超える著訳書を出版していますが、なんとか10刷を超えたものが2冊あるだけです。ウラヤマシイ……）。

問題1-1 ch0101.htmlをブラウザで開いて、ダイアログボックスに「hello, world」と表示されることを確認せよ

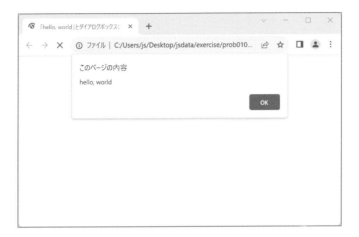

　すでに試した方は、この問題をスキップしていただいて結構です。まだ試していない人は、**jsdata**フォルダにある**example**フォルダの中にある**ch0101.html**を選択して、［実行］→［デバッグなしで実行］→［Web アプリ（Chrome）］の順に選択して、Chromeでダイアログボックスを表示してみてください。なお、「○○フォルダにある〜○○フォルダにある...」と何度も繰り返すのは面倒ですので、以降「**jsdata/example/ch0101.html**」のように、フォルダ名を「**/**」で区切って書くことにします。一般に広く使われている表記法です[11]。

　ブラウザにダイアログボックスが表示されたら、［OK］をクリックして、ダイアログボックスを閉じましょう。続いて、ブラウザのウィンドウも閉じてください。

問題1-2 ダイアログボックスを使って「こんにちは」と表示せよ

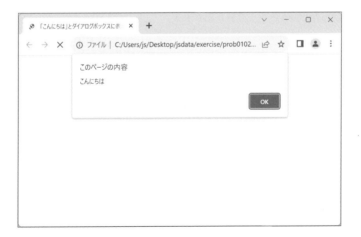

注11　Windows では「/」の代わりに「¥」あるいは「\」が使われていました。ただ、最近では Windows でも「/」が使われる場合が増えてきています。この本では「/」で統一します。

同じファイル ch0101.html を VS Code で開いて、「hello, world」のところを「**こんにちは**」に変更して、ブラウザで表示するのが簡単です。

よくわからない方は次の手順に従ってみてください。

1. VS Code のエクスプローラーで ch0101.html を選択する
2. 右側のエディタペインに表示された alert("hello, world") を alert("**こんにちは**") に変更する
3. ファイルを保存する（^+S 押すのが簡単。Control キーを押しながら S のキーを押す ［ mac ⌘ +S ］）
4. メニューから［実行］→［デバッグなしで実行］を選択（先ほど同じファイルに対して Chrome で実行するよう選択してあるので、再度 Chrome を選択する必要はありません）

なお、解答例のファイルも、jsdata フォルダの exercise というフォルダに入っています（「1.12 練習問題の解答例」に詳しい説明があります）。

ブラウザの画面に何も表示されない場合、とても短い例ですので、単純な入力ミス（変更ミス）の可能性が高いでしょう。次のような点をもう一度確認してください。

- 「"」が全角になっていないか。幅の広い、いわゆる全角の「"」ではなく、仮名漢字変換をせずに入力される半角の引用符になっていないとエラーになります
- 「(」あるいは「)」が全角になっていないか。「"」と同様、括弧も半角で書かないとエラーになります
- alert の綴りが間違っていないか

間違えて全角の引用符や全角の括弧を用いたりすると、VS Code がエラーを見つけてくれて指摘してくれます。たとえば、**図1.17** では、「(」を全角で入力しています。そうすると JavaScript の処理系は、この行全体をうまく解釈できないため、怪しい部分の文字の下に赤い波線を引いてくれます。このように赤い波線が引かれている部分があったら、修正する必要があります。

```
 9    <h1>Hello, world!</h1>
10    <p>
11      ダイアログボックスに「Hello, world」と表示します。
12    </p>
13
14    <script>
15      alert ("こんにちは");
16    </script>
17
18    </body>
19    </html>
```

図1.17　VS Code が構文エラーを見つけると赤い波線を引いてくれる

> ⚠️ WARNING
> **VS Codeからブラウザが起動できないときは**
>
> 　VS Codeでブラウザがうまく起動されなくなるときがあります。
>
> 　その場合はサイドバーに表示されるエクスプローラーで、**.vscode**というフォルダの下に**launch.json**という ファイルがあったら、それを削除してから再度実行してみてください（右クリックして［削除］を選択[注12]）。
>
> 　それでもうまくいかない場合、（このフォルダの下に自分で何も作ってない場合は）**.vscode**というフォルダごと削 除してみてください。
>
> 　なお、既にファイルを実行していると、別のファイルの実行はできません。そのファイルの実行を終了してから起動 し直してください。

1.12　練習問題の解答例

　練習問題の解答例は、ダウンロードしたフォルダの**jsdata/exercise**に入っています。たとえ ば、最初の問題1-1（ダイアログボックスに「hello, world」を表示）の解答例は**jsdata/exercise/ prob0101.html**に入っています。これからの問題についても同じ形式のファイル名に解答例が入ってい ます。たとえば、第5章の「問題5-2」の解答例は**exercise/prob0502.html**にあります。

　VS Codeのエクスプローラーで**example**フォルダの中身が表示されていたら、**example**を一度クリッ クして閉じて、その下にある**exercise**をクリックすると、解答例のファイル一覧が表示されます。問題 1-2［ダイアログボックスを使って「こんにちは」と表示せよ］の解答例ならば**prob0102.html**をクリッ クすると右側のエディタペインにファイルの内容（ソースコード）が表示されます。メニューから［実行］→［デ バッグなしで実行］を選択して実行します。

注12　**mac**　macOSでは control キーを押しながらクリックして［削除］を選択してください。なお、macOSの［システム設定］で［マウス］→［副 ボタンのクリック］で［右側をクリック］を指定しておくと control キーを押さなくても、マウスの右側（あるいは右ボタン）を押すだけで「右クリッ ク」できます。

第 2 章

関数はプログラムの
レゴブロック

難しいことはだいたい関数がやってくれる

　第1章でalertという関数を紹介しましたが、プログラムでは関数が
重要な役割をします。いわば、レゴブロック（のパーツ）のような存在で、
ほかの要素と組み合わせてプログラムを作っていきます。

　次章以降でも関数がたくさん登場しますが、この章で関数の一般的な性
質を押さえておきましょう。

　Excelで関数を使ったことがある人も多いでしょう。Excelの関数と
JavaScript（JS）の関数は一見似たように動作しますが、違いもあります。
第5章などではだいぶ違う使い方をします。

　前の章では「ダイアログボックスの表示」が章の課題でしたが、この章
では「HTMLタグの出力」が課題です。HTMLタグを出力して、ドキュメ
ント領域に画像を表示します。

この章の課題：HTMLタグの出力

JavaScriptを使ってドキュメント領域に画像を表示せよ

図2.1　JavaScriptを使って画像を表示

ブラウザで表示　https://musha.com/scjs?ch=0201

　VS Codeで**example**の下の**ch0201.html**を表示して、メニューから［実行］→［デバッグなしで実行］を選択すると自分のパソコンで（ローカルで）実行できます。

● **コード（HTMLファイル全体。example/ch0201.html**[注1]**）**

```
 1: <!DOCTYPE html>
 2: <html>
 3: <head>
 4:   <meta charset="UTF-8">
 5:   <meta name="viewport" content="width=device-width, initial-scale=1.0">
 6:   <title>JavaScriptを使ったHTMLタグの表示</title>
 7: </head>
 8: <body>
 9:   <script>
10:     document.write(`<img src="pictures/picture000.jpg">`);
11:   </script>
12: </body>
13: </html>
```

図2.1のように、ブラウザに青鷺（アオサギ）の写真が表示されることを確認してください。

注1　10行目が赤字で表示されていますが、強調しているだけでエディタ上で赤字で表示されるわけではありません。

2.1 関数 document.write

では、HTMLファイル**example/ch0201.html**の内容を見ていきましょう。

10行目の**document.write**の行を日本語に「翻訳」すると次のような感じになります。

ⓘ **Information**

» **プログラムは形式的な英語**

```
document.write(`<img src="...">`);
```

⬇ 日本語に翻訳

「`<img src="pictures/picture000.jpg">`」をドキュメント領域に書け（`write`）

⬇ お約束

「`<img src="pictures/picture000.jpg">`」をドキュメント領域に**HTML**のコードとして書け

まずHTMLの**img**タグについて説明しておきましょう。第1章では登場しなかったタグです。

ⓘ **Information**

» **HTMLメモ**

HTMLの**img**タグは、画像を表示するためのタグです。**src="..."**の「**...**」の部分にファイル名を指定します（**src**はsource を省略したものです。画像のソース（源）のファイルを指定することになります）。

たとえば**<img src="pictures/picture000.jpg">**と書くと、HTMLファイルがあるフォルダ[注2]内の**pictures**フォルダにある**picture000.jpg**というファイルの画像がブラウザのドキュメント領域に表示されます[注3]。

試しに次のコードをブラウザに表示してみましょう。

● **HTMLのコード** (example/ch0202.html)

```
<!DOCTYPE html>
<html>
<head>
  <meta charset="UTF-8">
  <meta name="viewport" content="width=device-width, initial-scale=1.0">
  <title>imgタグを使った画像の表示</title>
</head>
<body>
<img src="pictures/picture000.jpg">
</body>
</html>
```

注2　「フォルダ」は「ディレクトリ」とも呼ばれます。「ディレクトリ」はmacOSなどのもとになったUnixというOSの用語です。

注3　第1章で説明したように、HTMLの多くのタグは「開始タグ」と「終了タグ」のペアで用いられますが、imgタグには終了タグがありません。開始タグと終了タグで囲まれた部分を対象とするわけではなく、単独で機能が果たせるためです。なお、終了タグがないことを強調したい場合には、<img src="..." />のように、最後を />で終わることもできます。

● **実行結果**

図2.2　HTMLを使って画像を表示

> **ブラウザで表示** `https://musha.com/scjs?ch=0202`

ドキュメント領域に表示される内容は**図2.1**とまったく同じになります。

ⓘ Information

» **HTMLメモ**

`<img>`タグの`src="..."`の部分を**属性**と呼びます。タグについての付加的な情報を指定するために用います。

`img`タグの`src`属性は表示する画像の場所を指定するものです。場所としてはこの例のようにHTML文書が置かれているファイルからの相対的な位置を示す場合もありますし、URLを指定することもできます。URLを指定すると、ネット上で公開されている画像を表示できます[注4]。

`img`タグの`src`属性は「必須の属性」です。どの画像を表示するか指定がないと`img`タグの存在意義がありませんね。

これに対して必須ではない属性（オプションの属性）も存在します。たとえば画像の大きさを指定するために`style`属性を指定できますが、それは省略可能です。

　`img`タグの機能がわかりましたので、`document.write`について見ていきましょう。

　`alert`同様、`document.write`も関数です。`alert`は、呼び出されると引数に指定された文字列や数値をダイアログボックスに表示してくれました。これに対して、`document.write`は、引数に文字列を指定されて呼び出されると、その文字列をドキュメント領域にHTMLのコードとして出力します。そして、出力されたHTMLコードがブラウザに入っている処理系に解釈され、その結果がドキュメント領域に表示されます。

　この章の課題のコードでは`img`タグを出力していますので、ドキュメント領域に画像が表示されます。

　ちょっと別の角度から説明してみましょう。次の2つのコードは、まったく同じ内容をブラウザに表示します（`<body>`から後だけを示します）。

注4　URLを指定するだけでネット上で公開されている画像を自分のページに表示できてしまいますが、使用する権利（著作権）を取得せずに自分のページで表示するのは違法行為です。画像などを利用する場合は、承諾を得てからにしましょう。

リスト2.1　画像を表示するのにHTMLだけを使ったコード

```
...
<body>
<img src="pictures/picture000.jpg">
</body>
</html>
```

リスト2.2　画像を表示するのにJavaScriptを使ったコード

```
...
<body>
<script>
  document.write(`<img src="pictures/picture000.jpg">`);
</script>
</body>
</html>
```

わざわざJavaScriptを使わなくても、HTMLだけで画像を表示できるのですが、ほかの機能と組み合わせて、JavaScriptを使うと面白いことができます。少し後ろの章で具体例を紹介しますので、しばらくお待ちください。

上の**リスト2.2**では document.write で img タグを出力しましたが、HTMLのタグを含まない単純な文字列の出力もできます。たとえば次のコードでは、ドキュメント領域に「こんにちは」と表示します。

```
document.write("こんにちは");
```

ⓘ **Information**

» **新しい関数**

　document.write(code) ── ドキュメント領域にHTMLコードcodeを出力。結果はHTMLとして解釈されてドキュメント領域に表示される（タグがない場合はそのまま出力されるが、タグがある場合はそれが特別に処理されて出力される）。

▷ **Note**

　じつは、プロの人は document.write を（ほとんど）使いません。より効率のよい方法（関数）があるからです。

　ただし、この本ではしばらく document.write を用います。HTMLコードを出力してドキュメント領域に表示するのは、とても直感的でわかりやすいと思うからです。学習中や趣味の範囲でウェブページを作る際には用いても問題は起こりませんので、安心してください。

　なお、効率を重視するページを作る際には、document.write を使っているところを、あとで紹介する関数などに置き換えます。実践で document.write を使わない理由は、第11章のコラム「document.write について」で説明します。

2.2　`Math.random`

ここまでで、`alert`と`document.write`の 2 つの関数を紹介しましたが、3 つ目の関数に登場してもらいましょう。`Math.random`という関数で、これは「乱数」を生成してくれるものです。

> (i) **Information**
>
> » **新しい関数**
>
> `Math.random()` ── 0 以上 1 未満の小数をランダムに返す（引数はなし）

この関数の`Math`の部分は、これが数学（mathmatics。最近では省略して math がよく使われます）に関連するものであることを示しています。同じように`document.write`の`document`はブラウザのドキュメント領域に関連するものであることを表しています（詳しくは第 9 章以降で説明します）。

今のところ、`alert`あるいは`document.write`を使わなければ画面に表示できませんので、たとえば`alert`と組み合わせて次のようなプログラムを実行してみましょう。なお、この例から、JavaScript のコードに関係ない部分は省略することにします。皆さんが実行するときには、省略しないで HTML ファイルを作って実行してください（example/ch0203.html）。

リスト2.3　`alert`で結果を出力 (example/ch0203.html)

```html
<script>
  alert(Math.random()); //まずMath.randomを実行して、続いてalertを実行
</script>
```

ブラウザで表示 ▶ `https://musha.com/scjs?ch=0203`

パソコンの前にいる場合は、VS Code のサイドバーにエクスプローラー（example フォルダのファイルの一覧）を表示し、ch0203.html を選択しておいてから、［実行］→［デバッグなしで実行］を選択してローカル環境で実行してみてください。

すると図2.3のようにダイアログボックスに 0 以上 1 未満の小数が表示されます。

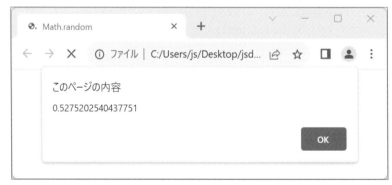

図2.3　Math.randomの結果をダイアログボックスに表示

［OK］ボタンを押して何度か「再読み込み」をしてみてください[注5]。ブラウザ（あるいはVS Code）の再読み込みアイコン ↻（↺）をクリックするのが簡単です[注6]。

再読み込みのたびに別の小数（0以上1未満）が表示されるはずです[注7]。

次にalertではなくdocument.writeとMath.randomとを組み合わせてみましょう（パソコンの前にいる場合は、VS Codeから試してみてください）。

リスト2.4 document.writeで結果を出力 (example/ch0204.html)

```
<script>
  document.write(Math.random()); //Math.randomの後にdocument.writeを実行
</script>
```

ブラウザで表示 https://musha.com/scjs?ch=0204

すると図2.4のようにドキュメント領域に0以上1未満の小数が表示されます。

図2.4 Math.randomの結果をドキュメント領域に表示

この例でも再読み込みをするたびに違う小数が表示されるはずです。

 **コメント**

リスト2.3やリスト2.4のコードの右側の「//」のあとに説明の文字列を書いておきましたが、これは**コメント**と呼ばれるものです。

```
alert(Math.random()); // まずMath.randomを実行して、続いてalertを実行
```
コメント

コメントは処理系からは無視されますので、何を書いておいても実行される結果は変わりません。

上の例では「皆さんへの説明」を書きましたが、コメントには「コードを読む人に知らせたいこと」を書きます。この「コードを読む人」の中には「将来の自分」も含まれます。何年（何十年！）もたってからコードを読み直すこともありますので、

注5　📢 Tips ［OK］ボタンを押す代わりに改行キー（ Enter あるいは return キー）を押してもダイアログボックスを閉じることができます。これ以降、キーボードショートカットなどの「時短ワザ」を📢というアイコンをつけて、脚注に書いていきます。エディタやブラウザの操作に慣れてきたら「時短ワザ」を覚えると効率が上がります。

注6　📢 Tips Chrome では Windows では F5 、macOS では ⌘+R を押しても再読み込みします

注7　偶然同じ小数が表示される確率はゼロではありませんが、そんなことが起こったら超ラッキーだと思って、宝くじでも買うのがよいでしょう。

どんな意図で書いたのか忘れることもあります。そんなときに役に立つように、意図が簡単にはわからなそうなコードを書く際には必ずコメントを書きましょう。

　この本ではコメントを用いて、そのコメントの周囲（多くの場合、左）にあるコードの意味や使い方などを説明します。

● 長いコメント /* ... */

　短めのコメントは上の例のようにコードの後ろなどに「//」で始まる文字列を書きます。

　「長めの文章で処理手順の概要を書く」といった場合は別の種類の形式を使います。この種のコメントはプログラムの先頭に書くことが多いですが、必要ならばどこに書いてもかまいません。

```
/*
  処理は次のとおり（https://xxx.com/.... に仕様書）
  1. ......
  2. ......
  3. ......

  特に下記の点に留意されたい。
    * xxxは○○なので、△△してはならない
    * yyyは××なので、実行前に別のプログラムzzzの干渉に留意が必要
*/
```

● HTMLのコメント

　ちなみにHTMLのコードの中に、「HTMLのコメント」を書くことができます。次のように<!-- ... -->の間に書くことができます。HTMLのコメントは1種類だけで、1行だけでもよいですし、複数行に渡るものも書けます。次のコードの赤字部分がコメントです。

```
<p>  <!-- 段落の始まりを示す -->
  <img src="pictures/picture001.jpg" <!-- 画像を表示 -->
      style="width: 50%;"> <!-- styleで画像の大きさなどの「スタイル」を指定可 -->
</p> <!-- 段落の終わりを示す -->

<!--
    これもHTMLのコメントです。
    HTMLのコメントの続きです。
-->
```

● CSSのコメント

　CSSについてはあまり詳しく説明してありませんが、ここで「CSSのコメント」についても説明しておきましょう。

　この下のコラム「なぜ文の区切りは『;』か」や第6章などで例を見ますが、CSSを使って、文字や画像の大きさや表示位置、文字の色、特定の領域の背景（バックグラウンド）の色など、さまざまな要素のスタイル（見栄え、表示のされ方）を変更できます。

　たとえば<head>...</head>の中に次のようなCSSを用いた「スタイル指定」があると、画像がウィンドウの横幅の25%で表示されます。下のコードの赤字部分がコメントです。

```
<style>
  img {  /* imgタグ（画像タグ）について「スタイル」を指定 */
    width: 25%;  /* 幅25%で表示する */
  }
</style>
```

2.3　実行順序

2

　今度は次の2行を実行してみましょう。`alert`に続いて`document.write`を書きます（この例から`<script>`および`</script>`も省略しています）。

リスト2.5　2つの文を実行 (example/ch0205.html)
```
alert(Math.random());              // まず、alertでダイアログボックスで表示
document.write(Math.random()); // 閉じると、ドキュメント領域に表示
```

ブラウザで表示　https://musha.com/scjs?ch=0205

　予想どおりだと思いますが、まずダイアログボックスに0以上1未満の小数が表示され、［OK］ボタンを押すと今度はドキュメント領域に別の0以上1未満の小数が表示されます。

　当然といえば当然ですが、このように2つの関数を連続して書いたコードを実行すると、順番に関数が実行されます。

　このように、「プログラムは上から下に順番に実行される」という大原則があります。この原則を次のように図示しておくことにしましょう（図2.5）。

図2.5　プログラムは上から下に順番に実行されるのが原則

　次章以降でこの「原則」を変更して、少しずつ面白いことをする方法を紹介していきます。

2.4　文を区切るセミコロン

　リスト2.5で2つの「文」を書きました。そして各文の最後に「;」（セミコロン）を書きました。

　第1章では、「文の終わりには必ず『;』を書きましょう」と書きましたが、じつは文末から行末の間で次の文が始まっていない場合「;」は書かなくても問題ないのです（コメントがあってもOK）。つまり、次のように「;」を省略しても書いてもリスト2.5と同じように動作します。

リスト2.6　行末の「;」を省略 (example/ch0205b.html)
```
alert(Math.random())              // 「;」はなし
document.write(Math.random()) // こちらも「;」なし
```

　じつは次の例のように「;」を文の区切りとして用いて、1 行に 2 つ以上の文を書くことができるのです（example/ch0205c.html）。

```
alert(Math.random()); document.write(Math.random())
```

　次のように最後にも「;」を書いても問題はありません。

```
alert(Math.random()); document.write(Math.random()); // ←これも可（最後にも「;」）
```

　ただし、すごく短い文を複数書くことはあるかもしれませんが、多くのプログラマーは基本的には 1 行に 1 文（長い場合は複数行に分けて 1 文）を書くようにしています。そのため、上のような形式はほとんど見かけません。

コラム　なぜ文の区切りは「;」か

　ところで、文の区切りにはなぜ「;」が用いられているのでしょうか。

　コンピュータの開発初期の頃、プログラミング（およびプログラミング言語）の研究の中心は米国でしたので、プログラミング言語は英語の構造を反映したものになっています。

　英語の文なら「.」で終わりますから、本当は文の区切りも「.」にしたかったのかもしれません。でも「.」は小数点にも使われます。数値計算が開発初期のコンピュータの主な用途であったことを考えると、「.」を小数点ではなく、文の区切りとして用いるという選択肢は「ありえない」ものだったでしょう。

　文の終わりとしては「?」や「!」も使われますが、これらの記号は特別な感情を伴ってしまいます。

　そこで「;」が浮上したのだと思います。

　ところで「;」は通常の文章でどのように使われるかご存じですか。「:」と「;」の違いは何なのでしょうか。

　「;」の存在は、日本の高校までの英語教育では（ほとんど）無視されているように思います。筆者は「;」が何をするものか、きちんと説明してもらった記憶がありません。

　「;」や「.」など英語で使われる区切り文字を、区切りの弱い順から並べると次のようになります。

```
  ,（カンマ）　<　:（コロン）　<　;（セミコロン）　<　. = ! = ?
```

　とくに「:」（コロン）と「;」（セミコロン）の強さについては、圧倒的に「;」のほうが強い区切りです。「;」は「ほとんど文を区切ってもよいけれど、やっぱり次に続く節（フレーズ）は前の節（フレーズ）と関係が深いので『.』は打たないでおこう」といった気分のときに使われます。

　ですから、「;」はほとんど文の区切りといってもよいのです。

　それでプログラミング言語では「;」が文の区切りとしてよく用いられるというわけです。あらためて、次の標語を書いておきましょう。

```
  プログラムは形式的な英語である
```

●「:」と「;」の使い分け

　CSS については、まだ詳しく説明してありませんが、次のように書くことで、画像などを幅（width）200 ピクセル、高さ（height）180 ピクセルにするよう指定できます[注8]。

注8　px（ピクセル）は CSS で大きさを指定できる最小の単位。「ドット」とか「画素」といった言葉もほぼ同等の意味で使われますが、解像度が高いスマホなどでは 1 px が 1 ドットに対応しない場合もあります。

```
width: 200px;  height: 180px;
```

　筆者のJavaScript講座を受講なさった方の中に、これを次のように記述した方（Aさん）がいらっしゃいました（Aさんは CSS はご存じでしたが、たまたま間違えてしまったようです）。

```
width; 200px:  height; 180px:
```

　Aさんが、英語の時間に「;」と「:」の強さについて説明を受けていたとしたら、上の書き方は変であることにすぐに気づいたでしょう。これでは、「200px: height」のほうが結びつきが強いように見えてしまいます。結びつきを強くしたいのは「widthと200px」「heightと180px」です。
　CSS はプログラミング言語ではありませんが、プログラミング言語と同じように、英語の「文法」を反映したものになっているのです。

> CSS も形式的な英語である

2.5　この章のまとめ

　この章では新しい関数を 2 つ紹介し、関数の呼び出しが「関数名」と「引数」から構成されていることを説明しました。

- `document.write` —— 引数に指定された文字列をドキュメント領域に HTML コードとして出力する
- `Math.random` —— 0 以上 1 未満の小数をランダムに返す

また、プログラムの実行の大原則を学びました。

> プログラムは上から下に順番に実行されるのが大原則

さらに、コメントの書き方も紹介しました（HTML や CSS も含む）。

- `//` から行末まで —— JavaScript の短いコメント
- `/* ... */` —— JavaScript で複数行に渡る長いコメントを書くときによく用いられる。CSS のコメントもこの形式
- `<!-- ... -->` —— HTML のコメント

2.6　練習問題

問題2-1　ドキュメント領域に「こんにちは」と表示せよ 写経[注9]

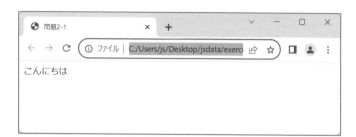

example/ch0101.htmlなどをVS Codeで開いて［ファイル］メニューの［名前をつけて保存...］を選んで、exerciseフォルダの下に、prob0201me.htmlなどといった名前で保存してから、コードを変更してください。解答例がprob0201.htmlなどといった名前なので、prob0201me.htmlなどと少し変えておくと、簡単に比較できます[注10]。

ファイル全体は次のようになります。

```
<!DOCTYPE html>
<html>
<head>
  <meta charset="UTF-8">
  <meta name="viewport" content="width=device-width, initial-scale=1.0">
  <title>問題2-1</title>
</head>
<body>

<script type="text/javascript">
  document.write("こんにちは");
</script>
</body>
</html>
```

prob0201me.htmlを実行するとブラウザのドキュメント領域に「こんにちは」と表示されることを確認してください。

筆者の解答例がexercise/prob0201.htmlに入っています。

問題2-1の解答例ならばVS Codeのエクスプローラーでprob0201.htmlをクリックすると右側のエディタペインにファイルの内容（ソースコード）が表示されます。メニューから［実行］→［デバッグなしで実行］を選択すれば実行できます。

注9　第1章でも説明しましたが、写経 と書いてある問題は、その問題に書いてあるコード（プログラム）をそのまま入力して実行すればできる問題です（入力も不要なものもあります）。意味を考えながら入力して実行してみてください。

注10　他の場所に保存してもよいですが、解答例と自分の解答を区別できるように（少し）名前を変えておいたほうが、あとで混乱しなくてすむでしょう。練習問題用に別のフォルダを作る場合は、画像や動画のフォルダ（pictures と movies）を exercise フォルダからコピーしておいてください。後ろの章の練習問題で利用します。

問題2-2 下の図のようにドキュメント領域に「おはようございます」「こんにちは」「こんばんは」を1行ずつ表示せよ（間に「改行」を入れる）写経

【解答例】

```
<!DOCTYPE html>
<html>
...          ←途中のタグは省略。以下の説明でも同様
<script type="text/javascript">
  document.write("おはようございます<br>");
  document.write("こんにちは<br>");
  document.write("こんばんは");
</script>
...          ←このあとに続くタグも省略
```

ⓘ **Information**

» **HTMLメモ**

　ドキュメント領域の文章に「改行」を入れるにはHTMLの**br**タグを使う必要があります。次のようにすることで、「おはようございます」「こんにちは」「こんばんは」がそれぞれ別の行に表示されます。

```
おはようございます<br>
こんにちは<br>
こんばんは
```

一方、次のように**br**タグを書かないと、改行されず1行に表示されてしまいます（prob0202b.html）。

```
おはようございます
こんにちは
こんばんは
```

問題2-3 document.writeを使ってpicturesフォルダにある画像picture001. jpgを表示せよ 写経

```
document.write(`<img src='pictures/picture001.jpg'>`);
// 「`」の代わりに「"」でもOK
// 「`」はバッククオート。多くのキーボードでは「Shift+@」。英語配列では左上にある
```

- 画像があることを確認してください
- うまくいかない場合はHTML（JavaScript）のファイルと画像ファイルとの位置関係を確認してください。jsdata/exerciseフォルダにHTMLファイルを置けば上のコードで動くはずです

⬛▶Note

画像がうまく表示されないときは次をチェックしてみてください。

- ファイル名が間違っていないか、スペルミスはないか
  - フォルダ名はpictureではなくpictures（複数の画像が入っているので）
  - ファイル名はpicture001.jpg（ひとつのファイルを指定しているのでpicturesではない）

どうしてもうまく行かない場合は「棚上げ」して先に進み、あとで戻ってやってみてください。
あるいは、第8章のデバッグに関する説明を読んでみてから、戻ってトライしてみても結構です。
　この本のまえがき（「イントロ ── JavaScriptと英語を比較する」）にも書きましたが、重要な概念は繰り返し登場するので、そのたびに復習していえば、徐々に身につきます。少しぐらいうまくいかないことがあっても、先に進んでみましょう。

問題2-4 document.writeを使ってpicturesフォルダにある2つの画像 picture000.jpgとpicture001.jpgを表示せよ 写経

```
document.write(`<img src='pictures/picture000.jpg'>`);
document.write(`<img src='pictures/picture001.jpg'>`);
```

バリエーション

表示する画像の数を、3枚、4枚、…と増やしてみよ

```
// 4枚の例
document.write(`<img src='pictures/picture000.jpg'>`);
document.write(`<img src='pictures/picture001.jpg'>`);
document.write(`<img src='pictures/picture002.jpg'>`);
document.write(`<img src='pictures/picture003.jpg'>`);
```

Note

「バリエーション」はその上にあげた問題を少し変化させたものです。「こうしたらどうなるんだろう？」とか「こんなのもできるかな？」と自分なりのバリエーションを考えて、作ってみると実力が上がるはずです。

第 3 章

人生は選択の連続である

分岐、プラスして変数と演算子

第2章では、プログラムは原則として上から下に順番に実行されると説明しましたが、この章ではいつも同じ順番で実行するのではなく、場合によって処理を変更する方法を学びます。

人生の岐路に立たされると、いずれかの「選択肢」を選んで進まなければなりませんが、プログラムでも選択（分岐処理）がよく使われます。

この章の課題は「おみくじ」です。図3.1は、3回ページを読み込んでそれぞれ「大吉」「小吉」「凶」が表示されたところです。

おみくじなので、実際にはランダムに表示されなければなりません。というわけで、前の章で登場したランダムな数（乱数）を返してくれるMath.randomを使います。

それから、この章の主題である「分岐」を表す構文であるif文を使います。

そのほか、この章では次のようなトピックについて説明します。

- 変数の宣言と変数への代入
- 論理演算子と算術演算
- 文字列の連結

この章の課題：おみくじ

今日の運勢（大吉、小吉、凶のいずれか）を表示せよ

● 実行結果

図3.1　「おみくじ」を実行。3つのうちのどれかが表示される

ブラウザで表示 ▶ https://musha.com/scjs?ch=0301

● JavaScript のコード（example/ch0301.html。JavaScript のコード部分以外は省略）

```
...
<script>
  "use strict";
  let x = Math.random();
  if (x < 0.3) {
    x = "凶";
  }
  else if (x < 0.6) {
    x = "小吉";
  }
  else {
    x = "大吉";
  }
  document.write(x);
</script>
...
```

3.1 手順

次の手順でおみくじを実現しましょう。

1. Math.randomを呼び出す —— 0以上1未満の小数をランダムに返す
2. 返ってきた値（「戻り値」あるいは「返り値」）によって次を表示する
   - 0.3未満なら「凶」
   - 0.3未満でなくて、0.6未満なら「小吉」
   - それ以外なら（つまり0.6以上なら）「大吉」

3

「数直線」を使った図にすると、次のように0から1の間を区切って、左から凶、小吉、大吉を表示します。凶と小吉の幅は0.3ずつで、大吉の幅は0.4あるので、大吉が少し出やすい「チョッピリやさしめのおみくじ」です。

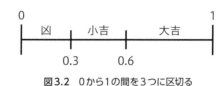

図3.2　0から1の間を3つに区切る

3.2 コードの日本語訳

「プログラムは形式的な英語である」というこの本の主題を思い出して、課題のJavaScriptのコードを読んでみましょう。

上のコードに日本語訳をつけると次のような感じになります。

```
 1: "use strict";              ① 厳密(strict)チェックモードを使え(use)
 2: let x = Math.random();     ② xをMath.random()と同じ(=)にせよ
 3: if (x < 0.3) {             ③ x < 0.3なら(if)
 4:   x = "凶";                 ④ xを"凶"と同じにせよ
 5: }
 6: else if (x < 0.6) {        ⑤ そうでなくて(else) x < 0.6なら(if) つまり0.3≦x<0.6なら
 7:   x = "小吉";
 8: }
 9: else {                     ⑥ そうでなければ(else) つまり0.6≦xなら
10:   x = "大吉";
11: }
12: document.write(x);         ⑦ xの値をdocument領域にwrite(書け)
```

図3.3　上のコードの「日本語訳」（同種の構文については省略）

だいたい何をやっているか想像できたでしょうか。では、**図3.3**の①から⑦までを詳しく見ていきましょう。

 3.3　"use strict"

　先頭（①）にある "use strict" はちょっと特別な文です。詳しい働きは第8章でデバッグ（エラーを解消する作業）の説明をするときに紹介しますので、ここでは「JavaScriptプログラムの先頭にこの文字列を書いておいたほうがよい」ということだけを覚えておいてください。なくても問題なく動作はするのですが、書いておいたほうがプログラムに潜む間違い（「バグ」）を見つけやすくなるのです。特別な事情がない限り先頭に入れましょう。

　実は第1章や第2章で出てきたプログラム例でも冒頭にこの行を書いておいたほうがよかったのですが、とても短い例で、あまりエラーが起こりそうになかったので省略しました。

3.4　変数の宣言と代入

　②の「let x = Math.random()」は次の2つの部分に分かれます。

変数 x の宣言

```
let x = Math.random(); }
```

変数 x への代入

図3.4　変数xの宣言と変数xへの代入

変数の宣言

　まず**変数の宣言**ですが、これによりこのプログラムでは**x**という変数を使うことを宣言しています。

　変数とは情報（数値や文字列）を記憶しておくための領域を意味します。この領域に記憶しておいたものをあとで使える（参照できる）ように、記憶場所に名前（**x**）を付けておきます。

　次の図の右側に変数**x**の変化を示していきます。let xの部分では、まずPCやスマホ内の**メモリ**と呼ばれる一時的なデータ保存領域の特定の場所に、**x**という名前が付けられます。これにより、あとでこの部分に情報を記憶したり、記憶した情報を取り出したりできるようになります。

```
行番号                          メモリの状態
 1: "use strict";
 2: let x = Math.random();        x
 3: if (x < 0.3) {
 4:    x = "凶";
 5: }
 6: else if (x < 0.6) {
 7:    x = "小吉";
 8: }
 9: else {
10:    x = "大吉";
11: }
12: document.write(x);
```

図3.5　変数の宣言

データの記憶場所

パソコンはさまざまな情報（データ）を記憶したり、処理したりしますが、そのときに使う「記憶装置」は大きく次の2種類に分かれます。

1. メモリ —— パソコンがデータを一時的に保存し、「プロセッサ」がさまざまな処理を行うために利用する。電源を切ってしまうと、記憶されていた内容は消えてしまう

2. その他の記憶装置（ハードディスク、SSD、USBメモリ、SDカードなど）—— パソコンの電源を切っても、記憶されていた内容は消えず、再度電源を入れると同じデータにアクセスできる。「ストレージ」とも呼ばれる

上で登場した変数などが記憶されるのは、1.のメモリです。自分の実行したプログラムが終了すると、もうその内容は使わないので、ほかの用途に使うことができます。たとえば、ほかのアプリを起動したときに使ったり、次に自分で実行するプログラムで使ったりします。

なお、メモリは、一般的な「記憶」や「記憶装置」を意味する場合もあるため、ほかの記憶装置などと対比する場面などでは**内部メモリ**と呼ばれる場合もあります。また、RAM（「ランダム・アクセス・メモリ」の省略形）と呼ばれる場合もあります。「RAM」と呼ぶ場合は部品的な印象が少し強くなります。これに対して「メモリ」というと、（どのような部品でできているかは問題にせず）「コンピュータ内部で情報を記憶するところ」という、やや抽象的な意味合いが強くなります。

メモリは高速に動作しますが、概して高価な部品です。最近のパソコンには8Gバイトあるいは16Gバイト程度のメモリが備わっているのが一般的です。大雑把にいって、解像度が低めの動画1時間を記憶するのに1Gバイト程度の容量が必要です。

これに対して、ユーザーが作成した文書や、撮影した写真や動画などは、ハードディスクやSSDなどの、RAM以外の記憶装置（これ以降「ストレージ」と呼ぶことにします）に保存されます。たとえば、動画を編集する際には、いったんメモリ内に動画が読み込まれて処理が行われ、内容を変更して保存する際には、メモリ内で変更されたデータがストレージに書き込まれて記憶されることになります。

ストレージは購入時にパソコンに組み込まれているものもありますし、あとからパソコンに接続して利用できるものもあります。USBメモリやSDカードなどは後者ですが、ハードディスクやSSDは購入時にパソコンに組み込まれているものもありますし、「USBポート」などを経由してあとから接続する場合もあります。

ストレージはメモリに比べると安価です。最近のパソコンには500Gバイトから4Tバイト程度のハードディスクあるいはSSDが最初から備わっているのが一般的です（1Tバイトは約1,000Gバイト）。

さらに、最近では、ネットワークを経由してほかのコンピュータに接続されているストレージにデータを保存することも一般的になってきています。いわゆる「クラウド」へ、データを保存するものです。

変数への代入

図3.3の2行目（②）の右側「`x = Math.random()`」の部分は、「変数xに`Math.random()`が返してきた値を記憶せよ」という命令になります。前の章で見たように`Math.random()`からは「0以上1未満の値」が返ってきます。たとえば、0.314が返ってきたと仮定しましょう。そうするとxに0.314が記憶されることになります。メモリ内でxという名前が付けられた部分の状態が、次の図のように変わります。

```
 1: "use strict";
 2: let x = Math.random();          x        0.314
 3: if (x < 0.3) {
 4:    x = "凶";
 5: }
 6: else if (x < 0.6) {
 7:    x = "小吉";
 8: }
 9: else {
10:    x = "大吉";
11: }
12: document.write(x);
```

図3.6　変数への代入を行うとメモリに記憶される

　このように変数に値を記憶する操作のことを**代入**と呼びます[注1]。そして、「=」は代入を表す記号というわけです。このように何らかの操作を行う記号などを**演算子(オペレータ)** と呼びます。「=」は「代入を表す演算子」なので、**代入演算子**と呼ばれます[注2]。

⚠ WARNING

「=」は動作（アクション）を表す

　数学で「x ＝ y」と書くと「xとyが等しい」こと、つまり「xとyが等しいという状態」を表現します。一方、JavaScript（を含むほとんどのプログラミング言語）では「=」は代入を表します。

　JavaScriptの「x ＝ y」は「xとyが等しい」という状態ではなく、「xにyの値を記憶する」という動作（アクション）を表しているのです。

　本当は次のように書いたほうが明快です。

```
   x ← y
```

　しかし、キーボードに「←」という記号はありませんので、「=」を使うことにしたのです。

　1980年代には人気があったPascalというプログラミング言語では、「x := y」のように「:=」で代入を表していました。確かにこのほうが ← に少し近い感じがします。

　しかし、代入はとてもよく使われるので、いちいち「:」を打つのは面倒です。このため、こういった書き方は大きな支持を得られず、現在ではほとんどの言語で「=」が代入に使われています。

　なお、xとyが等しいことを表すには「x === y」あるいは「x == y」と書きます。詳しくは3.9節末の「等号, 不等号」で説明します。

注1　「代入」つまり「代わりに入れる」では、意味がピンとこない人も多いと思いますが、もともと数学で使われていた用語「代入」を、少し違う意味で拝借したようです。英語ではassignmentなので、「割当て」といった訳語のほうがピンとくるかもしれません。数学で使う「代入」の英語は substitution（一般的な意味は「置換」「代替」など）なので、assignment を「代入」と訳したのは良かったのかどうか……。イメージのわかない日本語を使って、プログラミング入門の第1ハードルを高くしてしまったような気がします。

注2　細かいことをいうと、x に 0.314 が記憶される前にも何らかの値が記憶されています。たとえば、前に何かをしたときの「残骸」の値が残っていたり、全部キレイにしたあとの 0 ばかりが並んだものが記憶されていたりします。代入によって、それまで記憶された「残骸」や「0」が消え、新たに 0.314 が記憶されます。

Note

上の文では、変数の宣言と代入をひとつの文で行っていましたが、次のように2つの文に分けて書いてもエラーにはなりません。

```
let x;   // 変数の宣言
x = Math.random();   // 変数の「初期化」あるいは「初期値」の代入
```

ただ、次のコードのように、可能ならば変数は宣言してすぐ**初期値**（最初の値。上のコードでは`Math.random()`**の値**）を入れておくほうがよいでしょう。

```
let x = Math.random();   // こちらのほうが「よい」コード
```

3.5 if 文の実行

図3.3の③〜⑥に行きましょう。

ここからはじまるのがif文です。この場合はいくつかあるパターンのうちの「if ... else if ... else ...」のパターンです。下のコードの3行目から11行目の合計9行で、ひとつのif文になります。

```
 1: "use strict";
 2: let x = Math.random();          x        0.314
 3: if (x < 0.3) {
 4:   x = "凶";
 5: }
 6: else if (x < 0.6) {
 7:   x = "小吉";
 8: }
 9: else {
10:   x = "大吉";
11: }
12: document.write(x);
```

図3.7　3〜11行目全体がひとつのif文

そしてこの9行のif文で、下図のような3本の分かれ道（選択肢）の中からひとつを選ぶ処理を表します。

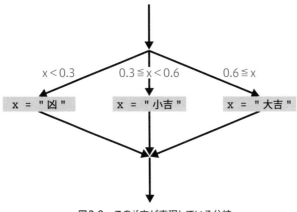

図3.8　このif文が表現している分岐

選択肢は次の3つです。

1. x ＜ 0.3のとき（xが0.3より小さいとき）→「x ＝ "凶"」が実行される。したがって、xの値が"凶"に変わる

2. 0.3 ≦ x ＜ 0.6のとき（1.の条件が満たされず、かつ、xが0.6より小さいとき）→「x ＝ "小吉"」が実行される。したがって、xの値が"小吉"に変わる

3. それ以外のとき（1.の条件も2.の条件も満たされないとき。つまり、0.6 ≦ x ＜ 1のとき［Math.randomからは0以上1未満の値が返るので］）→「x ＝ "大吉"」が実行される。したがって、xの値が"大吉"に変わる

　上で仮定したように2行目のMath.randomから0.314が返ってきた場合、1つ目の条件x ＜ 0.3は満たされないので、3〜5行目は飛ばされて、6行目の2つめの条件がテストされることになります。2つ目の条件（0.3 ≦ x ＜ 0.6）は満たされるので、xの値は**図3.9**のように**"小吉"**に変化することになります。このとき、前に記憶されていた値0.314は「上書き」されて消えてしまいます。

```
 1: "use strict";
 2: let x = Math.random();          |   x   |    0.314    |
 3: if (x < 0.3) {
 4:   x = "凶";
 5: }
 6: else if (x < 0.6) {
 7:   x = "小吉";                    |   x   |    "小吉"    |
 8: }
 9: else {
10:   x = "大吉";
11: }
12: document.write(x);
```

図3.9　Math.random()から0.314が返ってきた場合、xには"小吉"が代入される

これで3行目から11行目のif文の処理が終了します。

> **Note**
>
> 　3行目のifの条件「x < 0.3」が満たされるかどうかを判定する際には、x < 0.3という論理式が計算されます。このことを論理式x < 0.3を「評価する」「エバリュエート（evaluate）する」などといいます。同様に6行目のifのあとの条件も論理式として計算（評価）されて、7行目が実行されるか、それとも9行目以降に進むかが決まります。
>
> 　論理式の結果（値）は真（true）か偽（false）のいずれかになります。
>
> 　このため、条件が満たされることを「条件が真になる」「条件がtrueになる」などといいます。逆の場合は「条件が偽になる」「条件がfalseになる」などといいます。

3.6　変数のスコープ ── 大域変数（グローバル）と局所変数（ローカル）

ところで、7行目（および4行目、10行目）の先頭に次のようにletを書く必要はないのでしょうか。

```
let x = "小吉";
```

　英語を解釈する気持ちとしては、「x を"小吉"と等しく（=）する」ですから、letがあったほうがよいようにも思えますが、ここでletを書くのは間違いです。

　上（2行目）で宣言したのと同じ変数xを使う場合は、2回目以降はletは付けない約束になっているのです。

　7行目にletがあると、**図3.10**に示すように、xが宣言された7行目から8行目の「}」までを有効範囲（**スコープ**）とする、前のxとは別の**局所変数（ローカル変数）** xが作られてしまい、このスコープ内では2行目で宣言したxにはアクセスできなくなってしまうのです。

　そして、この局所変数xが存在しているのは8行目の「}」までで、それ以降は消えてしまいアクセスできなくなってしまいます。最終的にdocument.writeで出力されるxの値は、Math.randomが返した値のまま（この例では0.314）になってします。

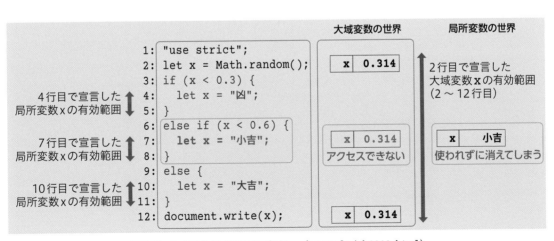

図3.10　letを4、7、10行目に書くと… (example/ch0302.html)

ブラウザで表示 https://musha.com/scjs?ch=0302

　これに対して2行目で宣言した **x** は2行目以降このプログラム全体で有効なので**大域変数（グローバル変数）**と呼ばれます。この変数のスコープは、宣言された（そして初期値を代入された）2行目以降全部になります。

　なお、新しいスコープ内で宣言された変数が有効なのは、そのスコープが開始された「{」のあと、かつその変数が宣言されたところから、「{」に対応する「}」までの範囲です（**図3.10**の左側の赤い矢印の範囲を参照してください）。

　この例のように、同じ名前の大域変数と局所変数を使うのはわかりにくくなるので避けたほうがよいのです。

　スコープに関する規則はちょっとややこしく感じるかもしれませんが、裏にある発想は次のようなものです。

できるだけ近場の情報だけを使う（使える）ようにする

　JavaScriptの処理系は、プログラムとして書かれた文字列を頭から読んでいき、「{」に出会うと新しいスコープを作り、その世界（スコープ）で処理できることはその閉じた世界だけですませるようにします。対応する「}」に出会うとその世界の終わりに到達したので、その世界専用のメモリ領域を解放して、ほかの用途に使えるようにします。

　これは人間（プログラマー）にとっても悪い話ではなく、変数の値などを広範囲で追わなければならないよりも、局所的に追えるようにしておいたほうが、間違い（バグ）の少ないプログラムにつながります。

　次のように、**x** とは別の変数（たとえば **y**）におみくじの文字列を記憶するコードを書いても同じ仕組みになります[注3]（example/ch0302b.html）。

```
18: <script>
19:   "use strict";
20:   let x = Math.random();
21:   if (x < 0.3) {
22:     let y = "凶";
23:   }
24:   else if (x < 0.6) {
25:     let y = "小吉";
26:   }
27:   else {
28:     let y = "大吉";
29:   }
30:   document.write(y);
```

注3　**x** には数値が記憶され、**y** には文字列が記憶されることになりますので、example/ch0301.html のように同じ変数（**x**）は使わないほうがよいと考える人もいます。特に、Java や C、Go など、変数の「型」を指定しなければならない言語の場合、ある変数（たとえば **x**）に、小数を代入したあとで、文字列を代入するといったことはできません。型については第 13 章の「型」にもう少し詳しい説明があります。

```
31: </script>
```

このようなコードを書くと、メモリ内の状態は**図3.11**のように変化します。

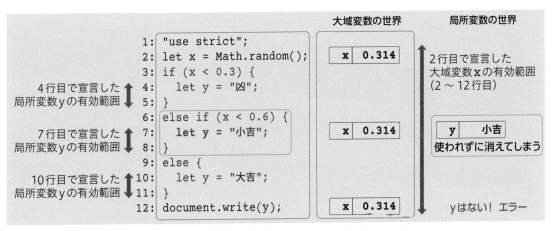

図3.11　y用に別の領域を確保するが「}」に出会うと消えてしまう

このコード（`example/ch0302b.html`）をVS Codeから実行してみてください（［実行］→［デバッグなしで実行]）。次のように右下のパネルペインの「デバッグ コンソール」というタブにエラーが表示されています（**図3.12**）。

```
27        else {
28          let y = "大吉";
29        }
30      document.write(y);
31    </script>
32  </body>
```

問題　出力　デバッグ コンソール　ターミナル　ポート　フィルター (例: text, ...)　Open ch0302b.html

> Uncaught ReferenceError ReferenceError: y is not defined　　　　　　ch0302b.html:30
>   at <anonymous> (/Users/musha/Desktop/jsdata/example/ch0302b.html:30:20)

図3.12　「デバッグコンソール」のエラー

エラーメッセージの意味は第8章で詳しく説明しますが、「`y is not defined`（yは定義されていない)」と書かれています。12行目では変数yは消えてしまっているので、「定義されていない」状態になってしまったのです。

新しい変数yを使っておみくじの文字列（「大吉」「小吉」「凶」）を記憶したい場合は、次のようにして、yの有効範囲（スコープ）を広げてやる必要があります（`example/ch0302c.html`）。

```
15: <script>
16:   "use strict";
```

```
17:    let x = Math.random();
18:    let y;
19:    if (x < 0.3) {
20:      y = "凶";
21:    }
22:    else if (x < 0.6) {
23:      y = "小吉";
24:    }
25:    else {
26:      y = "大吉";
27:    }
28:    document.write(y);
29: </script>
```

 ブラウザで表示 　https://musha.com/scjs?ch=0302c

こうすると、図3.13のように、ずっと同じyが使われるようになり正しい結果が得られます。

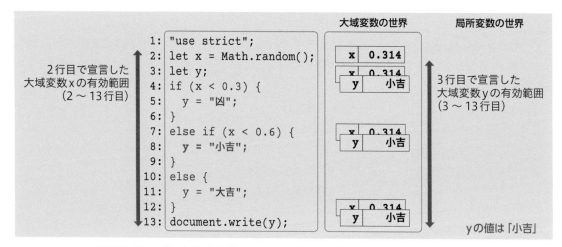

図3.13　別の変数yを使うなら、document.writeでも参照できる変数にする必要がある

3.7　結果の出力

　図3.3（日本語訳付きの、この章の例題のコード）の説明に戻りましょう。残るは最後⑦のdocument.write(x)です。これは前の章で見たように、ドキュメント領域に引数の値を書き出す（表示する）ものです。この場合、変数xに入っている値「小吉」を表示することになります[注4]。

　さて、もし2行目のMath.randomを実行したときに0.1634が返ってきた場合はどうなるでしょうか。まず、自分で考えてみてください。

注4　このようにdocument.writeの引数に変数（やあとで登場する「定数」）を指定でき、そのときには変数に記憶されている値が表示されます。関数alertについても同様です。

考えてみましたか？　この場合、3行目の「x < 0.3」の条件が成立します（この条件が「真」になります）。したがって、4行目の「x = "凶"」が実行され、その結果「凶」がおみくじの結果として表示されることになります。

　2行目のMath.randomを実行したときに0.81953356が返ってきた場合はどうなるでしょうか。

　この場合は3行目の「x < 0.3」も6行目の「x < 0.6」も真になりませんから、9行目のelseに続く「x = "大吉"」が実行され、結果として「大吉」が表示されます。

　では、裏側でどのような処理をしているか思い出しながら、この章の課題（example/ch0301.html）をVS Codeから再度実行してみてください。何度か再読み込みして、おみくじの値が変わることを確認しましょう。

3.8　分岐のパターン

　上では「三択」のif文を見ましたが、二択、四択、五択、六択、…などもif文を使って表現できます。

　一般に「n択」のパターン（nは2, 3, 4,…）をif文で表現すると次の図のようになります。これを**if文の一般形**と呼ぶことにしましょう。

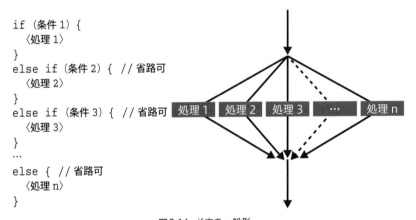

```
if（条件 1）{
  〈処理 1〉
}
else if（条件 2）{ // 省略可
  〈処理 2〉
}
else if（条件 3）{ // 省略可
  〈処理 3〉
}
…
else { // 省略可
  〈処理 n〉
}
```

図3.14　if文の一般形

　一般形はまとめとしてはよいのですが、少しピンとこないと思いますので、具体的に見ていきましょう。まずは、選択肢が一番少ないパターンです。

やるかやらないかパターン

　選択肢が一番少ないのは「二択」ではなく、「やるかやらないかパターン」です。図にすると次のようなイメージです。

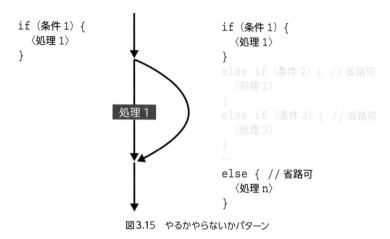

```
if（条件1）{
　〈処理1〉
}
```

処理1

```
if（条件1）{
　〈処理1〉
}
else if（条件2）{ // 省略可
　〈処理2〉
}
else if（条件3）{ // 省略可
　〈処理3〉
}
…
else { // 省略可
　〈処理n〉
}
```

図3.15　やるかやらないかパターン

　条件1が満たされれば処理1を実行するが、そうでない場合は「何もしない」というパターンです。if文で表すと次のようなコードになります。

```
if（条件1）{
    処理1
}
```

　図3.15の右側にあるように、このパターンは if文の一般形から、最初の else if ...から else ...までのすべてを省略した形と見ることができます。

二択

　次のパターンは「二択」です。このパターンを図示すると次のようになります。

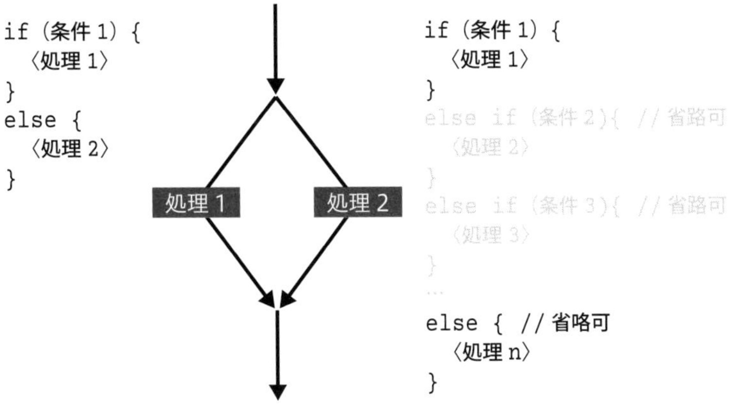

```
if（条件1）{
    〈処理1〉
}
else {
    〈処理2〉
}
```

```
if（条件1）{
    〈処理1〉
}
else if（条件2）{  // 省略可
    〈処理2〉
}
else if（条件3）{  // 省略可
    〈処理3〉
}
...
else {  // 省略可
    〈処理n〉
}
```

処理1   処理2

図3.16　二択のパターン

これはif文で表すと次のようなコードになります。

```
if (条件1) {
    処理1
}
eles {
    処理2
}
```

図3.16の右側にあるように、このパターンは if文の一般形から、else if … の部分をすべて省略した形です。練習問題の問題3-1はこのパターンを使うと解けますので、やってみてください。

三択

三択はすでに「この章の課題」で見ましたので、図だけあげておきましょう。

```
if（条件1）{
    〈処理1〉
}
else if（条件2）{
    〈処理2〉
}
else {
    〈処理3〉
}
```

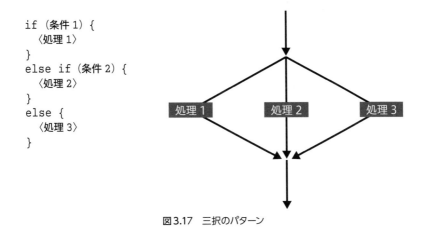

処理1   処理2   処理3

図3.17　三択のパターン

n択

ひとつ選択肢が加わると「else if …」のパターンが増えるだけで、これ以上は同じようになります。その結果、n択のパターン（if文の一般形）になります。

```
if（条件1）{
  〈処理1〉
}
else if（条件2）{ // 省路可
  〈処理2〉
}
else if（条件3）{ // 省路可
  〈処理3〉
}
…
else { // 省路可
  〈処理n〉
}
```

図3.18　n択のパターン

n の値としては4ぐらいまではよく使われます。10ぐらいまでは大規模なシステムだと使われる場合もあるかもしれません。それを超えるような、たとえば「百択」のif文を書いても、JavaScriptの処理系は平然と処理してくれます。しかし他人（将来の作者を含む）は理解するのが大変になります。

選択肢が5とか10とかを超えるようになったら、別の構文（付録Aで紹介するswitch文など）を使うか別の方法を考えたほうがよい可能性が高いでしょう[注5]。

3.9　論理演算子

ひとつ、きちんと説明せずに使っていた構文要素があります。ifに続く「条件」に「x < 0.3」のような書き方をしていました。数学と同じなので説明せずに用いてきましたが、用語を紹介しておきましょう。

大小

記号「<」は論理演算子のひとつです。英語式にロジカルオペレータと呼ぶ人もいます。

「<」は大小を比較するための論理演算子ですが、同じ種類のものに「>」「<=」「>=」があります。英語のキーボードに「≦」や「≧」はないので、2文字を使って <= で「以上」を、>= で「以下」を表します。例が問題3-1にありますので（あとで）確認してください。

なお、「以上」「以下」を表すのに、<= と >= を用いますが、=< あるいは => とは書かないので注意してください。

英語で「以上」は "greater than or equal to" ですから、「大きい（greater than）」を表す「>」が先で「等しい（equal to）」を表す「=」が後に書かれて >= となっています。

注5　なお、「プログラムで if 文を生成して、それをコンピュータに処理させる」といったケースでは「千択」「万択」も使われる可能性があります。プログラムは、人間が書くだけでなく、コンピュータが書く（生成する）こともできるのです。

"equal to or greater than" とはいいませんので、=> ではあ・り・ま・せ・ん・。
同様に、「以下」は "less than or equal to" ですから <= を用います（=< は使いません）。
というわけで、ここでも、あらためて書いておきましょう。

なお、=> はまったく別の用途に使われます（第6章で紹介する「アロー関数」）。このため、=> を使ってもエラーにはならないケースがあります（詳しくは「8.2 生成AIを使った『丸投げデバッグ』」の「エラーその3 —— 演算子の間違い」で説明します）。もう一方の =< は、特別な意味はなく、単に構文エラーになるので、すぐにわかるはずです。

等号、不等号

xとyが「等しいときに何かをする」「等しくないときに何かをする」といった条件を記述したいときもあります。等しいを表すのには「=」を使いたくなりますが、これは代入に使われてしまっています。

そこでプログラミング言語の開発者たちは、等しいことを表すのに「==」を使うことで（ほぼ）合意しました。そして、等しくないことを表すのには != を使います。「等しくないぞ〜。注意しろ〜」というわけで「ビックリマーク」の登場です。

JavaScriptでも == と != で「等しい」と「等しくない」を表すこ・と・が・で・き・ま・す・。

ただしこの書き方は推奨されていません。もう1字ずつ多く使って、等しいかの判定には === を、等しくないかの判定には !== を使うほうがよいとされているのです。

この理由を初心者向けの本の最初のほうで説明するのは困難なので、しばらく「棚上げ」にしていただいて、詳しい説明は付録Aに譲ることにします（第1章のコラム「『棚上げ』も時には有効」参照）。もう少しJavaScriptの世界に浸ってからその説明を読んでいただくとして、ここでは次のように覚えておいてください。

- 「x === y」でxとyが等しいかどうかを判定する
- 「x !== y」でxとyが等しくないかどうかを判定する

3.10　算術演算子

論理演算子が登場しましたので、ついでに算術演算子も説明しておきましょう。こちらのほうが簡単です。小学校からおなじみの加減乗除を表すものです。

足し算（加算）、引き算（減算）を表すのは「+」と「-」です。キーボードにあるのでそのまま使います。

掛け算（乗算）を表すのに一般に使われる「x」はキーボードにもあるのですが、これは文字 x（エックス）用に使われてしまっています。そこで代わりに「*」を掛け算用に使うことにしました。「2 * 3」で「2 x 3（かける）」を表します[注6]。

たとえば、次のコードを実行すると27が表示されることになります（example/ch0303.html）。

注6　「*」は「アスタリスク」と呼ばれることが一番多いように思います（省略して「アスタ」といってしまう場合もあります）。「スター」や「ほし」、「掛け算記号」という呼び方も聞いたことがあります。

```
10: <script>
11:   "use strict";
12:   let x = 3;
13:   let y = 9;
14:   let z = x * y;   // 3 x 9 → 27
15:   document.write(z);
16: </script>
```

　「÷」という記号はそもそもキーボードにないので、これも他の文字に割り当てることにしました。その結果、「/」（スラッシュ）が選ばれました。「a / b」で「a÷b」を表します。

　もうひとつ、「%」という算術演算子もときどき使われます。これは余り（剰余）を計算するときに使われます。たとえば、10 % 3は1になります（10÷3で、余りが1でます）。

　最後に累乗を表す「**」も紹介しておきましょう。たとえば、「2 ** 10」で2^{10}（2の10乗）を表します。

　念のためですが、いわゆる「全角」の文字は演算子としての働きはしてくれません。かな漢字変換をオフにして入力してください。

　例を見てみましょう（example/ch0303b.html）。

```
11: "use strict";
12: let x = 3;
13: let y = 27;
14: let z = y / x;           // 27÷3 →  9
15: document.write(z);       // 9が表示される
16: document.write("<br>");  // 改行する
17: y = y - 2;               // yから2を引く → yは25
18: z = y % x;               // 25÷3は8あまり1なのでzは1
19: document.write(z);       // 1が表示される
20: document.write("<br>");  // 改行する
21: z = y ** x;              // 25の3乗は15625
22: document.write(z);       // 15625が表示される
```

　実行するとドキュメント領域に次のように表示されます。

```
9
1
15625
```

3.11　算術演算子と変数の値の更新

　プログラムでは次のような代入が頻繁に行われます。

```
let x = 2;
x = x + 1;
```

　数学で使う「数式」として考えると、上の2行目の式が成り立つことはありません（自分自身に1を足したものが、自分と等しくなることはありません）。

　しかし、上の「変数への代入<ruby>だいにゅう</ruby>」で説明したようにプログラミングの「=」は、右側（右辺）の値を、左側（左辺）に記憶する<ruby>アクション</ruby>という動作を表します。したがって、たとえば上のコードの実行後にはxに3が記憶されていることになります（2+1は3です）。

　右側にコメントでxの値の変化を追加してみましょう。

```
                    // xの値の変化        行われる右辺の計算（操作）
let x = 2;      // 2              変数xが宣言されて、値が2に「初期化」される
x = x + 1;      // 3              ←2（前の値）+ 1
document.write(x); // 3がドキュメント領域に表示される
```

　今度は、次のコードを見てください。右側にコメントでxの値の変化を書いてきます（example/ch0304.html）。

```
11:                   // xの値の変化        行われる右辺の計算（操作）
12: let x = 3;      //   3           変数xが宣言されて、値が3に「初期化」される
13: x = x * 10;     //  30           ← 3 x 10（3を10倍）
14: x = x - 3;      //  27           ← 30 - 3
15: x = x / 9;      //   3           ← 27 ÷ 9
16: x = x + 3;      //   6           ← 3 + 3
17: document.write(x); // 6が表示される
```

　このように「自分に対して演算した結果をまた自分に記憶する」という操作はよく使われるので、+=、*=などの特別な演算子が用意されています。上のコードと同じ操作を、この特別な演算子を使って書いてみます（example/ch0304b.html）。

```
11:                   // xの値の変化        行われる右辺の計算（操作）
12: let x = 3;      //   3           変数xが宣言されて、値が3に「初期化」される
13: x *= 10;        //  30           ← 3 x 10（自分の値を10倍）
14: x -= 3;         //  27           ← 30 - 3 （自分から3を引く）
15: x /= 9;         //   3           ← 27 ÷ 9（自分を3で割る）
16: x += 3;         //   6           ← 3 + 3 （自分に3を足す）
17: document.write(x); // 6が表示される
```

　+=は「自分に加えてそれを自分に記憶する」ものだと覚えましょう。-=、*=、/=も同様、「自分に対して○○をして自分に記憶する」演算子です。

 ## 3.12　++ と --

もう1種類、とてもよく使われる算術演算子を紹介しておきましょう。

- ++ ── 自分に1を足す
- -- ── 自分から1を引く

次の例で見てみましょう。

```
1:                      //  xの値の変化        行われる右辺の計算（操作）
2: let x = 3;      //   3             変数xが宣言されて、値が3に「初期化」される
3: x++;            //   4             ← 3 + 1（自分に1を足す）
4: x *= 2;         //   8             ← 4 x 2 （自分を2倍する）
5: x--;            //   7             ← 8 - 1（自分から1を引く）
6: document.write(x); // 7が表示される
```

3行目の**x++**は「自分に1を足す」操作、5行目の**x--**は「自分から1を引く」操作です。

別の角度から整理してみましょう。次の3つの代入はいずれもxの値を1増やす効果をもつことになります。

```
x++    ⇔    x += 1    ⇔    x = x+1    //  どれもxを1増やす
```

また、次の3つの代入はいずれもxの値を1減らす効果をもつことになります。

```
x--    ⇔    x -= 1    ⇔    x = x-1    //  どれもxを1減らす
```

3.13　文字列の連結

演算子についてもうひとつだけ追加します。

「+」を使って文字列をつなげる（連結する）ことができます。例をあげてみましょう。

```
1: let x = "大吉";
2: let message = "今日のあなたの運勢は" + x + "です。";
3: document.write(message); //「今日のあなたの運勢は大吉です。」が表示される
```

2行目の文で、単純な文字列と変数xの値を左から順番に連結しています。なお、この例では**message**という変数を使っています。変数としてはこれまでxやyしか使っていませんでしたが、このような英単語なども使うことができますし、下の解答例3-4で見るように日本語の文字列も使うことができます。これ以降の例題や、次章以降で、いろいろな変数を使っていきます。

「+」は数字の足し算にも使われますが、「+」の前あるいは後ろが文字列ならば、文字列として連結されます。上の例は「+」の前も後ろも文字列になっていますので、単純に2つが合体されます。

なお、第4章では、数字（整数）と文字列を「+」で連結する例を見ます。このような場合、文字列でないほうの値が自動的に文字列に変換されてから連結されることになっています。

文字列の値が入っている変数に対して += を使うと、自分の後ろに連結することになります（ch0305.html）。

```
1: let x = "大吉";
2: let message = "今日のあなたの運勢は";   //  "今日のあなたの運勢は"  ← messageの値
```

```
3: message += x;                // "今日のあなたの運勢は大吉"
4: message += "です。";          // "今日のあなたの運勢は大吉です。"
5: document.write(message);     // 「今日のあなたの運勢は大吉です。」が表示される
```

　実際に使ってみたほうが覚えられると思いますので、練習問題にある演算子を使った計算問題をやってみてください。次章以降にも、いろいろな例が出てきます。

演算子前後のスペースと難読化

　これまでの例では「x ＝ "小吉"」「x ！== y」のように「演算子」と「演算の対象となるもの[注7]」の間に空白文字（スペース）を書きました。じつは「x="小吉"」「x!==y」のように演算子との間にスペースを書かなくてもかまいません。処理系は、前にスペースがあってもなくても「=」や「!==」に出会うと、それが演算子を表すものだと解釈する（できる）のです。
　逆に、次の例のように、構文要素の間に1個以上のスペースやタブを入れたりしてもエラーにはなりません。

```
if (   x  ===  y  )   {  // ちょっと空きすぎで見にくい？
   let    z = 12;        // 美しくないので避けたい
 }
```

　ただし、書式がバラバラだと読みにくいので、一貫性をもたせることが重要です。この本の書き方を参考に自分の書き方を決めてください（第5章のコラムの「インデントとコードの読みやすさ」もプログラムの書式に関連する話題です）。
　なお組織やプロジェクトによっては、独自のルールを決めている場合もあります。その場合は、それに従わなければいけません。また、プログラミング言語によっては「コーディング規約」があって、それに従うことが推奨（強制）されていたり、推奨される形式に変換してくれる「フォーマッタ」が用意されていたりします。

● 難読化

　実は、この章の最初の例題のコードを次のように書いても処理系は同じように解釈してくれます（example/ch0301b.html。改行を入れずに1行で書きます）。

```
"use strict";let x=Math.random();if(x<0.3){x="凶";}else if(x<0.6){x="小吉";}else{x="大吉";}document.write(x);
```

　letとx、elseとifの間はスペースをいれないと、letやelse、ifが「キーワード」にならずに、うまく解釈してもらえませんが、ほかの要素は前後に空白文字がなくても記号などを頼りに切り分けて解釈できてしまうのです。
　このように難読化にも次のような利点があります。

- ネット経由のデータ転送量が減るので、転送時間が短くなる
- コードがわかりにくくなるので、テクニックが（少しは）盗まれにくくなる（JavaScriptのコードはそのままブラウザに送られるので、ユーザーがコードを簡単にコピーできます）

　難読化用のツールがあるので、一般のプログラマーは手で難読化する必要はありません。将来の自分を含め、ほかの人が読みやすいコードを書きましょう。

● HTMLタグ中のスペース

　なお、HTMLでもタグの前後のスペースや改行は基本的に無視されます。したがってimgタグをたとえば次のように書いても画像が表示されます（が、読みにくくなるので不自然なスペースを入れるのはやめましょう）。

注7　演算の対象となるもの（「x ！== y」でいえばxやy）は「被演算子」と呼ばれます。「演算子」を「オペレータ」と呼ぶ人は多いですが、被演算子に対応する英語の発音を真似て「オペランド」と呼ぶ人はあまりいないように思います。

```
<img
  src=
  "pictures/picture000.jpg"

>
```

 ## 3.14　この章のまとめ

この章の主題は分岐（選択）でした。構文としては if 文を学びました（**図3.19**）。

```
if（条件 1）{
  〈処理 1〉
}
else if（条件 2）{ // 省略可
  〈処理 2〉
}
else if（条件 3）{ // 省略可
  〈処理 3〉
}
…
else { // 省略可
  〈処理 n〉
}
```

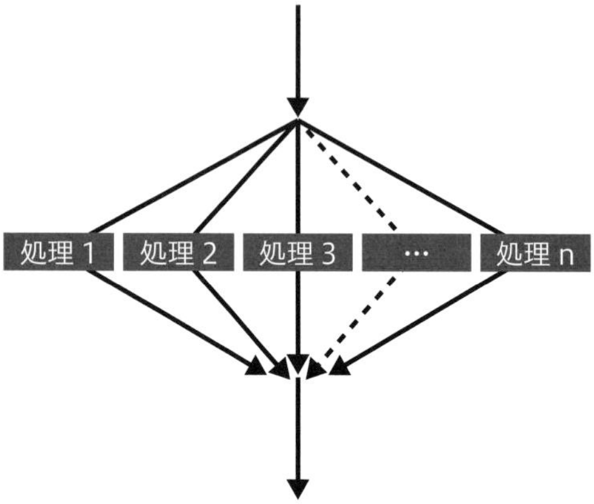

図3.19　if文の一般形（再掲）

前の章で、**図3.20**を示して、プログラムは原則として上から下に順番に実行されると説明しました。

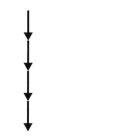

図3.20　プログラムは原則として上から下に実行される

　この章では、その原則を破る最初の方法として「分岐」を紹介しました。これからは、次のような図を用いて分岐を表しましょう。

図3.21　プログラムは分岐する場合もある

3.15　練習問題

　分岐の問題のほかに算術演算子（加減乗除）に関する問題も含まれています。解答例は「3.16 練習問題の解答例」にあります。

　新しいテクニックや追加情報もありますので、「簡単だ」と思っても全部の問題に目を通してください。

問題3-1 大吉か大凶が同じ割合でランダムに表示されるおみくじのプログラムを作れ
　　　　　写経

【解答例1】

```
let x = Math.random();        // 0以上1未満の小数を返す
if (0.5 <= x) {
  document.write("大吉");  // ①
}
else {
  document.write("大凶");  // ②
}
```

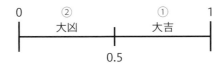

補足説明

　上の例は数直線を右のほう（大きいほう）から2つに分けて、「0.5以上1未満」を大吉、「0以上0.5未満」を大凶としました。

　これを、たとえば次のようにして、左のほうから決めていっても同じ結果になります。

【別解1】

```
let x = Math.random();
```

```
if (x < 0.5) {
  document.write("大凶");  // ①
}
else {
  document.write("大吉");  // ②
}
```

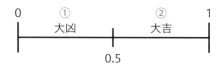

また、必ず「小さいほうを運勢が悪いほうにする」というルールを設ける必然性はないので、次のように小さいほうを大吉にしてもかまいません。ともかく「同じ割合で大吉と大凶を出す」という「仕様」（プログラムを「こう作る」という決まりごと注8）を満たせばよいのです。

【別解2】

```
let x = Math.random();
if (x < 0.5) {
  document.write("大吉");  // ①
}
else {
  document.write("大凶");  // ②
}
```

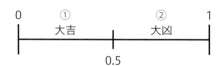

さらには、次のようにしても仕様は満たされます。右側から切っていって、「大凶」「大吉」の順に決めます。

【別解3】

```
let x = Math.random();
if (0.5 <= x) {
  document.write("大凶");  // ①
}
else {
  document.write("大吉");  // ②
}
```

注8　他人や他の組織から依頼されてある程度の規模のプログラム（システム）を開発する場合、「仕様」は依頼者側が決定します。依頼する側とされる側が相談して決める場合もあります。

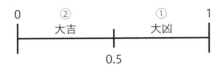

Note

　このようにプログラムを作ろうとするとき、「仕様」を満たすための方法は通常ひとつではありません。大規模なシステムになると無数の方法があります。無数の選択肢の中から何らかの基準を決めて、進むべき道を選択しながらプログラムを作っていく（開発を進めていく）ことになります。

　このとき「基準」として、重視されるものを2つあげておきましょう。

わかりやすさ（自然さ）

　あとで見たときにどのような仕組みになっているかがすぐにわかる。誰が読んでもわかりやすいプログラムになっている。わかりやすいプログラムはエラーの起こる確率も小さくなります。

　問題3-1の例でいうと、大きな数値を「大吉」に、小さな数を「大凶」に割り当てるほうが自然に感じられる人のほうが多そうですから、上の【解答例1】か【別解1】なら問題はないでしょう。それに対して【別解2】と【別解3】は、「大凶」を大きな数値に割り当てていてチグハグな印象を受けるので、避けたほうがよいのではないかと思います。

実行速度

　「いつまでたっても終わらない」のでは、使い物になりません。十分な速度で動く必要があります。早く終了するほうが好ましいのですが、その結果、プログラムがわかりにくくなっては困ります。どちらを取るか、あるいは他の方法がないか考える必要があるケースもあります。

　ただ、筆者は速いプログラムを作るためにも、わかりやすさは重要だと考えます。わかりやすい「アルゴリズム」（処理実行の手順）を採用していると、全体の見通しがよくなります。すると「ここをこう変えればもっと速くなりそうだ」とかいったアイデアが浮かびやすくなるのです。スパゲティのようにゴチャゴチャしたコード（「スパゲティコード」と呼ばれます）は改良するのが大変です。

　ただし、プログラミングを始めたばかりの人は、あまり速度を気にする必要はないでしょう。最近のコンピュータはかなり速いので、大きなプログラムでない限り、基本的な技術を身につけた人が普通の手順で作れば十分な速度で動作することが多いはずです。

　まずは、「どうすればプログラムがわかりやすくなるか」を最優先に考えましょう。

問題3-2 大吉、小吉、末吉、凶が同じ割合で出るおみくじのプログラムを作れ

```
let x = Math.random();    // 0以上1未満の小数を返す
if (0.75 <= x) {          // 4つを同じ割合で出すようにするので4分割する
  x = "大吉";              // おみくじの文字列をxに記憶しておく
}
else if (0.5 <= x) {
  x = "小吉";
}
else if (●●) {            // ●●を変える
```

```
  x = "末吉";
}
else {
  x = "凶";
}
document.write(x);        // 上でおみくじの文字列を作って、ここで書き出す
```

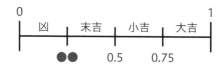

問題3-3　今日の運勢（大吉、中吉、小吉、末吉、凶、大凶のいずれか）を次の割合で表示するプログラムを作成せよ

- 「大凶」のでる確率10%
- 「凶」のでる確率20%
- 「末吉」のでる確率20%
- 「小吉」のでる確率20%
- 「中吉」のでる確率20%
- 「大吉」のでる確率10%

問題3-4　前の問題と同じ割合で今日の運勢（大吉、中吉、小吉、末吉、凶、大凶のいずれか）を表示するプログラムを作成せよ。このとき、pictures フォルダにある該当する画像（omikuji_suekichi.png など）を表示せよ[注9]

今日のあなたの運勢は？

注9　omikuji_suekichi.png など、この本の一部の画像は「ねこ画伯コハクちゃん」（https://kohacu.com/）の作品を使わせていただきました。ありがとうございます。

問題3-5 次の計算の結果を予想し、結果を出力して比較せよ

```
let x = -3;  // xに-3を代入する(xに-3を記憶する。「xを-3で初期化する」)
x -= 20;     // 「x = x - 20」と同じ。xから20を引いてxに記憶
x += 3;      // 「x = x + 3」と同じ。xに3を足してxに記憶
x--;         // 「x--」は 「x = x - 1」と同じで、xから1を引いて、それをxに記憶する
document.write(x);  // xの値をドキュメント領域に表示する(書き出す)
```

問題3-6 次の計算の結果を予想し、結果を出力して比較せよ

```
let x = 300;  // xを300で初期化する
x += 33;      // 「x = x + 33」と同じ。xに33を足してそれをxに記憶
x -= 21;      // 「x = x - 21」と同じ。xから21を引いて、それをxに記憶
x++;          // 「x++」は「x = x + 1」と同じで、xに1を足してそれをxに記憶
document.write(x)
```

問題3-7 次の図は変数xの値の変化を順を追って表示したものである。「x -= 2;」以降の空欄を埋めよ

	x
`let x = 4;`	4
`x += 5;`	9
`x -= 2;`	
`x++;`	
`x *= 2;`	
`document.write(x);`	

問題3-8 同じように「x = y + 5;」以降の空欄を埋めよ

	x	y
`let x = 4;`	4	
`let y = 10;`	4	10
`x = y + 5;`		
`y -= x;`		
`y--;`		
`document.write(y);`		

問題3-9 上の問題の各文の後ろに alert() を入れて、途中経過を表示しながら、x の値の変化を追ってみよ

```
let x = 300;
x += 33;
x -= 21;
x++;
```

↓

```
let x = 300;
alert(x);   // 300が表示されることを確認
x += 33;
alert(x);   // 同様に値を確認
x -= 21;
alert(x);   // 同様に値を確認
x++;
alert(x);   // 同様に値を確認。
document.write(x);
```

　alertを使うと途中経過を確認できます。ただしオススメの方法ではありません。

　次章以降（とくに第8章）で、もう少しエラーの修正（「デバッグ」）に便利な関数console.logやデバッガを使う方法を紹介します。

問題3-10 次のコードを読み、何が出力されるか予想してから、入力して実行せよ

```
1: let a = "武田";   // '武田'でもOK。
2: let b = "謙信";   // '謙信'でもOK。上で"武田"としたら"謙信"と同じ形式で揃えるほうがよい
3: let c = a + b;   // 文字列の連結にも「+」を使う。
4: document.write(c)
```

　1行目（および2行目）はバッククオートを使って `武田` などとしてもでもOKですが、バッククオートは次章で説明する「テンプレートリテラル」で使われるので、このような単純な文字列には「"」か「'」を使うのが一般的です。

問題3-11 次の文字列処理の結果xの値がどうなるかを予想し、結果を出力して予想と比較せよ

```
let x = "初めての";
x += "JavaScript";   // xの後ろに「JavaScript」が追加される
let y = "この本もおすすめ -- ";
x = y + x;
x = "『" + x + "』";   // 数字と文字列、文字列と文字列をつなげるには「+」
document.write(x);
```

問題3-12 今日のラッキーナンバー（0〜9までのいずれか）を表示するプログラムを作成せよ。0〜9までの数字はランダムに出現するものとする 写経

```
// Math.random() -- 0以上1未満の小数をランダムに返す
// Math.floor(x) -- xを整数に切り下げる
// document.write("xxx") -- xxxをHTMLコードとして出力

let x = Math.random(); // 0 ≦ x < 1になる
x *= 10; // 「x = x * 10」と同じ。自分を10倍したものを、自分(x)に記憶。0 ≦ x < 10になる
x = Math.floor(x);  // 切り下げる。xは0以上9以下の整数になる
document.write(x);
```

ⓘ Information

» 新しい関数

Math.floor(x) —— xの小数点以下を切り下げた値を返す（x以下の最大の整数を返す）

問題3-13 今日のラッキーナンバー（1〜10までのいずれか）を表示するプログラムを作成せよ。1〜10までの数字はランダムに出現するものとする

```
// 上の方法で0から9を出し、その後1増やす
let x = Math.random(); // 0 ≦ x < 1
x *= 10;               // 0 ≦ x < 10
x = Math.floor(x);     // 切り下げる。xは0以上9以下の整数になる
●●●        // 【ここで1を追加する操作を行う】← ★考えてください★
document.write(x);
```

問題3-14 今日のラッキーナンバー（1〜100までのいずれか）を表示するプログラムを作成せよ。1〜100までの数字はランダムに出現するものとする

ノーヒント。

3.16　練習問題の解答例

問題 3-7 と問題 3-8 の解答のみを示します。

これ以外の問題の解答例は、ダウンロードしていただいたフォルダの **jsdata/exercise** に入っています。

問題 3-1 の解答例ならば、VS Code のエクスプローラーで **prob0301.html** をクリックすると、右側のエディタペインにファイルの内容（ソースコード）が表示されます。自分の解答と比較してみてください。

メニューから［実行］→［デバッグなしで実行］を選択すると実行できます。

● **解答例 3-7**　［次の図は変数 x の値の変化を順を追って表示したものである。「x -= 2;」以降の空欄を埋めよ］

	x
let x = 4;	4
x += 5;	9
x -= 2;	7
x++;	8
x *= 2;	16
document.write(x);	

● **解答例 3-8**　［同じように「x = y + 5;」以降の空欄を埋めよ］

	x	y
let x = 4;	4	
let y = 10;	4	10
x = y + 5;	15	10
y -= x;	15	-5
y--;	15	-6
document.write(y);		

第 4 章

何万回でも何億回でも
ヘビーローテーション

ループ（繰り返し）

この章の主題はループ（繰り返し）です。人は同じことを何度も何度も
やらされると飽きてしまいます。しかしコンピュータは、何万回でも何億
回でも同じ（ような）ことを文句もいわずに繰り返してくれます。

ある意味、コンピュータの最大の長所といえるのかもしれません。たと
えば、人工知能の基本的な技術である「機械学習」では条件を少しずつ変
えては何度も何度も繰り返して最適の解を導き出します。手で計算した
り、電卓を使って計算していた時には絶対できなかった回数の「繰り返し
計算」が可能になったのです。

この章では、JacaScriptで繰り返し計算を実現する「for文」を紹介し
ます。数字など、一部だけを変えて同じような計算を繰り返すことは、条
件分岐と並んでプログラミングの基本です。しっかり身につけましょう。

この章の課題：画像の連続表示

順番に名前が付けられた8枚の画像を表示せよ

● 実行結果

図4.1　画像の連続表示

ブラウザで表示 ▶ https://musha.com/scjs?ch=0401

● **JavaScriptのコード** (example/ch0401.html)

```javascript
for (let i=0; i<8; i++) {
  document.write(`<img src="pictures/picture00${i}.jpg">`);
}
```

　この章の課題は「画像の連続表示」です。**図4.1**の例では8枚の画像を表示しています。

　第2章で見たように、画像の表示はHTMLを使っても簡単にできます。しかし、JavaScriptを使うといろいろな面で楽ができます。

　上のJavaScriptのコードでは3行だけですんでいますが、HTMLだけを使うとすれば、たとえば次のように書くことになるでしょう。

```html
<img src="pictures/picture000.jpg">
<img src="pictures/picture001.jpg">
<img src="pictures/picture002.jpg">
<img src="pictures/picture003.jpg">
<img src="pictures/picture004.jpg">
<img src="pictures/picture005.jpg">
<img src="pictures/picture006.jpg">
<img src="pictures/picture007.jpg">
```

　　HTMLでは、1画像につき、ひとつの`img`タグが必要になります。おまけに、同じようなコードが並んでいます。コピーして数字部分だけを置き換えていくことになるでしょうが、数字を間違えないように注意する必要があります。そしてこの方式でいくと、30枚の画像を表示しようとすれば、上のような`img`タグを30個書かなければなりません。

　　しかし、JavaScriptを使えば3行……とはいきませんが、単純に書いても6行ぐらいで30枚の画像を表示できます（あとで実際に、このような処理をするコードを書いてみましょう）。

4.1　一番単純なfor文 ── 同じことの繰り返し

　　for文はこれまでの文に比べて少し複雑ですので、まずは基本的なところから押さえていきましょう。いろいろな角度からfor文にアタックしてみますので、皆さんが一番納得できる説明を見つけてください。

　　この章の例題では`document.write`を繰り返して、違う画像を表示しますが、一番単純なfor文は「まったく同じ処理」を単純に繰り返すものです。

　　たとえば次のコードを実行すると**図4.2**のように「蔘鷄湯[注1]が食べたい」という文字列が5回（行）表示されます（少し文字や画像を加えています。全体は`example/ch0402.html`）。

```
for (let i=1; i<=5; i++) {
    document.write("蔘鷄湯が食べたい<br>");  //<br>は改行タグ。練習問題2-2参照
} //  蔘鷄湯(サムゲタン)は韓国料理
```

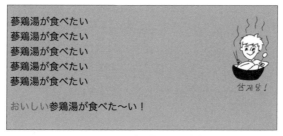

図4.2　同じ文を繰り返し出力

　　例によって、上のコードを日本語に「翻訳」すると次のような感じになります。

> (i) **Information**
>
> **» プログラムは形式的な英語**
>
> ```
> for (let i=1; i<=5; i++) {
>     document.write("蔘鷄湯が食べたい<br>");
> }
> ```
> ↓
> ```
> (let i=1; i<=5; i++) の間 (for)
>      iを1からはじめて; iが5以下の間; iを1ずつ増やして
>    「蔘鷄湯が食べたい」(改行付き) をドキュメント領域に書け (document.write)
> ```

注1　蔘鷄湯（さむげたん）は鶏肉、もち米、朝鮮人参、ナツメなどが入った韓国料理。筆者が韓国に半年ほど滞在していたとき、好きになった料理です。日本ではなかなか美味しい蔘鷄湯に出会えません。

- 冒頭の`for`は、"for three days"（3日間）など、「期間」を表す`for`だと解釈しましょう。`(...)`の条件が満たされる間、`{...}`の中を繰り返せという意味になります
- `for`に続く`(let i=1; i<=5; i++)`は「`;`」で区切られた次の3つの部分に分かれます。この本ではこの3つの部分を合わせて**for文の制御部**と呼ぶことにします（**図4.3**）
  - `let i=0` —— **初期設定**。for文の最初に1度だけ行われます。この例の場合、変数`i`に0が代入されます
  - `i<=5` —— **条件**。この条件が満たされる間、`{...}`の部分が繰り返し実行されます。この例の場合、「`i`の値が5以下の間」という条件になります
  - `i++` —— **再設定**。本体部分の処理が終わるたびに実行されます。この再設定部分が実行された後で、「条件」が判定されて次の繰り返しを行うかどうかが決まります。`i++`は、「`i = i+1`」の「省略形」で、変数`i`の値が1増やされてから、条件の判定が行われることになります（第3章参照）
- `document.write("蓼鶏湯が食べたい")` —— for文の「本体」。繰り返したい作業を記述します。この例の場合は、`document.write`ですので、文字列がHTMLコードとしてドキュメント領域に出力されます

```
              初期設定    条件    再設定

    for (let i=1; i<=5; i++) {        —— for文の制御部
      document.write(" 蓼鶏湯が食べたい <br>");  ◀—— 本体（繰り返す文）
    }                                       2文以上でもOK
```

図4.3　for文の構造

変数`i`の値は1から5まで1ずつ増えていきます。そして、`i`が6になると`i<=5`が満たされなくなる（偽になる）ので、この3行からなるfor文の実行が終わります。

この結果、`document.write`が5回実行されることになります。

```
document.write("蓼鶏湯が食べたい<br>");
document.write("蓼鶏湯が食べたい<br>");
document.write("蓼鶏湯が食べたい<br>");
document.write("蓼鶏湯が食べたい<br>");
document.write("蓼鶏湯が食べたい<br>");
```

変数名`i`がよく使われるのはなぜ？

　上で見たfor文の`(...)`内に使われていた変数`i`のことを**ループ変数**とか**ループカウンタ変数**などと呼びます。ループを制御する目的で使われるものです。

　ループ変数には、上の例のように`i`という変数がよく使われます。もちろん、何らかの意味をもつ適切な名前があれば、それを使っても構いません（たとえば、練習問題の問題4-9では「**行番号**」「**列番号**」という名前のループ変数を使っています）。

　この`i`は、integer（整数）の先頭文字です。ループ変数の値は（ほとんどの場合）整数なので`i`が使われるというわけです。

　このような`i`の使い方は、以前よく使われた（今も数値計算などでは使われている）Fortranという言語に由来するも

のだと思います。この言語には、整数を記憶する変数はiからnのいずれかの文字で始まるという（暗黙の）規則がありました。数式ではX_i、X_jのように、添字にiとかjがよく使われるからというのが、その理由でしょう。

　なお、JavaScriptでは整数でも小数でも文字列でも同じ変数に代入できますが、変数に代入できるものの種類（「型」と呼ばれます）が決まっているプログラミング言語もあります（実のところ、変数の型が決まっている言語のほうが「多数派」です）。

4.2　同じようなことを繰り返すfor文

4

　まったく同じことを繰り返す場合もあるかもしれませんが、同じようなことを繰り返すのが一般的なループの使い方です。前節のfor文より少しだけ複雑で、同じようなことを繰り返す例として、上の例の各文の先頭に番号を書いて、何回出力したかわかるようにしてみましょう（example/ch0403.html）。

```
for (let i=1; i<=5; i++) {
  document.write(i + ". 蔘鶏湯が食べたい<br>"); // + で文字列を連結(第3章)
}
```

　結果は**図4.4**のようになります。

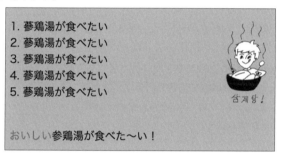

1. 蔘鶏湯が食べたい
2. 蔘鶏湯が食べたい
3. 蔘鶏湯が食べたい
4. 蔘鶏湯が食べたい
5. 蔘鶏湯が食べたい

おいしい参鶏湯が食べた〜い！

図4.4　先頭に番号をつける

　上のコードのように先頭にiを加えれば、すべての出力に番号が付きます。

　ちなみにi<=5をi<=10_0000に変えて実行してみてください（example/ch0403b.html）。「_」は数字の「桁区切り」として使える特別な文字です（一般的なキーボードでは右Shiftキーのすぐ左にあります）。3桁で区切ってもよいですが、日本人にわかりやすいように4桁（万の桁）で区切ってみました。筆者のパソコンでは、10万回のループなら瞬時に出力されました。100万回だと少し時間がかかりますが、いずれにしろ最近のパソコンはとても高速に動作します。

```
for (let i=1; i<=10_0000; i++) { // 「_」を桁区切りに用いることができる
  document.write(i + ". 蔘鶏湯が食べたい<br>");
}
```

4.3　for文はどのように実行されるか

2つの例を見たところで、for文の構成要素の実行順序について、少し別の角度から整理してみましょう。図4.5を見てください。

```
⓪【前の文】
        ①         ②        ③
for（初期設定；条件；再設定）{
④【本体】
}
⑤【次の文】
```

図4.5　forループの構成要素と実行順序

for文の前と後ろの文も合わせて実行順序を検討します。各要素は次のような順序で実行されることになります。

- 1回目 ── ①→②→④/⑤（条件が満たされる（真^{true}）ならば④、満たされない（偽^{false}）ならば⑤）
- 2回目以降 ── ③→②→④（②が真^{true}のあいだ繰り返される）
- 条件不成立 ── ③→②→⑤（②が偽^{false}になった場合、for文自体を終了する）

ここで、①（初期設定）が実行されるのは、最初の1度だけである点に注意してください。2回目以降は③（再設定）→②（条件）→④（本体）の順序で実行されます（②が真である限り）。

番号付きの「蔘鶏湯が食べたい」の例（`example/ch0403.html`）でみると、ループの各回で各要素が次の順番で実行されることになります。

```
1回目 ①→②→④                                    ↓出力される文字列
① i=1
② i<=5 -> 真
④ doucment.write(i + ". 蔘鶏湯が食べたい<br>") // 1. 蔘鶏湯が食べたい<br>

2回目 ③→②→④
③ i++          ← iが2になる
② i<=5 -> 真
④ doucment.write(i + ". 蔘鶏湯が食べたい<br>") // 2. 蔘鶏湯が食べたい<br>

3回目 ③→②→④
③ i++          ← iが3になる
② i<=5 -> 真
④ doucment.write(i + ". 蔘鶏湯が食べたい<br>") // 3. 蔘鶏湯が食べたい<br>

4回目 ③→②→④
③ i++          ← iが4になる
② i<=5 -> 真
④ doucment.write(i + ". 蔘鶏湯が食べたい<br>") // 4. 蔘鶏湯が食べたい<br>
```

```
5回目 ③→②→④
③ i++          ← iが5になる
② i<=5 -> 真
④ doucment.write(i + ". 蔘鶏湯が食べたい<br>") // 5. 蔘鶏湯が食べたい<br>

6回目 ③→②→⑤（②が偽になるため）
③ i++          ← iが6になる
② i<=5 -> 偽
⑤ 次の文に移動
```

赤い字で出力されている部分にとくに注目してください。

- ①が実行されるのは1回目だけです
- 2回目以降は、（①ではなく）③が実行されて、そのあと②→④と実行されます
- 6回目では②が偽になってしまうので、for文を抜けて、⑤（次の文）が実行されます

細かな推移をみると、毎回このような判定が行われます。いちいち追っていくととても複雑です。
しかし、ベテランのプログラマーは、ループを毎回、このように順を追って解釈はしません。
このfor文の実行過程は、次のようにまとめることができ、このほうが簡単に理解できるのです。

- iが1から5まで順番に変化しつつ、本体部分が実行される。

ベテランのプログラマーは、for(let i=1; i<=5; i++)を見たとき、上のように解釈します。
みなさんも自分でfor文を使ったプログラムを何回か書けば、このように解釈できるようになるはずです。
制御部分の意味合いをこのように理解できれば、あとは【本体】のうち、iに関係する部分が毎回、どのように変わるかに注意すればよいのです。

4.4　制御部分のパターン

練習のために、制御部分のパターンをいくつか見てみましょう。
次のfor文は、どう解釈できるでしょうか。

```
for (i=11; i<=20; i++) {
  【本体】
}
```

次のように解釈できればOKです。

- iの変化は11から20までで、1ずつ増えていく

これまでのところfor文の再設定部分にはi++しか用いてきませんでしたが、この部分を変えてみましょう。次のfor文のわかりやすい解釈を考えてみてください。

```
for (i=10; 0<=i; i--) {
  【本体】
}
```

これは次を表現しています。

- i の変化は10から0までで、毎回1ずつ減っていく

第6章で「カウントダウン」を題材に取り上げますが、上のfor文のiは10, 9, 8, 7, …と減っていき、最後にiが0になるところまで繰り返すことになります（第6章で見るカウントダウンは、1秒ごとに数値が減って「カウントダウン」をしますが、上の例ではループを回るたびにiが1ずつ減っていきます。【本体】の実行にどのくらい時間がかかるかは実際に実行してみないとわかりません）。

今度は次のfor文について考えてみてください。

```
for (i=2; i<=100; i+=2) {
  【本体】
}
```

iは2から始まって、2ずつ増えることになります。そして、iが100以下の間、繰り返します。つまり、100以下の偶数に関して、小さいほう（2）から順番にiの値が変わっていきながら、本体を実行することになります。したがって、【本体】は合計50回実行されます（実際には、合計何回実行されるかは、大きな意味をもたないことが多いので、あまり気にする必要はありません）。

次の文はどうでしょうか。

```
for (i=5; i<=100; i+=5) {
  【本体】
}
```

この文は5から始まって、5ずつ増えていき、100までつづきます（一応ですが、合計20回実行されます）。

最後にもうひとつ。次の例を解釈してみてください。

```
for (i=99; 3<=i; i-=3) {
  【本体】
}
```

この文は99から始まって、3ずつ減っていって、3になるまで続きます。

いかがでしょうか。for文の書き方に、少しは慣れてきたでしょうか。大丈夫です。問題を解いたりすれば、徐々に慣れてきます。

> **Note**
>
> for文の制御部分の書き方ですが、次の例のように、演算子（=、<=、+=など）と被演算子（iや3、99など）の間にスペースをおく人は筆者の感覚では少数派です。少し間延びしてしまって、見にくく感じませんか。
>
> ```
> for (i = 99; 3 <= i; i -= 3) {   // ←こう書く人は少数派
>   【本体】
> }
> ```
>
> 次の例のように演算子の前後にスペースを置かない書き方が一般的です（この節までの例もこのようになっていました）。スペースは「;」の後ろだけに置いて、for文の制御部の各要素（初期設定、条件、再設定）の区切りの役目をしています。
>
> ```
> for (i=99; 3<=i; i-=3) { // ←このように書く人が多い
>   【本体】
> }
> ```

 ## 4.5　テンプレートリテラル（可変部分付き文字列）

for文の「意味するところ」は大部わかってきたでしょうか。ここで、新しい構文をひとつ覚えましょう。「この章の例題」で使われている**テンプレートリテラル**という特別な文字列です。画像タグなど、引用符を含む文字列を作ったり、文字列をいくつか結合したりするのに便利なものです。

「1.9 文字列」で、文字列を表す方法として二重引用符、一重引用符、バッククオートの3種類の引用符を使う方法があることを説明しました。そこで少しふれましたが、テンプレートリテラルではバッククオートのペア `...` を使います。

たとえば前節で見た、番号付きの「蔘鶏湯が食べたい」のコードは次のように書かれていました。

```
for (let i=1; i<=5; i++) {
  document.write(i + ". 蔘鶏湯が食べたい<br>"); // + で文字列を連結(第3章)
}
```

テンプレートリテラルを用いると次のように、文字列を連結する「+」を使わずに書けます。

```
for (let i=1; i<=5; i++) {
  document.write(`${i}. 蔘鶏湯が食べたい<br>`);
}
```

ここで `...` の中にある `${i}` の部分が新しい構文です。

"こんにちは" などの普通の文字列は、いつも同じで変わることはありませんが、上のコードで使っているテンプレートリテラルは、文字列中に変数（上の例ではi）など「可変部分」があるものです。

- テンプレートリテラルは `...` （バッククオートの組）で囲まれる
- 可変部分は `${...}` で囲まれる

　上の例では、${...} に囲まれている i の値が 1 から 5 まで変化し、その結果、実際には下の「→」の右側にある文が実行されるのと同じになります。

```
iが1 → document.write(`1. 蔘鷄湯が食べたい。<br>`);
iが2 → document.write(`2. 蔘鷄湯が食べたい。<br>`);
iが3 → document.write(`3. 蔘鷄湯が食べたい。<br>`);
iが4 → document.write(`4. 蔘鷄湯が食べたい。<br>`);
iが5 → document.write(`5. 蔘鷄湯が食べたい。<br>`);
```

　これで番号付きの「蔘鷄湯が食べたい」が 5 回、ドキュメント領域に表示されるというわけです。

　テンプレートリテラルは、変数と組み合わせて文字列を作ったり、引用符を含む文字列を作ったりするのにとても便利です。これから何度も登場しますので、そのうち慣れるでしょう。

4.6　img タグの生成にテンプレートリテラルを利用

　これで準備が整いましたので、この章の例題をもう一度見てみましょう（**example/ch0401.html**）。

```
16: for (let i=0; i<8; i++) {
17:   document.write(`<img src="pictures/picture00${i}.jpg">`);
18: }
```

　上の例では、テンプレートリテラル内の i の値が 0 から 8 まで変化し、その結果、実際には次の「→」の右側にある文が実行されるのと同じになります。

```
iが0 → document.write(`<img src="pictures/picture000.jpg">`);
iが1 → document.write(`<img src="pictures/picture001.jpg">`);
iが2 → document.write(`<img src="pictures/picture002.jpg">`);
iが3 → document.write(`<img src="pictures/picture003.jpg">`);
iが4 → document.write(`<img src="pictures/picture004.jpg">`);
iが5 → document.write(`<img src="pictures/picture005.jpg">`);
iが6 → document.write(`<img src="pictures/picture006.jpg">`);
iが7 → document.write(`<img src="pictures/picture007.jpg">`);
```

　これで合計 8 枚の画像がドキュメント領域に表示されるというわけです。

文字列内で変数を使いたかったらバッククオート

テンプレートリテラル（可変部分付き文字列）を使うときは必ずバッククオート（「`」）を使います。「"」（二重引用符）や「'」（一重引用符）は使えません。

たとえば、次のコード（example/ch0404.html）のように「'」（一重引用符）を使ってしまうと、pictures/picture00$\{i\}.jpg という名前のファイル（$\{i\}がこのまま含まれるファイル）を表示しようとします。そのようなファイルはないので、**図4.6**のようにファイルがない旨を示すアイコンだけが表示されることになります。なお、ブラウザによってはアイコンも表示されない場合があります。

```
for (let i=0; i<8; i++) {
  document.write('<img src="pictures/picture00${i}.jpg">');
}
```

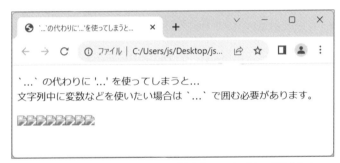

図4.6 テンプレートリテラルを使おうとして「`」（バッククオート）で囲まないと…

 Note

上の例ではテンプレートリテラルの可変部分に変数を書きましたが、一般に「**式**」と呼ばれる「値が計算できるもの」を書くことができます。たとえば、次章の「関数は再利用を促進する」では $\{...\}$ の中で関数を呼び出すコードを見ます。

4.7 スタイルの指定

この章の課題（example/ch0401.html）をもう少し改良してみましょう。

8つの画像を表示しましたが、ウィンドウの大きさを変えると1行に表示される画像の個数が変わってしまいます。これをいつも1行に4つずつ表示したいとすれば、画像のスタイル（CSS）に、次のコードのように画像の幅を指定する「width: 25%」を加えればよいでしょう（example/ch0405.html）。

```
for (let i=0; i<8; i++) {
  document.write(`<img src="pictures/picture00${i}.jpg" style="width: 25%">`);
}
```

これで**図4.7**のようになります。

図4.7　スタイル指定（25%）

📗▶Note

　HTMLのタグ（たとえば<img>タグ）に`style="..."`の形式で、**スタイル**（形式、書式、サイズ、位置など）を指定できます。現在ブラウザでスタイルの指定に利用できるのは**CSS**（「カスケーディング・スタイル・シート」の略）という言語です。このため、「`style="width: 25%;"`」の部分を、「スタイル（指定）」あるいは「CSS（指定）」などと呼びます。

　imgタグのスタイルに「`width: 25%`」を指定すると、**図4.7**のようにブラウザウィンドウの横幅の25%の大きさで画像を表示してくれます。

　`25%;`の最後の「`;`」はJavaScriptの文の終わりと同じような、区切りを表すもので、最後の指定のあとは省略できます。たとえば次のように幅と高さを指定する場合は、640pxのあとの「`;`」は省略できません。480pxのあとの「`;`」は省略してもかまいません[注2]。下のコードでは、幅640ピクセル、高さ480ピクセルで表示されることになります。

```
<img src="pictures/picture00${i}.jpg" style="width: 640px; height: 480px;">
```

　1行に2つずつ表示したければ、次のコードのように25%を50%に変更すればよいのです（example/ch0406.html）。

```
for (let i=0; i<8; i++) {
  document.write(`<img src="pictures/picture00${i}.jpg" style="width: 50%">`);
}
```

ブラウザで表示▶ https://musha.com/scjs?ch=0406

これで**図4.8**のようになります。

注2　なお、筆者は480pxのあとの「`;`」も省略せずに書いています。書いておくと、後ろに次の要素を追加するのが（少し）楽になるのと、いつも書いたほうが一貫性があるように感じるからです。

図4.8 スタイル指定 (50%)

コードの1箇所を変えるだけですべての繰り返しに関して有効になります。

これに対して、HTMLの `img` タグを使ってスタイルを指定するには、次のようにすべての `img` タグについて `style` 属性を追加しなければなりません。

```
<img src="pictures/picture000.jpg" style="width: 25%">
<img src="pictures/picture001.jpg" style="width: 25%">
<img src="pictures/picture002.jpg" style="width: 25%">
<img src="pictures/picture003.jpg" style="width: 25%">
<img src="pictures/picture004.jpg" style="width: 25%">
<img src="pictures/picture005.jpg" style="width: 25%">
<img src="pictures/picture006.jpg" style="width: 25%">
<img src="pictures/picture007.jpg" style="width: 25%">
```

for文を使ったほうが簡単ですし、コピー・ペーストの際の間違いも起こりません[注3]。

注3 CSSの指定によっても、1箇所変えるだけで表示方法を変更できるようなコードが書けます。ただ、for文の用途はCSSの指定に限定されません。この章の練習問題などで例を示します。

4.8　変数や定数を使ってコードをわかりやすく

もうひとつ、この章の例題に関する改良です。

前章で見たif文による分岐や、この章で見たfor文によるループなどを使うようになると、徐々にプログラムが長くなってきます。

これまでに書いたような数行程度のプログラムなら大きな差にはなりませんが、何千行、何万行にもなるコードを書くようになると、ちょっとした心がけの差が全体の理解度に大きな違いを生むことになります。

各文の意図をできるだけ明確にして、わかりやすいプログラムを書くことが重要です。この節では、変数(および「定数」)を使って、わかりやすさを向上させる方法を紹介しましょう。プログラムの**可読性**(読みやすさ)を向上させるものです。

途中経過を変数に記憶

次のコードは前節のコード (example/ch0406.html) を書き換えてみたものです。実行してみると結果はまったく同じになります (example/ch0407.html)。

```
"use strict";
let スタイル = `style="width: 25%;"`;
for (let i=0; i<8; i++) {
  let ファイル名 = `pictures/picture00${i}.jpg`;
  let 画像タグ = `<img src="${ファイル名}" ${スタイル}>`;
  document.write(画像タグ);
}
```

こちらのほうがコードは長くなっていますが、途中経過を、意味が明確になる変数に代入することで、読みやすくなっているように思いませんか。

この程度の長さのプログラムならば、あえてこのようにする必要はないかもしれません。ただ、長いプログラムになるとこういった「わかりやすさのための工夫」がコード全体の理解を助けてくれます。

少しコードがゴチャゴチャしてきたと思ったら、いったん変数に記憶してわかりやすくするという姿勢も大切です。そうすることで覚えなければならないものを減らして、脳への負担を軽減できます。

ⓘ Information

» **プログラミング オススメの習慣**

わかりやすい名前をつけた変数(あるいは定数)に、途中経過をいったん記憶することで、脳への負担を軽減する。

定数の利用

次のコードは、上のコード (example/ch0407.html) をさらに書き換えたものです (example/ch0407b.html)。

```
const スタイル = `style="width: 25%;"`;
for (let i=0; i<8; i++) {
  const ファイル名 = `pictures/picture00${i}.jpg`;
  const 画像タグ = `<img src="${ファイル名}" ${スタイル}>`;
```

```
   document.write(画像タグ);
 }
```

　`let`は変数の宣言に使いますが、`const`（読み方は「コンストゥ」。constantの省略）は**定数**（**コンスタント**）を宣言するときに指定します。じつは`const`の代わりに`let`と書いても問題なく動作します。ただ、`const`と書くことで、たとえば上のコードの「**スタイル**」は変化しないことを明示できます。

　これまで`let`だけを用いてきましたが、値が変わらない場合は`const`にしたほうがよいのです。

　値を記憶する際に、変数と定数のどちらを使うかについては次のような姿勢がおすすめです。

(i) Information

» **プログラミング オススメの習慣**

- 最初は定数を使うことを原則とする。ただし、明らかにあとで変化することがわかっている場合は変数にする
- 最初、定数にしたものを後で変化させたくなったら、そのとき点で`const`を`let`に変え、変数にする

　「値が変わる」ということは、その変化に注意を払っていなければならないということです。これに対して`const`と宣言されたものは、その名前が出たときにはいつも同じ値であることが（基本的には）保証されます[注4]（**図4.9**）。

　まだ、あまりピンとこないかもしれませんが、経験を重ねていくと、`const`を使うことの意味が徐々にわかってくるでしょう。

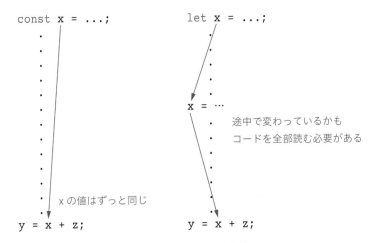

図4.9　constとletの比較

注4　　ただし、第9章で登場するオブジェクトを定数として宣言した場合は、必ずしも当てはまりません。詳しくは第9章以降で説明します。

4.9　この章のまとめ

　この章では、似たようなことを繰り返し行うための仕組みであるループについて説明しました。for文を使って繰り返しを表現することで、人間の操作の繰り返しを避けられます。

　また、この章では次のような事柄も学びました。

- テンプレートリテラル `` `...${...}...` `` を使えば、長い文字列を簡潔に記述できる
- 変数（letで宣言）の値が変わらない場合、定数（constで宣言）にしたほうがよい
- 途中経過を変数や定数に記憶することで、プログラムの可読性を向上できる
- HTMLのタグにCSSを用いてスタイルを指定することで、そのタグが表すものに関して、さまざまな属性を指定できる（たとえば、imgタグに関して、width属性で、画像の横幅を指定できる）

　前の章の最後に分岐を表す図を書きましたが、この章でループが加わりました。分岐とループを次のような図で表しましょう。

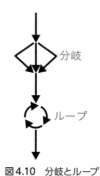

図4.10　分岐とループ

Note

　for文以外のループ（繰り返し）用の構文としてwhile文やforEach文、またfor文でも「別の形式のfor文」もあります。これらを含め、ループに関する追加情報を付録Aの「A.2 制御構造」で紹介していますので、ループに慣れてきたら参考にしてください。

　なお、「別の形式のfor文」は第7章の「問題7-1」および第9章の「問題9-2」に例があります。

　お疲れ様でした。盛りだくさんの章でしたね。

　以降の章でも、for文をはじめ、この章で学んだ事柄は繰り返し登場します。そのたびに復習すれば、だんだん身についてきますので、少しぐらいわからない点があっても、それほど気にしなくて大丈夫です。(少し)棚上げして、先に進んでみてください。

4.10 練習問題

「for文はややこしいなあ」と感じましたか。そう感じた人も、いくつか問題を解いて自分で使ってみると、「結構便利」と感じられるようになるでしょう。

最初のほうの問題は単純ですので、もしわからなかったら、本文の説明を読み返してください。

問題4-9以降はかなり難しいです。「難しすぎる」と思ったら、後ろの章を読んでから、再度戻って取り組んでみてください（for文の問題なので、この章に含めましたが、もう少し後ろの章の問題にしたいような「難易度高め」の問題です）。

練習問題の解答例は、`jsdata/exercise/`の下にあります。たとえば問題4-1の解答例は`jsdata/exercise/prob0401.html`です。

4

- VS Codeのエクスプローラーで`prob0401.html`をクリックすると、右側のエディタペインにファイルの内容（ソースコード）が表示されます。
- メニューから［実行］→［デバッグなしで実行］を選択すると実行できます。

最初から解答を見ずに、まずは自分で解いてみてください！ `exercise`フォルダに`prob0401me.html`などといった名前で自分の解答を作り、あとで解答例と比較してみるのがオススメです。

問題4-1 「私はプログラミングが好きになる〜〜」と16行出力するプログラムをforループを使って作成せよ [写経]

```
"use strict";
for (let i=1; i<=16; i++) {  // (i=0; i<16; i++) でもOK
  document.write("私はプログラミングが好きになる〜〜<br>");
}
```

この出力を音読して、自己暗示をかけましょう（^_^）。

問題4-2 問題4-1の出力の、各行の前に、1から順番に番号を振れ [写経]

```
"use strict";
for (let i=1; i<=16; i++) {
  document.write(`${i}. 私はプログラミングが好きになる〜〜<br>`);
  // 文字列中で変数を使いたい場合は `...` で囲む(テンプレートリテラル)
}
```

```
1．私はプログラミングが好きになる〜〜
2．私はプログラミングが好きになる〜〜
3．私はプログラミングが好きになる〜〜
4．私はプログラミングが好きになる〜〜
5．私はプログラミングが好きになる〜〜
6．私はプログラミングが好きになる〜〜
7．私はプログラミングが好きになる〜〜
8．私はプログラミングが好きになる〜〜
9．私はプログラミングが好きになる〜〜
```

```
10．私はプログラミングが好きになる〜〜
11．私はプログラミングが好きになる〜〜
12．私はプログラミングが好きになる〜〜
13．私はプログラミングが好きになる〜〜
14．私はプログラミングが好きになる〜〜
15．私はプログラミングが好きになる〜〜
16．私はプログラミングが好きになる〜〜
```

バリエーション

- 上の問題を1から80まで、80行出力するように変更せよ（prob0402b.html）
- 上の問題を1から10万まで、10万行出力するように変更せよ。なお、10万は「10_0000」と書くこと（prob0402c.html。「_」については「4.2 同じようなことを繰り返すfor文」参照）

問題4-3 問題4-2で、出力するHTMLコードをすべて変数に保存しておいて、最後に一度だけdocument.writeを呼ぶように変更せよ 写経

```
"use strict";
let x = "";  // 「空文字列」に「初期化」しておく
for (let i=1; i<=16; i++) {
  x += `${i}. 私はプログラミングが好きになる〜〜<br>`;
  // できた文字列を x の後ろに次々と追加して行く
}
document.write(x);  // 最後に一度だけ書き出す。こうしたほうが少し実行が速い
```

問題4-4 問題4-3で途中で作られるHTMLコードをconsole.logで確認しながら実行するようにしてみよ 写経

console.logを使った「コンソール」への出力については第8章で詳しく説明しますが、ここでトライしてみてください。

```
11: "use strict";
12: let x = "";  // 「空文字列」に「初期化」しておく
13: for (let i=1; i<=16; i++) {
14:   x += `${i}. 私はプログラミングが好きになる〜〜<br>\n`;  // xの最後に追加
15:   console.log(`--- ${i}回目のループ ---\n`);  // \nは改行のため
16:   console.log(x);   // xの途中経過を表示
17: }
18: document.write(x);  // 最後に一度だけ書き出す。実行が（少し）速くなる
```

上のコードについては次の点に注意してください。

- コード14行目、15行目の「\n」は改行を表す。コンソールに表示するときは、各行の最後で改行したほうが見やすいので、「\n」を出力している（HTMLでいえば
の役割をする）
- 「\」はWindowsでは「¥」と表示されることが多い。macOSのエディタでは「¥」あるいは「option+¥」で入力できることが多い。入力方法がわからない場合は、解答例jsdata/exercise/prob0404.htmlからコピー・ペーストする

VS Codeで実行（[実行] → [デバッグなしで実行]）すると、ブラウザに結果が表示されると同時に、**図4.11**のように、VS Code右下の「パネルペイン」（第1章の**図1.12**参照）の「デバッグコンソール」に、生成されるHTMLコードの途中経過（xの値の変化）が表示されます。

デバッグコンソールの出力を一番最初に戻って追ってみてください。1回ループするごとに、出力が1行ずつ増えていることを確認しましょう。

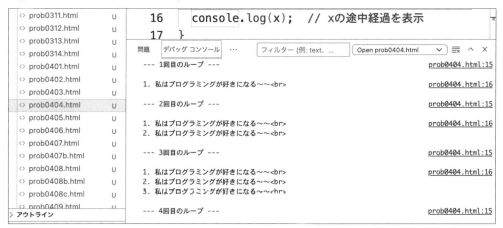

図4.11 VS Codeの「デバッグ コンソール」に途中経過を表示。ループ1回ごとにxの値が増えていく様子がわかる

一方、ブラウザ（Chrome）のドキュメント領域で、右クリックして[検証]を選択し、ブラウザの「コンソール」を表示してみてください（**図4.12**）。

図4.12 Chromeの「コンソール」に途中経過を表示したもの。右上の「ケバブメニュー」（赤丸部分）をクリックすることで、ペインのレイアウトを変更できる

> **Note**
>
> Chromeのタブの名前が英語（「Console」など）になっているときは「DevTools is now available in Japanese!」というメッセージが表示されていると思います。この場合は[Switch DevTools to Japanese]というボタンをクリックすると、タブ名などが**図4.12**のように日本語の名前（「コンソール」など）に変わります。
>
> なお、右上の「ケバブメニュー」（**図4.12**の赤丸部分）をクリックすることで、ドキュメント領域とコンソールのペインのレイアウトを変更できます（別のウィンドウへの表示も可能）。

このChromeの「コンソール」の内容は、VS Codeの「デバッグコンソール」の内容とほぼ同じものです。

元来、`console.log`による出力は、ブラウザのコンソールに表示されるはずのものです。VS Codeは、ブラウザのコンソールへの出力を、自分の管理するペインにも出力しているわけです。

利用者にとっては、ブラウザの「コンソール」を開かずに、VS Codeのパネルペインを見るだけでコンソールへの出力内容を確認できるので手間が省けます。VS Codeを使っている人は、今後はChromeのコンソールではなく、VS Codeの「デバッグコンソール」を見るようにしましょう。

> **Note**
>
> パソコン登場以前の、大型のコンピュータ（「大型機」）などで、コンピュータを制御するためのキーボードとディスプレイを備えた端末を「コンソール」と呼んでいました。そこから派生して、Windowsの「コマンドプロンプト」あるいはPowerShellやmacOSの「ターミナル」のように、文字による「コマンド」を入力して、いろいろな操作を行うためのウィンドウも「コンソール」と呼びます。
>
> ここで使っている、VS Codeの「デバッグコンソール」やChromeの「コンソール」は、途中経過（「**ログ**」と呼ばれます）の出力のために用いていますが、第8章で見るように、コマンドを入力してその実行結果を表示させることもできます。
>
> したがって、どちらも「コンソール」の一種です。

問題4-5　問題4-4で、番号を書くのに、数字を直接書くのではなく、番号付きのリストを出力するタグ（<ol>...</ol>）を使って書け（olタグを使ったほうが数字が右揃えになって見た目がよい）

> **(i) Information**
>
> **» HTMLメモ**
>
> 次のようなHTMLコードを書くと「順序付きリスト（Ordered List）」を出力できます（`example/ch0408.html`）。`li`はlist item（リストの要素）の意味です。
>
> ```
> <ol>
>   <li>
>     私はプログラミングが好きになる〜〜
>   </li>
>   <li>
>     私はプログラミングが好きになる〜〜
>   </li>
>   ...
>   【中略】
>   ...
>   <li>
>     私はプログラミングが好きになる〜〜
>   </li>
> </ol>
> ```
>
> 上のHTMLコードをブラウザで表示すると次のように、右揃えで番号がついてリストが表示されます（問題4-2の出力と番号の部分を比較してください）。
>
> 1．私はプログラミングが好きになる〜〜
> 2．私はプログラミングが好きになる〜〜

```
 3.　私はプログラミングが好きになる〜〜
 4.　私はプログラミングが好きになる〜〜
 5.　私はプログラミングが好きになる〜〜
 6.　私はプログラミングが好きになる〜〜
 7.　私はプログラミングが好きになる〜〜
 8.　私はプログラミングが好きになる〜〜
 9.　私はプログラミングが好きになる〜〜
10.　私はプログラミングが好きになる〜〜
11.　私はプログラミングが好きになる〜〜
12.　私はプログラミングが好きになる〜〜
13.　私はプログラミングが好きになる〜〜
14.　私はプログラミングが好きになる〜〜
15.　私はプログラミングが好きになる〜〜
16.　私はプログラミングが好きになる〜〜
```

ch0408.htmlのような「HTMLのコード」を「JavaScriptを使って」書き出せばよいのです。

ヒント ....

- 繰り返すところ（`<li>...</li>`）だけをループに入れる
- `<ol>`と`</ol>`は繰り返す必要がない → ループの中に入れてはいけない

問題4-6 picturesフォルダにある画像を8枚連続して表示するプログラムをforループを使って書け 写経

```
"use strict";
let html = "";
for (let i=0; i<8; i++) {
  const ファイル名 = `pictures/picture00${i}.jpg`;
  const 画像タグ = `<img src="${ファイル名}">`;
  html += 画像タグ;
}
document.write(html);
```

問題4-7 問題4-6でスタイルを指定して、画像の大きさを変更してみよ（100px、20%、50%、10cm、…）など。なお、解像度の高いモニタで"cm"、"mm"などで指定すると、画面上の大きさは指定した大きさにならないことがある（プリンタで出力すれば指定通りになる。詳しくは次のウェブページなどを参照 https://musha.com/scjs?ln=0401)

```
"use strict";
const スタイル = `style="width: ●●;"`; // ←★★要変更★★

let html = "";
for (let i=0; i<8; i++) {
  const ファイル名 = `pictures/picture00${i}.jpg`;
  const 画像タグ = `<img src="${ファイル名}" ${スタイル}>`;
  html += 画像タグ;
```

```
}
document.write(html);
```

問題4-8 forループとHTMLの`<table>`...`</table>`を使って1行4列の画像のテーブルを作成せよ。画像の大きさは120pxとする 写経

まずHTMLの`table`タグについて説明しましょう。

(i) **Information**

» HTMLメモ

次のようなHTMLコードで表（table）を作成できます（`example/ch0409.html`。このほかにも表関連のタグがありますが、ここでは省略します。ここで用いられているタグだけで表を作れます）。

```
<table>
  <tr>  <!-- 1行目の始まり。  trは Table Row の略 -->
    <td>1-1</td>  <!-- 1行目の1列目の要素。 td は Table Dataの略 -->
    <td>1-2</td>  <!-- 1行目の2列の要素 -->
    <td>1-3</td>
    <td>1-4</td>
  </tr>  <!-- 1行目の終わり -->
  <tr>   <!-- 2行目 -->
    <td>2-1</td>  <!-- 2行目の1列目の要素 -->
    <td>2-2</td>
    <td>2-3</td>
    <td>2-4</td>
  </tr>  <!-- 2行目の終わり -->
  <tr>   <!-- 3行目 -->
    <td>3-1</td>
    <td>3-2</td>
    <td>3-3</td>
    <td>3-4</td>
  </tr>  <!-- 3行目の終わり -->
</table>
```

上のコードを表示すると次のようになります。
1-1、1-2、...に画像（img）タグを書けば、画像が表のように並びます。

```
1-1  1-2  1-3  1-4

2-1  2-2  2-3  2-4

3-1  3-2  3-3  3-4
```

この問題では画像を1行4列に並べるので、次のようなHTMLコードになります。

```
<table>
  <tr>
    <td><img src="pictures/picture000.jpg" style="..."></td>
    <td><img src="pictures/picture001.jpg" style="..."></td>
    <td><img src="pictures/picture002.jpg" style="..."></td>
    <td><img src="pictures/picture003.jpg" style="..."></td>
  </tr>
</table>
```

上のコードを出力するJavaScriptのプログラム【写経用】

- ループ変数（forループの制御部分で使う変数）は列番号なので、画像番号を表す変数を別に用意して、ループするたびに更新する必要がある

```
"use strict";
const スタイル = 'style="width: 120px;"';
let 画像番号 = 0;
let html = "<table>";
html += "<tr>";
for (let 列番号=0; 列番号<4; 列番号++) { // 列
  const ファイル名 = `pictures/picture00${画像番号}.jpg`;
  画像番号++;
  html += `<td> <img src="${ファイル名}" ${スタイル}> </td>`;
}
html += "</tr>";
html += "</table>";
document.write(html);
```

問題4-9 forループとHTMLの`<table>...</table>`を使って2行4列の画像のテーブルを作成せよ

2行4列の画像

出したいHTMLコード（一例。スタイル指定は省略）

```
<table>
  <tr>
    <td><img src="pictures/picture000.jpg"></td>
    <td><img src="pictures/picture001.jpg"></td>
    <td><img src="pictures/picture002.jpg"></td>
    <td><img src="pictures/picture003.jpg"></td>
  </tr>
```

```
  <tr>
    <td><img src="pictures/picture004.jpg"></td>
    <td><img src="pictures/picture005.jpg"></td>
    <td><img src="pictures/picture006.jpg"></td>
    <td><img src="pictures/picture007.jpg"></td>
  </tr>
</table>
```

上のコードを出力するJavaScriptのプログラム（その1。一重のループを2回）

```
"use strict";
const スタイル = `style="width: 200px;"`;
let 画像番号 = 0; // 出力する画像の番号を記憶する

let html = "<table>";

html += "<tr>";  // 1行目
for (let 列番号=0; 列番号<4; 列番号++) {
  let ファイル名 = `pictures/picture00${画像番号}.jpg`;
  画像番号++;
  html += `<td> <img src="${ファイル名}" ${スタイル}> </td>`;
}
html += "</tr>";

html += "<tr>"; // 2行目
for (let 列番号=●●; 列番号<●●; 列番号++) { // ←★★要変更★★
  let ファイル名 = `pictures/picture00${画像番号}.jpg`;
  画像番号++;
  html += `<td> <img src="${ファイル名}" ${スタイル}> </td>`;
}
html += "</tr>";

html += "</table>";
document.write(html);
```

上のコードを出力するJavaScriptのプログラム（その2。二重のループを使う）。こちらのほうが高度

```
"use strict";
const スタイル = `style="width: 120px;"`;
let html = "<table>";
let 画像番号 = 0; // 出力する画像の番号を記憶する
for (let 行番号=0; 行番号<2; 行番号++) {  // 行（外側のループ）
  html += "<tr>";
  for (let 列番号=0; 列番号<4; 列番号++) { // 列（内側のループ）
    html += "<td>";
    const ファイル名 = `pictures/picture00${画像番号}.jpg`;
    画像番号++; // 次の画像の番号を準備する
    console.log(ファイル名);
    html += `<img src="${ファイル名}" ${スタイル}>`;
    html += "</td>";
  }
  html += "</tr>";
```

```
    // console.log(html) // ←ここで出力すると1回ループを回ったときの結果がわかる
}
html += "</table>";
document.write(html);
```

ループするたびに変数の値は次のように変化する

行番号	列番号	画像番号
0	0	0
0	1	1
0	2	2
0	3	3
1	0	4
1	1	5
1	2	6
1	3	7

- 最初のうち、プログラムを読むときには上のような表を作って変数の値の変化を確認していくとよい
- 二重のループを使えば、同じようなコードを繰り返し書かなくてすむ
- 変更にも強くなる —— 似たようなコードが複数あると、「直し間違い」や「直し忘れ」が生じがち

問題4-10 forループとHTMLの<table>...</table>を使って4行4列の画像のテーブルを作成せよ

4行4列の画像

```
"use strict";
const 行数 = 4;   // こうしておけば、ここを変えるだけで行数の変化に対応可能
let html = "<table>";
let 画像番号 = 0; // 出力する画像の番号を記憶する
for (let 行番号=0; 行番号<行数; 行番号++) { // 行（外側のループ）
```

```
      html += "<tr>";
      for (let 列番号=0; 列番号<4; 列番号++) { // 列（内側のループ）
        html += "<td>";
        let ファイル名 = `pictures/picture00${画像番号}.jpg`;
        if (10 <= 画像番号) {
          ファイル名 = ●●●●;   // ←★★要変更★★
        }
        画像番号++;  // 次の画像の番号を準備する
        html += `<img src="${ファイル名}" style="width: 200px;">`;
        html += "</td>";
      }
      html += "</tr>";
    }
    html += "</table>";
    document.write(html);
```

問題4-11 forループとHTMLの`<table>...</table>`を使って4行4列の画像の
テーブルを作成し、クリックしたら大きな画像を表示するページに移動するよ
うにせよ

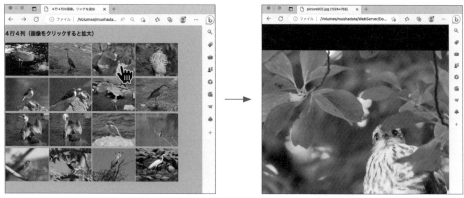

図4.13　画像をクリックするとその画像のページに移動する

ⓘ **Information**

» **HTMLメモ**

HTMLの「リンク」を書くにはaタグを使います[注5]。形式は次のとおりです。

```
<a href="【URL】">【リンク対象】</a>
```

- 【URL】——— 外部ページのアドレス（`https://...`）を指定することも、自分のサイトのほかのファイル（ペー
  ジ）を指定することもできます
- 【リンク対象】——— この部分がリンクになり、選択（クリックあるいはタップ）すると【URL】に移動します。テ

注5　aタグのaは、「錨」「錨で固定する」などの意味をもつanchorの先頭文字です。このためaタグは「アンカータグ」とも呼ばれます。「リン
　　　ク先のページにつなぎとめる」といった意味合いからこの単語が選ばれたようです。リンク先を示す`href`は「hypertext reference」の省略
　　　形です。hypertextはウェブページのようなリンクが張られた文章（テキスト）を意味する言葉で、referenceは「参照」などの意味をもつ単
　　　語です。

キストだけでなく画像なども指定できます

この問題では、画像をクリックすると、その画像のファイルに移動し、その画像だけがブラウザに大きく表示されます。「picturesフォルダのpicture002.jpgというファイル」を表の1項目として表示して、クリックされたらその画像のページに移動するようにしたければ、次のコードを書きます。

```
<a href="pictures/picture002.jpg"><img src="pictures/picture002.jpg"></a>
```

これで画像をクリックすると、その画像だけがドキュメント領域に大きく表示されます（図4.13）。

問題4-12 下に説明するtoStringとpadStartを使ってpicture000.jpgからpicture039.jpgまでの40枚の画像を表示して、それぞれの画像を選択した際にオリジナルの画像を大きく表示するようにせよ。また、あとで枚数が増えたときに簡単に変更できるよう、冒頭で定数「画像の枚数」を使って画像の枚数を指定するようにせよ

コラム　toStringとpadStart

　問題4-10などのコードでは、画像のファイル名を作るのにif文を使って「0から9までのとき」と「10以上のとき」を分けていますが、関数toStringとpadStartを使うとif文を使わずにこの処理ができます。

　たとえば、次のようなコードを書けばpicturesフォルダにあるpicture000.jpgからpicture015.jpgまでの画像を表示できます（example/ch0410.html）。

```
"use strict";
const スタイル = `style="width: 25%;`
let html = "";
for (let i=0; i<=15; i++) {
  const 数字部分 = i.toString().padStart(3, "0");
  // toStringは整数（i）を文字列にしてくれる
  // その結果を受けてpadStartは、先頭（Start）に0を埋めて（padして）、3桁にする
  // その結果、数字部分は001, 002, 003, ..., 009, 010, 011, ...となる
  const ファイル名 = `pictures/picture${数字部分}.jpg`;
  const 画像タグ = `<img src="${ファイル名}" ${スタイル}">`;
  html += 画像タグ;
}
document.write(html);
```

　example/ch0410.htmlのコードを参考に、問題4-12のコードを作成してください。

　このように、知識があれば問題をより簡単に解決できる場合もあります。

　なお、padStartは先頭部分を指定の文字（上の場合「0」）で埋めますが、逆に最後の部分を指定の文字で埋めてくれるpadEndもあります。

(i) Information

» 新しい関数

toString() —— 数字を文字列に変換する。文字列に変換することで、文字列用に用意されている関数（メソッド）を使えるようになる

(i) Information

» 新しい関数

padStart(n, c) —— 先頭部分を第2引数に指定した文字 c で埋めて、第1引数 n に指定した文字数の文字列を作る

次章の練習問題には、ユーザー定義関数とループを組み合わせて使う問題があります。

第 5 章

「オーダーメイド」の
レゴブロックを作ろう

ユーザー定義関数

第2章で「関数はレゴブロック（のパーツ）のような存在」と書きました。前の章までに登場した、alert、document.write、Math.random の3つの関数はいわば「出来合い」のレゴブロックですが、じつは関数は自分で作る（定義する）こともできます。つまり、「カスタムメイド」のレゴブロックを作れるわけです。これを「ユーザー定義関数」と呼びます。この章ではユーザー定義関数の作り方を学びましょう。

なお、システムが用意してくれている関数のことを「組み込み関数」と呼びます。Excel では組み込みの関数は使えますが、新たな関数の定義はできません（VBA（Visual Basic for Applications）などを使うと可能になります。VBA もプログラミング言語のひとつなので、関数を定義する機能をもっています）。そこが JavaScript の関数と Excel の関数の大きな違いです。

この章の例題も第3章と同じ「おみくじ」なのですが、コードの書き方を変えます。おみくじを作る部分の手順（アルゴリズム）は第3章のものと変わりませんが、関数を使って定義します。

少し専門用語を使って表現してみると、プログラムの「仕様」（外部的な動作）に変更はなく「実装」（プログラムのコード）が変わるだけです。

この章の課題：おみくじ その2

今日の運勢（大吉、小吉、凶のいずれか）を表示せよ。ただしユーザー定義関数「おみくじを引く」を定義して、何度でも簡単におみくじを引けるようにせよ

● **実行結果**

図5.1　おみくじの結果

ブラウザで表示 ▶ https://musha.com/scjs?ch=0501

● **JavaScriptのコード** (example/ch0501.html)

```
10: "use strict";
11: const おみくじの結果 = おみくじを引く();
12: document.write(`今日の運勢は${おみくじの結果}です`);
13:
14: function おみくじを引く() {
15:   let y = Math.random();
16:   if (y < 0.3) {
17:     y = "凶";
18:   }
19:   else if (y < 0.6) {
20:     y = "小吉";
21:   }
22:   else {  // それ以外なら
23:     y = "大吉";
24:   }
25:   return y;  // 戻り値
26: }
```

VS Code で example/ch0501.html を表示して、メニューから［実行］→［デバッグなしで実行］を選択すると自分のパソコンで（ローカルで）実行できます。

5.1 関数の定義

上のJavaScriptのコードを詳しく見ていきましょう。**図5.2**に示すように、14行目から26行目が自作の関数（ユーザー定義関数）の定義です。

関数の定義は次の要素から成り立っています。

- キーワード function —— 第1章で見ましたが、functionは「関数」を表す英語です。処理系はこの単語のあとに空白文字が1個以上あるときに、関数の始まりと解釈します

- 関数の名前（関数名）—— 組み込み関数はアルファベットで始まっていましたが、自作の関数にはこの例のように漢字やひらがな、カタカナも使えます。先頭の文字に数字は使えません。処理系は先頭文字を見て、変数や関数の始まりなのか、数字の始まりなのかを判断します。名前に関する詳しい規則は「5.6 識別子に関するルール」を参照してください

- 引数のリスト —— （半角の）括弧で囲んで書きます。この関数の場合は引数がないので、（ ）だけを書いています。引数がなくても括弧は省略できません（括弧を省略してもよいことにすると、処理系が変数や定数と、関数を区別できなくなってしまいます）

- 関数本体のコード ——「{」と「}」で囲んで書きます

関数「**おみくじを引く**」に引数はありませんが、「凶」「小吉」「大吉」のいずれかの文字列を、**戻り値**として返してくれます（「返り値」と呼ばれることもあります）。

```
10: "use strict";
11: const おみくじの結果 = おみくじを引く();          ← 関数の呼び出し
12: document.write(`今日の運勢は${おみくじの結果}です`);
13:
14: function おみくじを引く() {         ← 関数名
15:     let y = Math.random();
16:     if (y < 0.3) {
17:       y = "凶";
18:     }
19:     else if (y < 0.6) {
20:       y = "小吉";                    }関数の定義
21:     }
22:     else {  // それ以外なら
23:       y = "大吉";
24:     }
25:     return y;  // 戻り値
26: }
```

図5.2 関数の定義と呼び出し

第3章で見た「関数を定義しないバージョン」をもう一度見てみましょう。この例では第4章で説明したテンプレートリテラル（可変部分付き文字列）を使って少し変えてあります（`example/ch0501b.html`）。

```
10: "use strict";
11: let x = Math.random();
12: if (x < 0.3) {
13:   x = "凶";
14: }
15: else if (x < 0.6) {
16:   x = "小吉";
17: }
18: else {
19:   x = "大吉";
20: }
21: document.write(`今日の運勢は$ {x}です`);
```

5.2　関数を使う意味

コードの行数を比べてみると、「関数版」のほうが少し長くなっています。「コードは短いほうが、簡潔でわかりやすい」というのが一般的な傾向ですが、この場合はそうはいえません。

関数を使ったコードのほうがよいコードなのです。

関数は概念に名前をつける

まず第1に、関数バージョン（example/ch0501.html）のほうがコードが読みやすい（理解しやすい）はずです。非関数バージョン（example/ch0501b.html）では、コード全体を読まないと何をやっているのか理解できません。

関数バージョンでは11行目と12行目を読んだ段階で、このプログラムが何をするものか想像がつくはずです。呼び出している関数の名前を見れば「おみくじを引いて、それを出力している」というのは明白です。

関数は再利用を促進する

今度は関数バージョン（example/ch0501.html）で定義した関数「おみくじを引く」を利用した、次のようなコードを考えてみましょう（example/ch0502.html）。

```
11: "use strict";
12: document.write(`西野さんの運勢:$ {おみくじを引く()}<br>`);
13: document.write(`平原さんの運勢:$ {おみくじを引く()}<br>`);
14: document.write(`家入さんの運勢:$ {おみくじを引く()}<br>`);
15:
16: function おみくじを引く() {
17:   let y = Math.random();
18:   if (y < 0.3) {
19:     y = "凶";
20:   }
21:   else if (y < 0.6) {
22:     y = "小吉";
23:   }
```

```
24:   else {
25:     y = "大吉";
26:   }
27:   return y; // return は1箇所にまとめておいたほうがデバッグが楽
28: }
```

このコードでは、西野さん、平原さん、家入さんの3人の運勢を占っていますが、関数「おみくじを引く」を定義してあるので、ただその関数を呼び出せばよいのです。結果は、たとえば次のようになります。

```
西野さんの運勢：大吉
平原さんの運勢：小吉
家入さんの運勢：小吉
```

これに対して関数を作らずに3人の運勢を占おうとすると、同じおみくじを引くコードを3度繰り返すか、3度回るループ（for文）を使って、1回目のループだったら西野さんの運勢、2回目のループだったら平原さんの運勢、3回目のループだったら家入さんの運勢といったような処理をしなければならないでしょう。

関数を定義してそれを繰り返し呼び出すほうが、はるかに楽で、しかも読みやすいコードになります[注1]。

5.3　引数の指定

今度は引数付きの関数を作ってみましょう。次のコードを見てください（`example/ch0504.html`）。

```
10: "use strict";
11: 運勢を表示("西野", "今日");
12: 運勢を表示("平原", "明日");
13: 運勢を表示("家入", "明後日");
14:
15: function 運勢を表示(人名, ひにち) {
16:   let x = Math.random();
17:   if (x < 0.3) {
18:     x = "凶";
19:   }
20:   else if (x < 0.6) {
21:     x = "小吉";
22:   }
23:   else {
24:     x = "大吉";
25:   }
26:   const 結果 = `<span style="color: red;">${x}</span>`;
27:   // <span>...</span>は囲まれた範囲に「スタイル」を適用するために使う
28:   // この場合、color(文字の色)をred(赤)にする
29:   document.write(`${人名}氏の${ひにち}の運勢は${結果}です。<br>`);
30: }
```

上のコードでは「運勢を表示」という名前の関数を定義しています。

注1　このように、プログラムの動作（仕様）を変更せずに、改良されたバージョンを作ることを**リファクタリング**と呼びます。

　この関数は「**名前**」と「**ひにち**」の2つの引数を指定して呼び出すと、指定した「名前」の人が、指定した「ひにち」にどのような運勢かを占ってくれて、その結果をドキュメント領域に表示してくれるものです。

　たとえば次のような結果が表示されます。

> 西野氏の今日の運勢は**小吉**です。
> 平原氏の明日の運勢は**大吉**です。
> 家入氏の明後日の運勢は**大吉**です。

　引数をもつ関数を定義するには、関数名に続く括弧のペアの中に、「**,**」で区切って引数を列挙します。上の関数では、「**人名**」と「**ひにち**」という引数を指定します。

　一方、呼び出し側では、具体的な「人名」と「ひにち」を指定して呼び出します。

　たとえば、**運勢を表示**("**西野**"，"**今日**")と呼び出すと、呼び出し時には関数の定義に指定されている引数「**人名**」に"**西野**"が代入され、「**ひにち**」に"**今日**"が代入されてから、本体部分のコードが実行されます。その結果、たとえば次のような文字列が表示されることになります。

> 西野氏の今日の運勢は**小吉**です。

　この様子を図にしてみましょう（**図5.3**）。

実引数 呼び出す時に値を指定

仮引数 呼ばれたときに値が入る

```
10:  運勢を表示 ( " 西野 " , " 今日 " );
11:
12:  function 運勢を表示 ( 人名 , ひにち ) {        人名 ← " 西野 "
13:    let x = Math.random();                      ひにち ← " 今日 "
14:    if (x < 0.3) {
15:      x = " 凶 ";
16:    }
17:    else if (x < 0.6) {
18:      x = " 小吉 ";
19:    }
20:    else {
21:      x = " 大吉 ";
22:    }
23:    const 結果 = `<span style="color: red;">${x}</span>`;
24:    document.write(`${ 人名 } 氏の ${ ひにち } の運勢は ${ 結果 } です。<br>`);
25:  }                        西野              今日
```

図5.3　関数の呼び出し時に引数に値が渡る様子

　なお、この関数「**運勢を表示**」は値を返さない関数である点にも注意してください。関数はいつも戻り値をもつわけではなく、戻り値のない関数（値を返さない関数）もあるのです。

» HTMLメモ

example/ch0504.htmlの次の行についてもう少し説明を加えましょう。

```
const 結果 = `<span style="color: red;">${x}</span>`;
// <span>...</span>は囲まれた範囲に「スタイル」を適用するために使う
// この場合、color（文字の色）をred（赤）にする
```

コメントに書いておきましたが、spanタグを使うことで...で囲んだ部分の文字などにstyle（スタイル）を指定できます。

たとえば上のコードでは"color: red;"と指定されているので、変数xに記憶されている文字列（おみくじの値。たとえば「大吉」）が赤い字で表示されます。

5.4　サブ関数の呼び出し

上の関数「**運勢を表示**」の中で「凶」か「小吉」か「大吉」を決めていますが、この関数はこの章の最初の例で作った関数「**おみくじを引く**」を使うことができます（example/ch0504b.html）。

```
10: "use strict";
11: 運勢を表示("西野", "今日" );
12: 運勢を表示("平原", "明日");
13: 運勢を表示("家入", "明後日");
14:
15: function 運勢を表示(人名, ひにち) {
16:    let 結果 = おみくじを引く();
17:    結果 = `<span style="color: red;">${結果}</span>`;
18:    document.write(`${人名}氏の${ひにち}の運勢は${結果}です。<br>`);
19: }
20:
21: function おみくじを引く() {
22:    let y = Math.random();
23:    if (y < 0.3) {
24:      y = "凶";
25:    }
26:    else if (y < 0.6) {
27:      y = "小吉";
28:    }
29:    else {
30:      y = "大吉";
31:    }
32:    return y;
33: }
```

このように、関数の中で別の関数（サブ関数）を呼び出すこともできます。

> **Note**
>
> 　関数の定義は、その関数を呼び出すコードの前に書くことも、後に書くこともできます。ですから、次のように一番下のレベルの関数を最初に書いて、それを呼び出す関数を後に書いていくこともできます（**example/ch0504c.html**）。
>
> ```
> 10: "use strict";
> 11: function おみくじを引く() {
> 12:   let y = Math.random();
> 13:   if (y < 0.3) {
> 14:     y = "凶";
> 15:   }
> 16:   else if (y < 0.6) {
> 17:     y = "小吉";
> 18:   }
> 19:   else {
> 20:     y = "大吉";
> 21:   }
> 22:   return y;
> 23: }
> 24:
> 25: function 運勢を表示(人名, ひにち) {
> 26:   let 結果 = おみくじを引く();
> 27:   結果 = `<span style="color: red;">${結果}</span>`;
> 28:   document.write(`${人名}氏の${ひにち}の運勢は${結果}です。<br>`);
> 29: }
> 30:
> 31: 運勢を表示("西野", "今日");
> 32: 運勢を表示("平原", "明日");
> 33: 運勢を表示("家入", "明後日");
> ```
>
> 　筆者は呼び出される側の関数の定義を後ろに書くほうが好みです。理由は関数の呼び出しが上になるので、全体の流れが把握しやすくなり、わかりやすくなる（ことが多い）と思うからです[注2]。

注2　プログラミング言語によっては、（原則として）下のレベルの関数を上に書かなければならないものもあります。

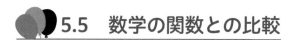

5.5　数学の関数との比較

ここで、数学で登場する一般的な関数とJavaScriptの関数を比較してみましょう。

図5.4の上のほうは数学の関数、下のほうがJavaScriptの関数です。

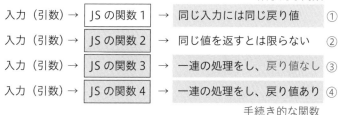

数学的な関数

手続き的な関数

図5.4　数学の関数との比較

　数学の関数は値を指定すると必ず値を返し、その値も同じ「引数」に対して必ず同じ値を返します。たとえば上の図の関数$f(x) = x^2+1$の場合、$f(3)$の値はいつも10になります。

　これに対してJavaScriptの関数には、**図5.4**の③のように値を返さない関数もありますし、②のように同じ入力に対して異なる値を返す場合もあります。

　図の①のような数学の関数と同じ性質ももつ関数はいわば「数学的な関数」です。これに対して、③や④の関数はどちらかというと関数の中で行う作業（手続き）に焦点があたっているので、いわば「手続き的な関数」です。とくに③のタイプは戻り値がないので、呼び出し側は関数を呼んでいるにもかかわらず、戻ってくる値に関心がないということになります。

> **Note**
>
> 　以前よく使われていた言語（たとえばFortranやPascal）では、値を返すもの（**図5.4**の①②④）を「関数（function）」と呼び、値を返さないもの（③）を**手続き**（procedure）あるいは**サブルーチン**（subroutine）などと呼んでいました。定義方法などはとても似ているのに、値を返すか返さないかの違いで2種類に分けていたのです。
>
> 　C言語の設計者は「みんな関数にしてしまえば話が簡単になるではないか」と考えたのでしょう。値を返さないものも返すものも「関数」と呼ぶことにしました。
>
> 　C言語がメジャーになるにつれて、それ以降に開発された言語の多くが、①から④のすべてを関数と呼ぶようになりました。JavaScriptもこれにならったわけです。

5.6　識別子に関するルール

　関数や変数などの名前のことを、まとめて**識別子**と呼びます（「定数」や、あとで登場する「オブジェクト」「プロパティ」などの名前も識別子に含まれます）。

　JavaScriptの識別子の付け方には次のような決まりがあります。この決まりに則って処理系がプログラムを解釈します。

- 半角文字で使えるのは a から z、A から Z、0 から 9、「_」（アンダースコア）――「!」「?」「@」などの記号は使えません。「$」（ドル記号）は使えますが、特別な用途に使われることが多いので、自分のプログラムでは使わないでおいたほうがよいでしょう

- 数字で始めることはできない

- 大文字と小文字が違えばまったく別のもの（変数や関数など）として扱われる

- 漢字や平仮名、カタカナも使える

- 全角の記号（「！」「？」など）は変数には使えない

- if、forなどプログラムの特別な要素になっている予約語は識別子としては使えない ―― ifif、for2などは識別子として使えますが、意味がわかるように名前をつけましょう

　なお、document.writeなどの「.」は、documentという識別子とwriteという識別子をつなぐ役目をするものですので、厳密には「.」も「document.write」も識別子ではありません（第9章以降で詳しく説明します）。document.writeを「関数」というのも正確な言い方ではないのかもしれませんが、少なくとも関数のように扱えるものですので、この本では「関数」と呼んでいます（一般にもそう呼ばれているように思います）。「documentオブジェクトのwriteメソッド」「オブジェクトdocumentのメソッドwrite」などと呼べば正確でしょう。

コラム　識別子は英語にするべきか、日本語を使ってもよいか

　変数名や関数名に「（半角の）英数字以外は用いるべきではない、英語（あるいはローマ字）で書くべきだ」と主張する人は少なくありません。しかし、筆者はこの本やこれまで開いてきた講座で日本語の関数名や変数名を用いています。その理由は次のとおりです。

- 一般の日本人にとっては意味を理解しやすい
- 名前（とくに関数名）を英語で考えるのは（英語がある程度得意な人にとっても）大変である。たとえば「おみくじを引く」を英語でどういえばよいのか？　簡潔な名前が求められるのでとくに大変
- 英語が不得意でも、プログラミングが得意な人は少なくない。そういった人にとって、最初のハードルが低くなる。IT技術者が不足している現状を考えると、英語が苦手なだけでプログラミングをやめてしまうのは残念

少なくとも初心者が練習をするときに、日本語の変数名や関数名を用いるのは構わないでしょう。
ただし、下記のようなケースは（がんばって）英語にする必要があります。

- ネットで全世界に向けて公開する（予定）
- プロジェクトメンバーに外国人がいるなどの理由により、英語の識別子を用いると決まっている

英語にする必要がある場合、最近では翻訳ソフトもかなりよい表現に変換してくれます。利用するとよいでしょう。

なお、日本語の識別子を用いるときは、記号（括弧類や引用符など）やキーワード（if、forなど）を全角にしないよう注意してください。これらは（仮名漢字変換なしで入力する）半角の文字でないとエラーになってしまいます。

 ## 5.7　この章のまとめ

前の章までで分岐とループを紹介しましたが、そこにユーザー定義関数（自作の関数）が加わりました。次の図（**図5.5**）を用いてこの様子を表しましょう。関数の中で別の関数（サブ関数）を呼び出すことができ、さらにサブ関数の中でまた別の関数（サブサブ関数）を呼び出せます。

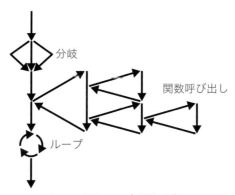

図5.5　分岐、ループ、関数呼び出し

先に説明したように、プログラムは原則として上から下に順番に実行され、分岐やループ、関数呼び出しなどを使って、実行の順番が制御されます。

ループの中で関数呼び出しや分岐を用いたり、逆に分岐の中でループしたり関数を呼び出したりもしますし、関数の中でループや分岐を使うこともあります。**図5.5**は実行の様子を正確に表現しているわけではなく、プログラムではこういった要素を使って実行順序を制御することを表現したものです。

ここで、もうひとつ重要な点を押さえておきましょう。原則として、プログラムの実行が始まってから終了するまでのあいだ、連続して必ずどこか1箇所「制御がある文」、つまり「実行中の文」が存在しています[注3]。この箇所のことを**実行ポイント**と呼びます。

関数の構文のまとめ

ユーザー定義関数の構文を大雑把に表現すると、次のコードのようになります。

```
function doSomething(引数1, 引数2, ...) { // 動作(何かをする)を表すことが多い
  【引数1、引数2、...などを使って処理を行う】
  return xxx; // 値を返すことが多い
}
```

注3　第12章で、この原則が崩れる例を紹介します。

　なお、値を返さない場合は`return`のみを書きます。また、`return`に出会わなくても関数定義の最後の「}」に出会うと関数を終了して、呼び出し側に戻ります。

　なお、関数を下の図のような「箱」を使って表すことがあります。ほかの人が作ってくれた関数を使う場合は、関数（箱）の中身は知らなくても、入力（引数）と出力（戻り値）がわかっていれば使えるわけです。

図5.6　関数は入力と出力をもった「箱」

関数の長所

　関数はプログラムを読みやすくする重要な道具です。関数は次のような長所をもっています。

- 記述の繰り返しが避けられる —— 同じ（ような）処理が何度も現れるなら関数にまとめるとわかりやすくなる
- 変更が簡単になる —— 関数にしておけばその定義を直すだけでよい。同じような部分を何箇所も直さずにすむ
- 流れがわかりやすくなる ——上のレベルの流れを簡単に追うことができる。「詳細は関数を参照！」
- 処理の「部品化」（「概念化」「抽象化」）ができる（後ろの章で「タイマー」や「イベント」などの処理にも頻繁に利用されます）

　大規模なシステムのトップレベルのコードはおおよそ次のような感じのユーザー定義関数（後ろの章で説明する「メソッド」を含む）を羅列したものになるのが一般的です。

　トップレベルの関数を読めば、全体の大まかな流れが把握できるようにします。

```
// 大規模なシステムのトップレベル  --  全体の流れを関数呼び出しで記述する

処理1を実行する関数(引数...);
処理2を実行する関数(引数...);
if (●● < ××) {
   処理3_1を実行する関数(引数...);
}
else {
   処理3_2を実行する関数(引数...);
}
処理4を実行する関数(引数...);
```

```
...
処理nを実行する関数(引数...);


// 下位のレベルの関数の定義(それぞれ別のファイルに書くのが一般的)
function 処理1を実行する関数(引数...) {
    ... // 処理1_1、処理1_2、処理1_3、...をさらに関数で記述
}

function 処理2を実行する関数(引数...) {
    ... // 処理2_1、処理2_2、処理2_3、...をさらに関数で記述
}
...
...
function 処理nを実行する関数(引数...) {
    ... // 処理n_1、処理n_2、処理n_3、...をさらに関数で記述
}
```

コラム　インデントとコードの読みやすさ

字下げ（インデント）によって「範囲」や「レベル」がわかりやすいコードを書きましょう。

たとえば、この章で定義した関数「おみくじを引く」は次のようになっていました。

```
 1: function おみくじを引く() {
 2:   let x = Math.random();
 3:   if (x < 0.3) {
 4:     x = "凶";
 5:   }
 6:   else if (x < 0.6) {
 7:     x = "小吉";
 8:   }
 9:   else {
10:     x = "大吉";
11:   }
12:   return x;
13: }
```

このように字下げをすれば、同じレベルの処理の範囲を明確にできます。たとえば、関数（function）の定義の範囲が1行目から13行目であること、3行目の x ＜ 0.3 の条件が満たされたときに実行するべきなのは4行目だけであること、などがひと目でわかります。

なお、字下げに使う「文字」やその数（字下げの「幅」）には次のような流儀があります。

- スペース2文字分 ── コードが横に伸びないので、1行に収まる可能性が高くなるが、文字が小さいと字下げが少しわかりにくい
- スペース4文字分 ── 字下げは明確になるが、コードが（右側に）長くなる傾向がある。したがって折り返されて複数行になってしまう可能性が増す
- タブ1個分 ── タブの設定によってずれてしまうことがあるので筆者はあまり好きではないが、スペースを使うよりもデータの量が少なくなる（タブ1文字で字下げ分を表現できる）

　また、次のコードの 5 行目や 7 行目のように、上のコードでは 2 行に書いている「} else if (x < 0.6) {」など
を 1 行に書く流儀もあります。

```
 1: function おみくじを引く_形式2() {
 2:   let x = Math.random();
 3:   if (x < 0.3) {
 4:     x = "凶";
 5:   } else if (x < 0.6) { // ←★★注目★★
 6:     x = "小吉";
 7:   } else { // ←★★注目★★
 8:     x = "大吉";
 9:   }
10:   return x;
11: }
```

　この書き方（関数「おみくじを引く_形式 2」）のほうが、上の書き方（関数「おみくじを引く」）よりもコードの行数が減り、
コンパクトになるという長所があります[注4]。
　なお、下のコードのようにメチャクチャに字下げしても、エラーにはなりません（第 3 章のコラム「演算子前後のスペー
スと難読化」で説明したように、空白文字の個数は処理に関係ありません）。ただし、このような書き方は人間にとっては
読みにくいので、やめましょう[注5]（example/ch0505.html）。

```
13: function おみくじを引く_形式3() {
14:   let x = Math.random();
15:     if (x < 0.3) {
16: x = "凶";
17:   }
18:       else if (x < 0.6) {
19:    x = "小吉";
20:     }
21:     else {
22:        x = "大吉";
23:        }
24:     return x;
25:           }
```

注4　比較的最近開発された Go という言語（付録 B の「B.5 Go 言語のコード」参照）では、「おみくじを引く_形式 2」の形式にする必要があり、「お
　　みくじを引く」のように書くとエラーになってしまいます。筆者は「}」と「else if ...」を別の行に書くほうが好みなのですが、「言語仕様」
　　として決まっているので従わないわけにはいきません。

注5　JavaScript ではエラーになりませんが、Python という言語ではインデントをきちんとしないとエラーになります。詳しくは付録 B の「B.3 開
　　発環境のインストールとターミナルを使った開発（Python）」を参照してください。

5.8　練習問題

問題5-1 引数xに対してxの2乗を返す関数「自乗を計算」を作り、これを呼び出して
10、4、9、12、128の2乗を計算せよ 写経

```
function 自乗を計算(x) {
  return x * x;
}

document.write(2乗を計算(10) + "<br>");
document.write(2乗を計算(4) + "<br>");
document.write(2乗を計算(9) + "<br>");
...
```

問題5-2 2つの引数を与えられて、その平均を返す関数「平均を求める」を作り、これを
呼び出して次の組の平均を求めよ —— 10と6、4と4、130と80、5.2と4.6

```
function 平均を求める(a, b) {
  return ●●
}

document.write(平均を求める(10, 6) + "<br>");
document.write(平均を求める(4, 4) + "<br>");
document.write(平均を求める(130, 80) + "<br>");
document.write(平均を求める(5.2, 4.6) + "<br>");
```

問題5-3 引数にファイル名を指定すると、その画像を640px × 480pxの大きさで表
示する\<img\>タグを作って返してくれる関数「画像タグを生成」（あるいは
「makeImageTag」）を作ってうまく動作するかテストせよ 写経

　次の問題で利用するので、タグが正しく作られて返ってくることをconsole.logやalertなどで確認する。
画面に画像は表示されなくてOK。

```
// `pictures/picture000.jpg` →
// `<img src="pictures/picture000.jpg" style="width: 640px; height: 480px;">

let x = 画像タグを生成("pictures/picture000.jpg");
console.log(x);

function 画像タグを生成(ファイル名) {
  let html = `<img src="${ファイル名}" style="width: 640px;">`;
  return html; // できあがった<img>タグを呼び出し側に返す
}
```

補足説明

1. 関数「**画像タグを生成**」の先頭（引数の部分）で次の文に相当する代入が行われる

　　ファイル名 = "pictures/picture000.jpg"

2. それから関数の残りの部分が実行される（変数「**ファイル名**」には"pictures/picture000.
jpg"が入っている）

```
let html = `<img src="${ファイル名}" style="width:...">`;
return html;
```

3. 関数側の変数htmlの値が、関数を呼び出した側の変数xに代入される

問題5-4 picturesフォルダが例題のファイルと同じフォルダにあることを確認してか
ら、前の例題のconsole.logの下にdocument.writeを加えて、できあがった
<img>タグを書き出し、プログラムを実行して、画像が表示されることを確認
せよ 写経

```
let x = 画像タグを生成("pictures/picture000.jpg");
console.log(x);
document.write(x);

function 画像タグを生成(ファイル名) {
  let html = `<img src="${ファイル名}" style="width: 640px;">`;
  return html; // htmlの値を呼び出した側に返す
}
```

バリエーション

- 上で作成した関数「**画像タグを生成**」でwidthやheightの指定をいろいろ変えて、画像の大きさ
  が変わることを確認せよ。たとえば「高さ300px」を指定してみよ（高さの指定は「height: ●
  ●px;」）
- 「**画像タグを生成**」を呼び出すときの引数のファイル名を変えて、画像が変わることを確認せよ（た
  とえばpictures/pictures002.jpg）

問題5-5 問題5-3で定義した関数「画像タグを生成」を変更して、画像の幅を指定する引
数を渡せるようにした「幅を指定して画像タグを生成」を作成せよ

```
let x = 幅を指定して画像タグを生成("pictures/picture000.jpg", 320);
document.write(x);

function 幅を指定して画像タグを生成(ファイル名, 幅) {
  // ファイル名 -- 画像のファイル名（第1引数）
  // 幅 -- 画像の幅をピクセル(px)単位で指定（第2引数）
  let html = `<img src="${ファイル名}" style="●●">`;  // ←★要変更★
  return html;
}
```

バリエーション
- 指定する幅を色々変えて、画像の大きさが変わることを確認せよ

問題5-6　問題5-5の関数「幅を指定して画像タグを生成」を使って、画像の幅を100px、200px、300px、…、800pxに指定した画像を連続して表示せよ。同じ行には1つずつ表示すること

 ヒント ┈┈┈

- forループを使う

問題5-7　上と同じように大きさを変えて8枚の画像を表示するが、画像のファイルもpicutre000.jpg、picture001.jpg、picture002.jpg、…、picture007.jpgと順に変化させよ。同じ行には1つずつ表示すること（下図参照）

問題5-8 関数「幅を単位付きで指定して画像タグを生成」を定義して、画像の幅を「ドキュメント領域の横幅」の10%、20%、30%、40%に指定して画像を連続して表示せよ。画像もpicutre000.jpg、picture001.jpg、picture002.jpg、…、picture007.jpgと変化させよ。同じ行には4つずつ表示すること（下図参照）

第 **6** 章

カウントダウンイベント御用達

タイマーを使った定期的繰り返し

第4章で繰り返し（ループ）を見ましたが、JavaScript では別の意味の「繰り返し」 ── 一定の時間間隔での繰り返し ── も比較的簡単に表現できます。この章でその方法を見てみましょう。

この章の課題ではロケットの打ち上げのカウントダウンを真似てみましょう。

この章の課題：カウントダウン

ロケットの画像を表示して、その下にカウントダウンする数字を表示して打ち上げの様子を真似よ

● 実行結果

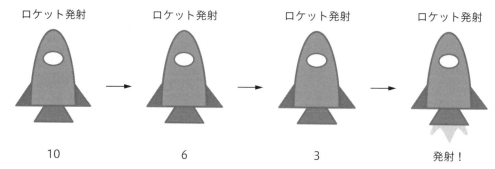

図6.1　カウントダウン

ブラウザで表示　https://musha.com/scjs?ch=0601

　VS Codeで example/ch0601.html を表示して、メニューから［実行］→［デバッグなしで実行］を選択すると自分のパソコンで（ローカルで）実行できます。

● JavaScriptのコード (example/ch0601.html)

```
"use strict";
let カウンタ = 10;
const タイマーID = setInterval(カウントダウン, 1000);

function カウントダウン() {
  if (カウンタ >= 0) {
    画面書き換え(カウンタ, "pictures/rocket1.png");
    カウンタ--; // 次に備える
  }
  else {
    clearInterval(タイマーID); // タイマー停止
    画面書き換え("発射！", "pictures/rocket2.png");
  }
}

function 画面書き換え(テキスト, 画像ファイル) {
  document.open(); // クリア
  const html = `
    <div style="text-align: center; font-size: 36pt;">
      ロケット発射<br>
      <img src="${画像ファイル}" style="width: 200px;"><br>
      ${テキスト}
    </div>`;
  document.write(html);
```

```
    document.close();
}
```

 # 6.1　1画面のHTMLコード

この課題を実現する方法もいろいろありますが、まずは単純な方法でやってみましょう。

1. 関数 setInterval を使い、1秒おきに画面を更新する関数「**カウントダウン**」を呼び出して、文字と画像を1秒おきに書き換える
2. 関数「**カウントダウン**」では呼び出されるたびに、数字（やメッセージ）を変更する。最後の呼び出しでは画像も変更する

まず、2.の関数「**カウントダウン**」の仕事を考えてみましょう。最初の「10」の画面は次のようにテキストや画像を表示すればよいでしょう。

10

これをHTMLで表現すると、次のようになります。

```
<div style="width: 320px; text-align: center; font-size: 36pt;">
    ロケット発射<br>
    <img src="pictures/rocket1.png" style="width: 200px;"><br>
    10
</div>
```

div タグは divison（領域）を指定します。`<div>...</div>` で囲まれた部分に対して、まとめてスタイルなどを指定できます。ここでは次のようなスタイル指定をしています。

- `width: 320px` —— 幅320ピクセル（前の章でも登場）
- `text-align: center;` —— 文字や画像をセンタリング（中央揃え）する
- `font-size: 36pt` —— 文字の大きさを36ポイントにする（一般的な文字は9ポイントとか10ポイントとかですから、かなり大きめの文字で表示しています。上の図では「ロケット発射」と「10」が36ポイントで表示されます）

(i) **Information**

» **HTML メモ**

div タグ（`<div>...</div>`）は、「領域（division）」を作るためのタグです。

このタグを使えば、領域全体に関係するスタイルを指定したり、領域内の各要素に適用されるスタイルを指定したりできます。

あとは前の章までで見たものですが、img タグで画像のファイル名と幅を指定し、`<br>`で「改行」を指定します。

以上が「10」のときの画面で、以降9、8、…、0までは一番下の数字だけを変えればよいわけです。

最後の「発射」の画面は画像も変わりますので、このHTMLコードも見ておきましょう。

リスト6.1　カウントダウンの最後の画面のHTMLコード

```
<div style="width: 320px; text-align: center; font-size: 36pt;">
    ロケット発射<br>
    <img src="pictures/rocket2.png" style="width: 200px;"><br>
    発射！
</div>
```

違いは rocket1.png が rocket2.png になっているのと、「10」が「発射！」になっている点です。

🎈6.2　画面の書き換え

ドキュメント領域の内容を書き換える方法もいくつかあるのですが、ここでドキュメント領域の内容をまっさらにして、書き換える方法でやってみましょう[注1]。

次の手順で関数を呼び出すことで実現します。

1. `document.open()` ── ドキュメント領域をクリアして何も書かれていない状態にする
2. `document.write(`【HTMLコード】`)` ── HTMLコードをドキュメント領域に書き出す
3. `document.close()` ── ドキュメント領域への書き込みを終了

最初の画面を表示するHTMLコードはすでに、「6.1　1画面のHTMLコード」で見ました。これを変数に代入しておいて `document.write` に渡して出力します。その際に次のコードのように `` `...` ``（バッククオートで囲んだ文字列）を使うと、字下げをしたままのHTMLを簡単に記述できます。

```
const html = `
  <div style="text-align: center; font-size: 36pt;">
    ロケット発射<br>
    <img src="pictures/rocket2.png" style="width: 200px;"><br>
    発射！
  </div>`;    // ←文字列の終わり
```

注1　実は、この方法は効率がよくありません。ただし、とても単純でわかりやすいので、この章ではこの方法を採用しておきます。改良版は第10章で紹介します。

というわけで、たとえば「10」を表示するとき1画面分の書き出しは次のようなコードになります。

```
document.open(); // クリア
const html = `
    <div style="text-align: center; font-size: 36pt;">
      ロケット発射<br>
      <img src="pictures/rocket1.png" style="width: 200px;"><br>
      10
    </div>`;
document.write(html); // 書き出し
document.close(); // クローズ
```

6.3　定期的繰り返し —— setInterval

基本的には上の1画面分のコードを1秒おきに繰り返し、最後だけは画像を変えて特別なメッセージを表示すればよいわけです。1秒おきに繰り返したいときに使うのが setInterval です。

```
const タイマーID = setInterval(カウントダウン, 1000);
```

setInterval の第1引数には関数名を指定し、第2引数に繰り返す間隔を1/1000秒単位[注2]で指定しています。第2引数には1000が指定されていますので、(1/1000)*1000で、1秒間隔で繰り返します。繰り返される関数「**カウントダウン**」についてはこの下で詳しく見ましょう。

setInterval を呼び出すと値（タイマーを区別するための整数）が返ってきますので、それを「**タイマーID**」という定数（第4章参照）に保存しています。保存された「**タイマーID**」を何のために使うかは次の節で説明します。

6.4　関数「カウントダウン」

関数「**カウントダウン**」の内容を見ましょう。

```
 5: function カウントダウン() {
 6:   if (カウンタ >= 0) {
 7:     画面書き換え(カウンタ, "pictures/rocket1.png");
 8:     カウンタ--; // 次に備える
 9:   }
10:   else {
11:     clearInterval(タイマーID); // タイマー停止
12:     画面書き換え("発射！", "pictures/rocket2.png");
13:   }
14: }
```

この関数は1秒おきに呼び出されます。

注2　1/1000秒（千分の1秒）のことを「ミリ秒」と呼びます。つまり、setInterval の第2引数はミリ秒単位になります。

　通常は、呼び出されると変数「**カウンタ**」の値とロケットの画像を引数にして関数「**画面書き換え**」（次節で詳細）を呼び出し、ロケットの画像やカウントダウンの数字などを描画します。カウンタの値は「**カウンタ--**」で10、9、8、...と小さくなっていき、0よりも小さくなるとifの条件「**カウンタ >= 0**」が成り立たなくなるのでelseの本体が実行されます。

　elseで最初に呼び出されるのが関数clearIntervalです。この関数はsetIntervalによって開始されたタイマーを停止します。もう、カウントダウンをする必要はないので、タイマーを停止させます。この場合、停止させなくても表面上の変化はありませんが、処理系はタイマーを動かし続け、「**画面書き換え**」も行われ続けます。無駄なエネルギーを消費しますので、きちんとタイマーを停止しましょう。

　setIntervalを複数回呼び出して複数のタイマーを使用できます。どのタイマーを停止するのかを指定するために、setIntervalの戻り値として返ってきた「**タイマーID**」を記憶しておきます。記憶しておいた値をclearIntervalに渡すことでそのタイマーを停止します。

　なお、setIntervalからは、タイマーIDとして1以上の整数が返ってくる約束になっています。

6.5　関数「画面書き換え」

　最後の関数「**画面書き換え**」を見ましょう。
　「6.2 画面の書き換え」で詳しく説明している手順で、HTMLコードを書き出しています。

```
16: function 画面書き換え(テキスト, 画像ファイル) {
17:   document.open(); // クリア
18:   const html = `
19:     <div style="text-align: center; font-size: 36pt;">
20:       ロケット発射<br>
21:       <img src="${画像ファイル}" style="width: 200px;"><br>
22:       ${テキスト}
23:     </div>`;
24:   document.write(html);
25:   document.close();
26: }
```

　第1引数の「**テキスト**」には、「カウントダウンの数字」あるいは「発射！」の文字列のいずれかが渡されます。第2引数には画像のファイル名が入ってきます。それらを使ってHTMLのコードを変数htmlに代入し、それをdocument.writeで書き出しています。第4章で説明したテンプレートリテラル（可変部分付き文字列）を使っている点に注意してください。

ⓘ Information

» 【別解】

　上のコードではいったん、定数htmlに代入していますが、次のようにdocument.writeの引数に直接指定してもよいでしょう（筆者は上のコードのほうが少しわかりやすいカナと感じますが）。

```
document.write(`
  <div style="text-align: center; font-size: 36pt;">
    ロケット発射<br>
    <img src="${画像ファイル}" style="width: 200px;"><br>
```

```
    ${テキスト}
  </div>`);
```

ではもう一度、裏側で行われている処理を思い出しながら例題を実行してみてください（example/ch0601.html）。

このように、setIntervalの引数には「関数」を渡しますが、「関数の名前」を指定する方法のほかに、これから説明する「無名関数」や「アロー関数」を使って、いきなり関数の定義を書いてしまうという方法があります。

 # 6.6　無名関数

setIntervalの第1引数には定期的に繰り返す「関数名」を指定すると説明しましたが、じつはここには「関数の定義」を書きます。そして「関数名」は関数の定義として使えるのです。

関数の定義を渡す方法として、関数の名前のほかに**無名関数**あるいは**匿名関数**と呼ばれるものも指定できます。

上で見たexample/ch0601.htmlは、無名関数を使って次のように書いても同じ動作をします（関数「**画面書き換え**」の定義は同じですので省略します）。

リスト6.2　カウントダウン 無名関数版【example/ch0602.html】

```
11: "use strict";
12: let カウンタ = 10;
13: const タイマーID = setInterval(
14:   function() {   // 無名関数の定義の始まり。関数名は書かない
15:     if (カウンタ >= 0) {
16:       画面書き換え(カウンタ, "pictures/rocket1.png");
17:       カウンタ--;  // 次に備える
18:     }
19:     else {
20:       clearInterval(タイマーID);  // タイマー停止
21:       画面書き換え("発射！", "pictures/rocket2.png");
22:     }
23:   }  // ここまでがsetIntervalの第1引数の関数の定義
24:   , 1000); // setIntervalの第2引数
```

ch0602.htmlのコードをch0601.htmlのコードと比較してみましょう。キーワードfunctionの後に関数名がないだけで、あとはまったく同じです。**図6.2**にこの様子を示します。下の「名前付きの関数の呼び出し」ではsetIntervalの第1引数だった「**カウントダウン**」の部分が、上の「無名関数の呼び出し」では第1引数に直接書かれているわけです。

●無名関数の呼び出し

```
const タイマー ID = setInterval(
  function() {  ◀──────────── 関数名はなし          第
    if ( カウンタ >= 0 ) {                          1
      画面書き換え ( カウンタ , "pictures/rocket1.png");  引
      カウンタ --;                                    数
    }
    else {
      clearInterval( タイマー ID);
      画面書き換え (" 発射！ ", "pictures/rocket2.png");
    }
  }
  , 1000);
             第 2 引数
```

処理内容は同じ

●名前付きの関数の呼び出し

```
const タイマー ID = setInterval( カウントダウン , 1000);

function カウントダウン () {
  if ( カウンタ >= 0 ) {
    画面書き換え ( カウンタ , "pictures/rocket1.png");
    カウンタ --;
  }
  else {
    clearInterval( タイマー ID);
    画面書き換え (" 発射！ ", "pictures/rocket2.png");
  }
}
```

図6.2　無名関数と名前付きの関数

　関数が複数回登場するならば、名前付きの関数を定義するほうがよいです。しかしその関数が1度しか使われず、あまり長くないという場合に、無名関数（や次に説明する「アロー関数」）がよく使われます。

6.7　アロー関数

　無名関数の書き方として**アロー関数**という、矢印（=>）を使う形式があります。基本的には無名関数で「function(【引数】)」と書くところをアロー関数では次のようにfunctionを省略して「(【引数】) =>」と書きます。

```
// 無名関数(=>を用いないバージョン)
function(引数1, 引数2, ...) {
  ...
}
```

↓

```
// アロー関数
(引数1, 引数2, ...) => {
   ...
}
```

したがって、さきほどの無名関数をアロー関数にすると次のようになります（example/ch0603.html）。

```
11: "use strict";
12: let カウンタ = 10;
13: const タイマーID = setInterval( () => {
14:    if (カウンタ >= 0) {
15:       画面書き換え(カウンタ, "pictures/rocket1.png");
16:       カウンタ--; // 次に備える
17:    }
18:    else {
19:       clearInterval(タイマーID); // タイマー停止
20:       画面書き換え("発射！", "pictures/rocket2.png");
21:    }
22: }, 1000);
```

アロー関数の省略形

アロー関数の定義を書く際に、関数の本体が1文しかない場合は、「{」と「}」を省略できます。

次のコードを見てください。第10章の「10.5 window.console ── コンソール関係の処理をするオブジェクト」で登場する例です[注3]。setTimeout は第2引数に指定された時間（ミリ秒単位）経過後に、1度だけ第1引数で定義された関数を実行します。

```
setTimeout(() => {console.timeEnd("timer1");}, // アロー関数の定義。本体は1文のみ
           3200); // 第2引数
```

setTimeout の第1引数がアロー関数の定義になっていますが、本体は1行しかありません。この場合、次のコードのように関数本体を囲む「{」と「}」を省略できます。

```
setTimeout(() => console.timeEnd("timer1"),    // 1文しかない場合 { と } を省略可
           3200);
```

このとき、次のように文のあとに「;」を書いてしまうとエラーになってしまいますので、注意してください。

```
setTimeout(() => console.timeEnd("timer1");,    // × 「;」を書いてしまうとエラー
           3200);
```

注3　console.timeEnd の意味はそちらで説明します。ここでは構文に着目してください。

このほかアロー関数には次のような省略形も許されています。

- 引数がひとつしかない場合は、( ) を省略できる
- 関数の定義がひとつの値だけになる場合、`return` も省略できる

なお、省略形があること以外にも、無名関数とアロー関数には少し違いがあります。詳しく知りたい場合は次のウェブページなどを参照してください ── `https://musha.com/scjs?ln=0601`

(i) `Information`

» 新しい関数

setInterval
const timerID = setInterval(func, period) ── 第 1 引数に指定した関数（`func`）を、第 2 引数に指定した時間間隔（`period`）で繰り返し実行する。起動されるタイマーの ID（識別番号。1 以上の整数）が返る

(i) `Information`

» 新しい関数

clearInterval(timerID) ── 引数 `timerID` に指定した ID をもつ、`setInterval` で起動したタイマーを停止する

(i) `Information`

» 新しい関数

setTimeout
const timerID = setTimeout(func, period) ── 第 1 引数に指定した関数（`func`）を、第 2 引数に指定した時間（`period`）経過した後に 1 度だけ実行する。指定した時間が経過する前に実行をキャンセルでき、そのために必要となるタイマーの ID（識別番号。1 以上の整数）が返る（キャンセルするつもりがなければ戻り値は無視してもよい）

(i) `Information`

» 新しい関数

clearTimeout(timerID) ── 引数 `timerID` に指定した ID をもつ、`setTimeout` で設定したタイマーをキャンセルして、実行しないようにする

⚠ WARNING

setInterval や setTimeout の引数は関数

次のコードのように `setInterval`（や `setTimeout`）の引数に指定する関数名のあとに ( ) を付けてはいけません（example/ch0604.html）。

```
let カウンタ = 10;
const タイマー ID = setInterval(カウントダウン(), 1000); // ← ★★ダメ★★
```

`setInterval` の第 1 引数は「関数」で、その関数に定義されている処理を、第 2 引数に指定した時間間隔で行います。第 1 引数を「**カウントダウン( )**」と ( ) 付きで指定してしまうと「**カウントダウン( )** を実行した結果」を関数（の定義）だとして扱い、1 秒間隔で繰り返すことになります。つまり次のコードを実行するのと同じになってしまいます（example/ch0604b.html）。

```
let カウンタ = 10;
```

```
  const v = カウントダウン();  // ロケットの画像と10が表示される
  const タイマーID = setInterval(v, 1000);  // vにはundefinedが代入されている
```

　2行目で「**カウントダウン()**」を実行すると、「ロケット発射」の文字列、ロケットの画像、それに数字の「10」が表示されます。定数 v（value の v）には関数「**カウントダウン**」からの戻り値が代入されますが、関数「**カウントダウン**」の定義には return 文はありません。

　第5章の「5.7 この章のまとめ」に書いたように、戻り値を明示していない関数からは undefined（「定義されていない」）という特別な値が返される約束になっています。そして、undefined を関数として実行すると「何もしない」という約束になっています（エラーになってもよさそうですが、そうはなっていません。undefined は「何もしない」という関数の定義だとみなすわけです）。

　上のコードの変数 v には undefined が代入されますので、undefined を関数の定義だと思って、1秒おきに繰り返し実行されます。実行されても画面上に何も起こりませんので、下のような状態がずっと続きます。

ロケット発射

10

　setInterval や setTimeout の第1引数は「関数」であることをお忘れなく。

 ## 6.8　この章のまとめ

　タイマーを使って「カウントダウン」を実現する方法を説明しました。新しい関数としては次の2つが登場しました。

- setInterval ── 指定した関数を指定した時間間隔で繰り返し実行
- clearInterval ── setInterval の繰り返しを停止

　この章ではまた、次の2つの形式の関数も紹介しました。どちらも名前のない関数です（アロー関数も名前のない関数なので無名関数の一種です）。

- 無名関数（匿名関数）
- アロー関数

　無名関数を含む、ユーザー定義関数（システム組み込みではなく自分で定義する関数）はこのあとの章でも繰り返し登場します。関数には名前がついていたほうがわかりやすいですが、「一度しか使わない関数をちょっと使う」といった用途では無名関数もよく使われます。

この章では、画面全体を再描画してカウントダウンを実現しましたが、じつはもう少し効率的な方法があります。10から0まで数字だけを変えたり、画像だけを変更したりできれば、画面全体を書き換える必要はありません。第10章で画面上の一部分だけを変更する方法を学びます。

 ## 6.9　練習問題

関数setIntervalと第8章以降で説明する関数を組み合わせると、簡単な「アニメーション」が作れます。アニメーションの問題は第11章にありますので、あとで挑戦してみてください。

無名関数やアロー関数は以降の章で繰り返し登場しますので、この章では基本的な問題だけを解いてみましょう。

解答例は、第1章でダウンロードしたフォルダのjsdata/exerciseに入っています。

問題6-1 ページを読み込んでから3秒後に、「3秒経過しました」というダイアログボックスを一度だけ表示せよ。関数setTimeoutを使うこと

```
16: <script>
17:   "use strict";
18:   setTimeout(メッセージを表示, 3*1000);
19:   // 第2引数は「3000」と書いてもOKだが、「3*1000」のほうが3秒であることが明確
20:
21:   function メッセージを表示() {
22:     ●●; // ←★要変更★
23:   }
24: </script>
```

問題6-2 問題6-1の「ダイアログボックスを表示」を無名関数に変更せよ

その場で関数を作りたいときや名前がいらないときは「無名関数」を使うと便利。上の「**メッセージを表示**」を「展開」してその場に書く。

問題6-3 問題6-2の無名関数をアロー関数を使って書け

問題6-4 ページを読み込んでから3秒後に、「3秒経過しました」というダイアログボックスを表示し、以降3秒経過するたびに同じダイアログボックスを表示せよ。ただし3回でやめるものとする

```
<script>
"use strict";
  const 秒数 = 3;
  const 繰り返す回数 = 3;
  let カウンタ = 0;
  const タイマーID = setInterval(メッセージを表示, 秒数 * 1000);

  function メッセージを表示() {
    カウンタ++;
    alert(秒数 + "秒経過しました");
    if (繰り返す回数 <= カウンタ) {  // 「===」を使ってもよい。「<=」のほうが安全
      clearInterval(タイマーID);
    }
  }
</script>
```

バリエーション

- 無名関数やアロー関数を使って書いてみよ

第 **7** 章

何千個でも、何万個でも
まとめて記憶

　この章の主題は配列です。これまで、変数には値を１個だけ記憶してきましたが、配列を使うことで複数の値をまとめて記憶できます。

　この章の例題は前の章と同じカウントダウンですが、数字を「算用数字」ではなく「漢数字」で表示してみましょう。

　この例題は何年か前に、２つのテレビ番組で漢数字でカウントダウンが行われていたので、それを真似てみたものです。ひとつは歌番組だったので、とくに漢数字でカウントダウンをする必然性はなさそうでした。もうひとつは戦国武将に関するクイズを出題しているところで、解答締め切りまでの秒数を漢数字でカウントダウンしていました。戦国時代なので、確かに漢数字のほうが雰囲気があっています。

図7.1　武将に関するカウントダウンクイズ[注1]

この章の課題：漢数字を使ったカウントダウン

前の章のカウントダウンを、算用数字ではなく漢数字を使って行え[注2]。

●実行結果

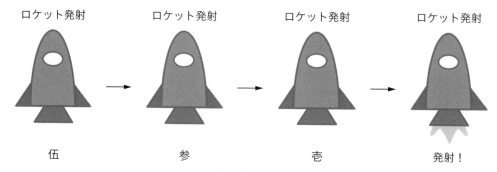

図7.2　漢数字のカウントダウン

ブラウザで表示　https://musha.com/scjs?ch=0701

●JavaScriptのコード (example/ch0701.html)

```
11: "use strict";
12: let カウンタ = 5;
13: const タイマーID = setInterval(カウントダウン, 1000);
14:
15: function カウントダウン() {
16:     const 漢数字 = ["零", "壱", "弐", "参", "肆", "伍"];
17:     if (カウンタ >= 0) {
18:         画面書き換え(漢数字[カウンタ], "pictures/rocket1.png");
19:         カウンタ--;  // 次に備える
20:     }
21:     else {
22:         clearInterval(タイマーID);  // タイマー停止
23:         画面書き換え("発射！", "pictures/rocket2.png");
24:     }
25: }
26:
27: function 画面書き換え(テキスト, 画像ファイル) {
28:     document.open();  // クリア
29:     const html = `
30:         <div style="width: 320px; text-align: center; font-size: 36pt;">
31:             ロケット発射<br>
32:             <img src="${画像ファイル}" style="width: 200px;"><br>
```

注1　扉の図は、中央の漢数字「伍」の部分以外は ChatGPT [DALL-E 3] が生成してくれたものです。算用数字は使わないように何度もお願いしたいのですが、希望どおりの画像を出してもらうことはできませんでした。第8章では、ChatGPT を使ったデバッグを紹介しますが、（少なくとも現在の）AI にはツメが甘いところがあるので、何を手伝ってもらうにしてもしっかりと確認する必要があります。

注2　ロケットでは漢数字は雰囲気が合わないのですが、わかりやすい例題ということでお許しください。

```
33:        ${テキスト}
34:      </div>`;
35:    document.write(html);
36:    document.close();
37: }
```

7.1 全体の流れ

全体の流れは前の章の課題（example/ch0601.html）とまったく同じです。違っているところは表示する数字だけです。次の左側の算用数字の代わりに、右側にある漢数字を表示します。古い漢字のほうが雰囲気が出ますので、一、二、三、四、五ではなくて、領収書などで今でもときどき使われる「大字[注3]」を使ってみましょう。

```
0 → 零
1 → 壱
2 → 弐
3 → 参
4 → 肆
5 → 伍
```

このような、0から順番に数字に対応するものを記憶するのに**配列**は最適です。example/ch0701.htmlの6行目のように配列「**漢数字**」を宣言したとしましょう。

```
16:   const 漢数字 = ["零", "壱", "弐", "参", "肆", "伍"];
```

すると、**図7.3**のように、メモリ内に「**漢数字**」という名前のまとまった領域を確保して、そこに6つの文字列を順番に記憶してくれるわけです。イメージとしては、Excelなどの表計算ソフトの「セル」に順番に値を並べたときと同じようなものです。

	0	零
	1	壱
漢数字	2	弐
	3	参
	4	肆
	5	伍

図7.3 「漢数字」という名前の配列ができる

それぞれの要素を参照するには「**漢数字[0]**」「**漢数字[1]**」などのようにします。この0や1のことを配列の**添字**あるいは**インデックス**と呼びます。

注3　詳しくはWikipediaなどを参照してください。

> **Note**
>
> 　日常生活で順番を付ける場合、たいていは1番から始まりますが、JavaScriptの配列では0番から始まります。配列の始まりに限らず、プログラミングでは多くのものが0から始まります。そのほうが計算が簡単になることが多いためです。
>
> 　ちなみに、配列の添字を0から始めるようにしたのも（おそらく）C言語が最初です。それ以前の言語では1から始めていました。現在使われている言語では、0から始まる場合が多いように思いますが、1から始まるものもあります。さらには0から始めるか1から始めるか指定できる言語もあります。

　example/ch0701.htmlの18行目で「**漢数字[カウンタ]**」とすることで、対応する漢数字が関数「**画面書き換え**」の第1引数に渡されます。

```
18:    画面書き換え(漢数字[カウンタ], "pictures/rocket1.png");
```

　その結果、算用数字ではなく漢数字が表示されます。たとえば、カウンタが5の場合は「**漢数字[5]**」の値、つまり**"伍"**が渡ります。カウンタが4の場合は「**漢数字[4]**」の値、つまり**"肆"**が渡ります。

 ## 7.2　配列の長さ

　今回の例題では使いませんが、配列の長さ（大きさ）が必要になることがあります。その場合、「**配列名.length**」を使います。たとえば、上の「**漢数字**」の配列の長さは6になります（**漢数字[0]**から**漢数字[5]**まで合計6個の要素があります）。

```
const 漢数字 = ["零", "壱", "弐", "参", "肆", "伍"];
document.write(漢数字.length);  // ← 6
```

 ## 7.3　合計や平均の計算

　配列に数値を記憶して、関連する計算をする場合もあります。例として、配列に記憶されている数値の平均を求める計算をしてみましょう。

　次のような10人のテストの点数を記憶した配列があるとします（配列の添字は整数ですが、「値」のほうは、文字列でも、数値でも、後ろの章で登場する「オブジェクト」でもかまいません）。

```
const テストの点数 = [98, 34, 70, 56, 89, 65, 70, 46, 64, 56];
```

　10人の平均点を求めてみましょう。それには次のコードのように、ループを使います（example/ch0702.html）。

```
11: "use strict";
12: const テストの点数 = [98, 34, 70, 56, 89, 65, 70, 46, 64, 56];
13: const 人数 = テストの点数.length;
14: let 合計 = 0;
15: for (let i=0; i<人数; i++) {
```

```
16:    合計 += テストの点数[i];
17: }
18: const 平均 = 合計/人数;
19: document.write(`合計: ${合計}<br>`);
20: document.write(`平均: ${平均}点`);
```

平均点を求めるためには、まず合計を計算しなければなりません。14行目で変数「合計」の値を0にしておいて、15～17行目のforループで、「テストの点数[0]」から「テストの点数[9]」までの点数を変数「合計」に順番に足していきます。

このように「それまでの合計を覚えておく変数を使って、それに新しい値を足していく」という操作を繰り返すことで合計を計算できます。

得られた合計を人数で割れば平均点が求められます（example/ch0702.htmlの18行目）。

これで次のように結果が表示されます。

```
合計: 648
平均: 64.8点
```

さて、ここでexample/ch0702.htmlの別解（example/ch0702b.html）を見てみましょう。

```
11: "use strict";
12: const テストの点数 = [98, 34, 70, 56, 89, 65, 70, 46, 64, 56];
13: let 合計 = 0;
14: for (let i=0; i<テストの点数.length; i++) {
15:    合計 += テストの点数[i];
16: }
17: const 平均 = 合計/テストの点数.length;
18: document.write(`合計: ${合計}<br>`);
19: document.write(`平均: ${平均}点`);
```

example/ch0702.htmlとexample/ch0702b.htmlの違いは「テストの点数.length」をそのまま使うか、それとも定数「人数」にその値を代入しておくかです。どちらのほうが「よいコード」でしょうか。

大きな違いではありませんが、筆者はexample/ch0702.htmlのほうがよいように思います。その理由は「テストの点数.length」よりも「人数」のほうが意味がはっきりするという点です。いくつも変数を使うようなケースでは、ひとつひとつの変数の意味をできるだけ明確にしておくと読むときの負担が減ります。

> **Note**
>
> 細かい点にこだわると、ch0702.htmlとch0702b.htmlには、このほかにも次のような違いがあります。
>
> - 「テストの点数.length」よりも「人数」のほうが、2回目以降に参照する際に時間がかからない可能性が高い —— 「テストの点数.length」はテストの点数という配列に付属する値ですので、「人数」という単純な値を参照するよりも時間がかかる可能性が高いでしょう（いろいろなテクニックを使って時間がかからないように処理をしていますので、一概にはいえませんが）。「テストの点数.length」と何回も書くようなら、変数「人数」にいったん記憶したほうが、実行速度も上がる可能性が高くなります
> - ch0702.htmlのほうがコードが短い —— 概して短いコードのほうが把握しやすいでしょう。同じような処理

を複数箇所で記述している場合、重複部分をまとめると短くなります。このコードの場合は、長さの点ではどちらかが優れていることはありません

- ch0702b.htmlのほうがメモリ（記憶領域）の使用量が少なくてすむ —— 変数を多く使うと、それを記憶する領域も増えます

いずれも大きな違いではないので、小規模なプログラムを作っているときはそれほど気にしなくても問題ありません。大規模なプログラムを作るときには「塵も積もれば山となる」ので、意識する必要が出てくるかもしれません。

この章の練習問題に合計を計算するものがいくつかありますのでトライしてみてください。

■ Note

Excelでは**SUM**や**AVERAGE**という関数を使えば、連続するセルに入っている値の合計や平均が簡単に求められます。JavaScriptではこのような関数は用意されていないのでしょうか。

じつは同じようなことができる（もっと高機能な）関数（メソッド）が用意されています。これについては「A.3 配列問題のメソッド」の「**Array.reduce**」で紹介します。

7.4　この章のまとめ

値をまとめて記憶する「配列」について説明しました。次のようなコードで、配列aにv1、v2、...、vnの値が記憶されます。

```
const a = [v1, v2, ..., vn];
```

このときa[0]の値はv1、a[1]の値はv2、...となります。また、配列aの大きさ（長さ）はa.lengthで求められます。

このほか、合計などを求める方法を説明しました。

7.5　練習問題

解答例は、第1章でダウンロードしたフォルダの**jsdata/exercise**に入っています。

問題7-1 配列の内容を順番に書き出すプログラムを作れ 写経

```
const 色の配列 = ["赤", "青", "黄色", "緑", "紫", "黒", "ピンク", "茶色", "灰色"];
for (let i=0; i< 色の配列.length; i++) { // 「配列名.length」で配列の大きさ
  document.write(色の配列[i] + "<br>");
}
```

ⓘ Information

» 【別解】

for文には次のようなキーワード**for ... of**を伴う形式もあります。変数「**色**」には「**色の配列**」の要素が順番に入ります。この構文では、配列の添字（上の**i**）のことを考える必要がなくなるので、配列のすべての要素について何かを行う場合に便利です（prob0701b.html）。

```
const 色の配列 = ["赤", "青", "黄色", "緑", "紫", "黒", "ピンク", "茶色", "灰色"];
for (const 色 of 色の配列) {
  document.write(色 + "<br>");
}
```

問題7-2 今日のラッキーカラー（赤、青、黄色、緑、紫、黒、ピンク、茶色、灰色のいずれか）
をランダムに表示するプログラムを配列を使って書け　写経

> あなたの今日のラッキーカラーは紫です

- 配列名.length で配列の大きさがわかる
- 0以上n以下の整数をランダムに得るには下に書いた「ランダムな整数を生成」を利用する（第3章
  の問題3-12も参考に。少し難しいので、コードの意味がよく理解できなかったら「棚上げ」を。とに
  かく、関数「**ランダムな整数を生成**」を呼べば0以上n以下の整数がランダムに返ってくる）

```
const 色の配列 =  ["赤", "青", "黄色", "緑", "紫", "黒", "ピンク", "茶色", "灰色"];
const i = ランダムな整数を生成(色の配列.length-1); // lengthで配列の大きさ
document.write(`あなたの今日のラッキーカラーは${色の配列[i]}です`);

function ランダムな整数を生成(n) { // 0以上n以下の整数をランダムに得る
  let x = Math.random(); // たとえば n が 10 ならば
  x = x * (n+1);         // 11倍することになるので  0 ≦ x < 11  になる
  x = Math.floor(x);   // 小数点以下を切り下げるので  0 ≦ x ≦ 10 の整数になる
  return x;
}
```

問題7-3 今日のラッキーカラー（赤、青、黄色、緑、紫、黒、ピンク、茶色、灰色のいずれ
か）をランダムに表示するプログラムを書け。ラッキーカラーの文字はその色で
表示すること

```
const 色の配列 =  ["赤", "青", "黄色", "緑", "紫", "黒", "ピンク", "茶色", "灰色"];
const 色指定文字列の配列 = ["red", "blue", "yellow", "green", "purple",
                        "black","pink", "brown", "gray"];
const i = ランダムな整数を生成(色の配列.length-1); // length は配列の大きさ
const 色 = 色の配列[i];
const 色指定文字列 = 色指定文字列の配列[●●]; // ●●の部分は考えて変える
let メッセージ =
  `あなたの今日のラッキーカラーは<span style="color: ${色指定文字列}">${色}</span>
です。`;
document.write(メッセージ);

// 文字の色の指定はたとえば次のように指定する ── <span style="color: red;">赤</span>
```

問題7-4 今日のラッキーカラー（赤、青、黄色、緑、紫、黒、ピンク、茶色、灰色のいずれか）をランダムに表示するプログラムを書け。ラッキーカラーの文字はその色で表示すること。ただし、黄色は見にくいので適当な背景色（background-color）を指定すること

問題7-5 今日のラッキーアイテム（マウス、万年筆、シャープペン、スマートフォン、ホッチキス、ポストイット、定期券、ペンダントのいずれか）を表示するプログラムを作成せよ

> 今日のあなたのラッキーアイテムは 定期券 です。

問題7-6 下のようなメッセージを表示するプログラムを作成せよ[注4]　写経

> タイモンが1匹来ました。合計1匹になりました。
> タイモンが2匹来ました。合計3匹になりました。
> タイモンが3匹来ました。合計6匹になりました。
> タイモンが4匹来ました。合計10匹になりました。
> ‥‥‥　＜以下同様＞
> タイモンが10匹来ました。合計○○匹になりました。

 ヒント ‥‥‥‥‥‥‥‥‥‥‥‥‥‥‥‥‥‥‥‥‥‥‥‥‥‥‥‥‥‥‥‥‥‥‥‥‥‥

覚えておく必要があるもの

1. 新たに何匹来たか（1、2、3、…）
2. 合計何匹いるか（これまでの「合計」に新しく来た数を加える）

   合計 += i;

コード例

```
"use strict";
let 合計 = 0;
for (let i=1; i<=10; i++) { // この問題の添字は(0からではなく)1から始めたほうが楽でしょう
  合計 += i;
  document.write(`タイモンが${i}匹来ました。`);
  document.write(`合計${合計}匹になりました。<br>`);
}
```

注4　「タイモン」は tiny monster（タイニー モンスター）の省略形で、この本の中に棲む仮想の動物です (^o^)。

問題7-7 下のようなメッセージを表示するプログラムを作成せよ（1匹のときだけ特別処理）

タイモンが1匹来ました。
タイモンがもう2匹来ました。合計3匹になりました。
タイモンがもう3匹来ました。合計6匹になりました。
タイモンがもう4匹来ました。合計10匹になりました。
タイモンがもう5匹来ました。合計15匹になりました。
………
………
タイモンがもう100匹来ました。合計●●匹になりました。

問題7-8 ［ダイアログボックスを使った入力］ユーザーが入力した整数をそのまま出力するプログラムを作成せよ 写経

例1：ユーザーが「10」を入力　→「10」を入力しましたね
例2：ユーザーが「100」を入力　→「100」を入力しましたね

```
"use strict";
const x = prompt("整数を入力してください", 10); // ユーザー入力を得る。10はデフォルト
document.write(`「${x}」を入力しましたね。`);
```

(i) **Information**

» **新しい関数**

　prompt(message, default) ── 第1引数に指定した`message`をダイアログボックスに表示し、ユーザーが入力した文字列を戻り値として受け取る。ユーザーが入力する文字列のデフォルト（そのままEnter［return］キーを押したときに使われる値）として`default`が表示される

問題7-9 ユーザーに1以上の整数を入力してもらい、1からその整数まで順番に足した値を表示するプログラムを作成せよ

例1：ユーザーが「10」を入力　→1から10までの合計は55です。
例2：ユーザーが「100」を入力　→1から100までの合計は5050です。

手順

1. ユーザーからの入力を得る ── `x = prompt("整数を入力してください", 10);`
2. 合計を出す ── forループを使う

```
"use strict";
x = prompt("整数を入力してください", 10);
let 合計 = 0; // 合計を記憶
for (let i=1; i<=x; i++) {
  合計 += i;
}
document.write(`1から${x}までの合計は●●です`); // ←★★要変更★★
```

(i) Information

»【別解】

じつは、forループを使わないで簡単に求められます。1からnまでの合計は、**n*(n+1)/2**で求められます。（中学校で習う）「1からnまでの和を求める公式」を使えばよいのです。忘れた人はウェブを検索！（たとえば**https://mathwords.net/1karannowa**）。

```javascript
"use strict";
let n = prompt("整数を入力してください", 10);
if (0 < n) {
  const x = `1から${n}までの合計は${(1+n)*n/2}です`;
  document.write(x);
}
else {
  document.write("計算できません");
}
```

このように、より良い（賢い）方法を知っていれば、簡単に解が求められる場合があります。**基本的なアルゴリズム**（処理の手順。詳しくは第13章の「フロー制御とアルゴリズム」参照）を学んでおくのも有用です。

✏ Note

全角の数字が入力されたり、数字以外の文字が入力されたりすると、このプログラムではうまく動きません。本当は、そういった場合でも対応できるようにする必要があります。ここでは、ひとまず、半角の整数が入力されると仮定しておきます。なお、付録Bの練習問題B-2で、全角の数字にも対応したバージョンを作成します。

第8章

虫取りは人類を救うか

デバッグ

「地球上の人口が増え続けると、食料が足りなくなる。そのときに人類を救うのは昆虫だ！」という話もあるようですが、プログラミングは、ある意味、虫（「バグ」）との戦いです。

プログラムで不具合を起こすエラーのことをバグ（bug）といい、これを取り除いてプログラムを動くようにする作業のことをデバッグ（debug）といいます。なぜエラーが「虫」と呼ばれるのでしょうか。それは世界で一番最初の（頃の）コンピュータエラーが、本当に虫（bug）が原因で起こったからです。継電器（リレー）という部品に虫が挟まったために、回路が正常に動作しなくなってしまったのだそうです[注1]。

バグという言葉の由来はともかく、この章では効率的なデバッグ方法について検討します。この章はほかの章に比べて長く、しかもいろいろな話題が登場しますので、この章で取り上げる事柄を一覧にしておきます。

- デバッグ時の心構え
- 生成AIを使った「丸投げデバッグ」
- コンソール（console）の使い方
- 「約物」（記号など）に注意する
- 主要なエラーメッセージ
- デバッグを始める前にやっておきたいこと
- デバッガの利用
- ソフトウェアテスト

8.1　デバッグ時の心構え

　まずは、心構えから。精神論で物事は解決しないことが多いですが、それでも「平常心を保てるかどうか」「予想しなかった事態に冷静に対処できるかどうか」は、デバッグ作業を効率的に行えるかどうかの大きなポイントになります。

一発で動くことは滅多にない

　ここまでで、いくつかプログラムを作ってみた過程で、もう身にしみている人もいるかもしれませんが、プログラムが一発で動くことは滅多にありません。とくに、この章までに作ったような単純な段階を終えて、100 行を超えるようなレベルの規模のコードを書くようになると、まず一度では動きません。

　プログラムを修正しては、再実行を繰り返します。ブラウザを使った JavaScript プログラムの開発の場合は、「エディタで修正してはブラウザで確認」を、思ったとおりに動くようになるまで繰り返します[注2]。

　この作業には忍耐が必要です。場合によっては、「1 時間やってもうまく行かない」「半日やってもまだダメ」「とうとうまる 1 日たってしまったがまだ動かない」といった「最悪！」の事態になってしまうかもしれません。

　しかし、多くのバグは落ち着いて原因を探っていけば解決できます。そのコツを身につける上で、皆さんに役立ちそうな知識をこの章で紹介します。

慣れないと、自分でバグを見つけるのは簡単ではない

　どこにエラーがあるのか、なぜ動かないのか、原因を見つけるのは経験がないとなかなか大変です。可能であれば、先輩や同僚にアドバイスが貰える環境にあるほうが望ましいでしょう。

　しかし、そういった環境にない人にも、強い味方が現れました。

　ChatGPT などの「生成 AI」です。ChatGPT にコードを丸投げして「デバッグしてください」とお願いすれば、初心者が書くようなプログラムならば、かなりの確率で間違いを指摘して動くように直してもくれます。

　そこでこの本では、まず生成 AI を使った「丸投げデバッグ」の方法を紹介します。

　ただ、デバッグの基礎的な知識なしに生成 AI を使っても、「生成 AI の説明がわからない」ということになりかねませんので、デバッグの際に心得ておいたほうがよい、基本的な知識も紹介します。

　それから、「本当はデバッグに入る前にこうしておいたほうがよい」と筆者が考えている事柄がいくつかありますので、最後のほうで紹介します。この章のメイントピックは「デバッグ」ですので。

8.2　生成 AI を使った「丸投げデバッグ」

　まず、ChatGPT を使ったデバッグを体験していただきましょう。

　以下にあげるバグの例は、筆者が 2014 年から行ってきた初心者向けのプログラミング講座で、実際に受講生の方々が遭遇したものです。解決には筆者も時間がかかってしまったものもあります。

注 1　こちらのウェブページに画像入りで説明があります —— https://musha.com/scjs?ln=0801
注 2　この過程のことを「ソフトウェアテスト」あるいは単に「テスト」と呼びます。デバッグはソフトウェアの「ライフサイクル」から見ると、テストの一部ということになります。この章の最後のほうで、（規模が大きくなったときに行われる）よりフォーマルなソフトウェアテストについて説明します

　ChatGPT（GPT-4）に「おうかがい」を立てたところ、数秒もかからずに間違いを正しく指摘して解決してくれました。ChatGPTからの答えを見る前に、みなさんもどこがエラーなのか考えてみてください。

エラーその1 ──「タイポ」

　まずは単純な例からいきましょう（example/ch0801.html）。

> **筆者：** 次のJavaScriptコードが動かないのですが、デバッグしてください。
>
> ```
> <script>
>   docment.write("こんにちは！");
> </script>
> ```

　次がChatGPTからの回答です。

> **ChatGPT：** 提供されたJavaScriptコードの問題は、`document` が `docment` と誤ってスペルされている点です。
>
> 以下の修正を加えると正常に動作します：
>
> ```
> <script>
>   document.write("こんにちは！");
> </script>
> ```
>
> `document` は、ブラウザが提供するウェブページの内容を操作するためのオブジェクトです。正確なスペルは重要であり、とくにJavaScriptのような動的言語では、スペルミスやタイポは実行時エラーの一因となります。

　タイポ（typo）はtypographical errorの省略形で、「タイプミス」「誤字」「誤植」などの意味をもつ言葉です。人間は見逃しがちですが、コンピュータにとっては「朝飯前」です。
　難しい用語が使われるのが難点ですが、最初のほうを読んだだけで修正点はわかりますね。
　わからない用語があって意味が知りたかったら、再度ChatGPTなどに尋ねましょう。目的が達せられたなら、不明な単語の意味はしばらく「棚上げ」しておいてもかまいません。

エラーその2 ── 形式のミス

　次のコードは、ときどき遭遇するエラーです。最初に見たときは筆者も原因がなかなか見つかりませんでした。単純なエラーですが、皆さんはすぐにわかりますか？（example/ch0802.html）。

> **筆者：** 次のJavaScriptを使ったHTMLファイルがうまく動かないのですが、どうしてか教えていただけますか？エラーも出ないのですが。
>
> ```
> <body>
>   <img src="pictures/picture000.jpg">
>
>   <script>
>     let 画像番号 = 1;
> ```

```
      const timerID = setInterval(displaypic, 1000*2);

      function displaypic() {
        const filename = `pictures/picture00${画像番号}.jpg`;
        document.images[0].src = filename;  // 表示画像を変えてくれる文
        console.log(filename);
        画像番号++;
        if (5 <= 画像番号) {
          clearInterval(timerID);
        }
      }
</body>
```

ChatGPTからの回答です。

ChatGPT：提供されたHTMLコードには、閉じる`</script>`タグが欠落している点が問題です。

以下の修正を加えたコードになります：

...
【</body>の前に「</script>」を入れるだけですので、コードは省略します】
...

この修正を加えることで、コードが正常に動作するはずです。もし、それでも動作しない場合や別の問題が発生する場合は、ブラウザのデベロッパーツールのコンソールにエラーメッセージが表示されるかどうかを確認してみてください。

　このような、単純な「うっかりミス」はなかなか見つけられないことがありますが、形式のチェックはコンピュータがもっとも得意とする種類のものです。この種のバグは、ほぼ間違いなく見つけてくれるはずです。

エラーその3 ── 演算子の間違い

　次の問題は、筆者が講座内では修正箇所を見つけられなくて、家に帰ってしばらく考えて、ようやくどこが間違っていたか見つけたものです。じつのところ、このファイルをブラウザに読み込んでもエラーにはならず、2枚目までは画像が表示されるのです。
　何がおかしいか見つけられますか？（example/ch0803.html）。

無名関数（第6章）に関係します。

```
<script>
  let picnum = 1;
  const timerID = setInterval(displaypic, 1000*2);

  function displaypic() {
```

```
    const filename = `pictures/picture00${picnum}.jpg`;
    document.images[0].src = filename;
    console.log(filename);
    picnum++;
    if (picnum => 5) {
      clearInterval(timerID);
    }
  }
</script>
```

では、ChatGPT からの回答です。

▶Note

　その前に、ChatGPT（GPT）のバージョンについてです。この本の執筆時点では、ChatGPT は GPT-4（バージョン4）に基づくものと、GPT-3（バージョン3）に基づくものの2種類が利用でき、GPT-4ベースのものは有料（月額20ドル）です。

　下の回答は GPT-4（バージョン4）のものですが、GPT-3（バージョン3）では、トンチンカンな回答しか返ってきませんでした。したがって、有料でも GPT-4 を使ったほうがよいようです（みなさんがこの本をお読みになるときには、GPT-4が無料で使えるようになっているかもしれません。あるいはもっと優秀な「生成AI」が使えるようになっているかもしれませんし）。

8

今度こそ、ChatGPT からの回答です。

ChatGPT: コードを確認したところ、`if (picnum => 5)` の部分に問題があります。

この比較演算子 `=>` はアロー関数を示すものですが、おそらく「`picnum` が5以上かどうか」をチェックしたいのであれば、不等号 `>=` を使用する必要があります。

以下が修正後のコードです：

```
document.write(`<img src="pictures/picture000.jpg">`);

let picnum = 1;
const timerID = setInterval(displaypic, 1000*2);

function displaypic() {
  const filename = `pictures/picture00${picnum}.jpg`;
  document.images[0].src = filename;
  console.log(filename);
  picnum++;
  if (picnum >= 5) {   // ここの記号を修正しました
    clearInterval(timerID);
  }
}
```

この修正で、`picnum` が5以上になったときにタイマーが停止するようになります。

もう少し説明を加えてもらいましょう。

筆者: JavaScript で次の文の意味を説明してください。

```
picnum => 5
```

ChatGPT: 与えられたコード片 `picnum => 5` は、JavaScriptのアロー関数の短縮形として認識できます。このコードは以下のようなアロー関数を表しています:

```
picnum => 5
```

具体的には:

1. `picnum` - これはアロー関数の唯一の引数です。
2. `=>` - これはアロー記法を示しており、アローの左側には引数が、右側には関数の本体が配置されます。
3. `5` - これは関数の戻り値としての値です。この関数が呼び出されると、無条件で `5` が返されます。

実際には、この関数は引数 `picnum` を受け取りますが、`picnum` は関数の本体で使用されていないので、その値は無視されます。

以下のように使用することができます:

```
const getFive = picnum => 5;

console.log(getFive(10));   // 5を出力します
console.log(getFive(100)); // また、5を出力します
```

どんな値を `getFive` 関数に渡しても、関数は常に `5` を返します。

　ちょっと説明が難しいかもしれませんが、おわかりいただけたでしょうか。下から4行目の次のコードについて、少し説明を加えましょう。

```
const getFive = picnum => 5;
```

　実はこの文は、`getFive`という定数に「いつも5を返すという関数」を代入している文なのです（このように、変数や定数に「関数の定義」を代入することもできます）。
　このコードの「=」の右辺「`picnum => 5`」はアロー関数の定義で次の省略形です。

```
(picnum) => {return 5;}
```

　アロー（=>）を使わずに無名関数で書くと次のようになります。

```
function (picnum) {
  return 5;
}
```

　第6章の「アロー関数の省略形」で少し触れましたが、引数がひとつしかない場合は ( ) を省略できますし、最後に値だけを書くと`return`も省略できます。
　というわけで、次の行は「いつも5を返す関数の定義」と解釈できるわけです。

```
picnum => 5;
```

　これを`getFive`という定数に代入しています。`getFive`の実体は関数ですから、`getFive(10)`で10を引数として上で定義した関数を呼び出すことができます。とはいってもこの関数はいつも5を返してきます。したがって、ChatGPTの説明の最後の2行は、どちらもコンソールに5を出力します。

```
console.log(getFive(10));   // 5を出力します
console.log(getFive(100));  // また、5を出力します
```

> **Note**
>
> 　「いつも5を返す関数を作って役に立つのか？　なにか意味があるのか？」と疑問に思った方、もっともな疑問です。
> 　JavaScriptの処理系は「意味」は考えないのです。「意味があるかどうか」は考慮しません。処理系は、そのコードの意味するところなど考えずに、プログラムで定義されたとおりに関数を実行するだけです。
> 　「こちらの意図」と「処理系の解釈」のズレが、デバッグを難しくします。
> 　ちなみに、ChatGPTも「こういう表現が連続して現れる可能性がもっとも高い」というものを出力しているだけなのだそうです（それにしては賢い！）。

　以上、デバッグにChatGPTを使ってみた様子を紹介しました。「ちょっと見てみたけど、どこにバグがあるのかわからない」というときは、ChatGPT（あるいは類似のサービス）にお伺いを立ててみるのもおすすめです[注3]

> **Note**
>
> 　ChatGPTは`https://chat.openai.com/`にアクセスして、[Sign up]を選択し、メールアドレスとパスワードを登録することで、最新機能以外は無料で利用できます（登録に電話番号も必要なので、複数アカウントを作るのは簡単ではありません）。
> 　なお、執筆時点でMicrosoftの検索エンジンBingでも、ChatGPTと同じような回答を得られました。`https://www.bing.com/`から「Copilot」を選択すると、質問できます。こちらは執筆時点では無料で利用できました。
> 　プログラムのコードを示してデバッグを依頼する際には、コードも含めて質問が長くなりがちです。あらかじめエディタなどで質問全体を作っておいてから、コピー・ペースト（copy & paste）して送信するのが安心です。
> 　「次のプログラムをデバッグしていただけますか。」などといった前置きに続いて、1行空けてプログラム全体を書いたものを送信すればよいでしょう。

　ChatGPTなどを使うとデバッグが楽になるのは間違いありませんが、基本を押さえておかないと、「ChatGPTからの説明がわからない」ということにもなりかねません。また、ChatGPTなどもときどき間違えます。しかも正しい回答と同じような感じで「大丈夫だよ〜」という雰囲気を漂わせながら、シレッと間違ったコードを出してくることがあります。ですから、出力されたコードは自分で確認しなければ安心はできません。

　この章の残りの節では、ChatGPTからの回答の意味を理解したり、回答をチェックしたりするためにも、デバッグを効率的に行うために押さえておきたい点を紹介していきましょう。

注3　筆者はプログラミング講座に参加してくださった受講生の方々からの質問にお答えしてきたのですが、筆者の役目をChatGPTが代わりにやってくれそうです。まだ、筆者のほうがお役に立てる場面もあるとは思いますが…。

8.3　最初にチェック！

では、デバッグを開始しましょう。まずは手始めにチェックするべき点を紹介します。

そもそもJavaScriptのプログラムとして認識されているかを確認する

上のChatGPTによるデバッグの例（example/ch0802.html）にもありましたが、</script>を「書き忘れる」あるいは「途中で間違って削除してしまう」というのは、筆者も講座で比較的よく遭遇する間違いです。

処理系は<script>と</script>の両方に囲まれた部分だけをJavaScriptのプログラムとして解釈します。</script>に出会うまでは何の処理も行いません。

また、エディタで編集しているファイルとは別のファイルをブラウザに表示して「直したのに、変わらない。おかしい」というのも、よくあります。この本の練習問題のように、少しだけ内容の違う問題を解いているときなどは、ブラウザとエディタで違うファイルを表示してしまわないように注意しましょう。

「おかしいな」と思ったら、HTML部分のテキストなど、確実に変化する部分を変えてみてブラウザの表示も変更されるかを確認するとよいでしょう。変更がブラウザで反映されれば、編集中のものと同じファイルが表示できています。

"use strict"を冒頭に指定する

最近のJavaScriptの処理系では冒頭に "use strict" を指定しておけば、チェックが厳しく（strictに）行われるようになり、ミスの多くを簡単に見つけられるようになります。

たとえば次のコードを見てください（例のためのコードで意味はありません。example/ch0804.html）。

```
10: "use strict";
11: let x = 3;
12: let y = x*12;
13: X = y+10;     // ←エラー → スペルミスがわかる
14: alert(x);
```

このコードは、13行目にx（小文字）と書くつもりでX（大文字）を書いてしまったものです（第5章の「識別子に関するルール」のコラムで説明したように、同じ「エックス」でも、大文字と小文字は別の変数として扱われます）。10行目に "use strict"; が書いてあるので、エラーメッセージが表示されます。

以降で、「コンソール」について詳しく説明しますが、上のコード（example/ch0804.html）をVS Codeで開いていつものように［実行］→［デバッグなしで実行］[注4]でChromeで実行すると、VS Codeの**デバッグコンソール**に**図8.1**のようなエラーメッセージが表示されます。

注4　▶💬 Tips　ショートカット：Control+F5

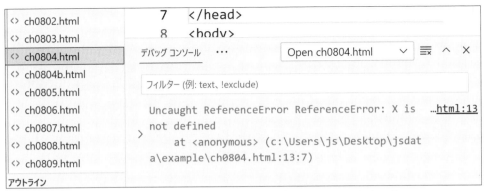

図8.1 VS Codeの「デバッグコンソール」に表示されるエラーメッセージ

エラーメッセージの前半の部分「Uncaught ReferenceError」の意味は（難しいので）「8.9 例外処理 —— Uncaughtは（当面）無視してよい」で説明します。「X is not defined」の部分の意味はそれほど難しくはありません。「Xが定義されていない」といっています。Xが`let`や`const`で宣言されずに使われているので、「定義されていない」というメッセージが表示されているわけです。

このエラーメッセージを見たら、変数あるいは定数の宣言忘れ、あるいはこの例のようなスペルミスを疑いましょう。

8

> 📩Note
>
> エラーメッセージが表示されるタブには、VS Codeでは「デバッグコンソール」という名前が付いていますが、多くのブラウザでは「コンソール」あるいは「Console」という名前になっています。以降「コンソール」と呼ぶことにします。

今度は「`"use strict";`」を削除して実行してみましょう（`example/ch0805.html`）。

```
10: let x = 3;
11: let y = x*12;
12: X = y+10; // ←エラーにならない
13: alert(x);
```

　図8.2のように、ダイアログボックスに「3」が表示されるはずです。

図8.2　エラーにならずにダイアログボックスが表示されてしまう

　本当は「y+10」の結果の「46」を表示したかったのですが、スペルミスは見逃されてエラーにならずに実行されてしまいました。

　実は「JavaScriptは変数を宣言せずに用いることができる」のです。多くのプログラマーは他のプログラミング言語での経験から「このJavaScriptの仕様はデバッグを困難にする」ということで、規格変更により次のルールが加わりました。

- プログラム冒頭に `"use strict"` が書かれている場合は、宣言せずに変数を用いた場合はエラーになる
- 関数の冒頭に `"use strict"` が書かれている場合は、その関数内で、変数を宣言せずに用いた場合はエラーになる

　このルールがあるため、`example/ch0804.html`のコードではエラーメッセージが表示されたわけです[注5]。

　細かい説明をしましたが、ひとまずは「冒頭に `"use strict";` を書いたほうがデバッグが楽になる」ことだけは覚えておいてください[注6]。

8.4　コンソール（console）をチェック

　実行してもうまく動かない、あるいは途中で止まってしまうといった場合、最初にするべきことがあります。

注5　このルールに対応していない古いJavaScriptの処理系で実行した場合に、問題が起きてしまわないでしょうか？　大丈夫です。「use strict」は単純な文字列なので、単にこの値が無視されるだけです。たとえば、何かのプログラムに「3;」という行を加えても、その値「3」は無視されるだけで、問題は起こりません（ほんの少しだけ実行時間は増えますが、人間が感知できる時間ではありません）。同じように「use strict」という文字列の値が無視されるだけです。

注6　さらに詳しく知りたい人は次のページなどを参照してください —— `https://musha.com/scjs?ln=0803`

- コンソール^{console}を見て、エラーメッセージが出ていないか確認する

「"use strict"を冒頭に指定する」で説明したように、処理系がエラーを認識するとコンソールに図8.3のようなエラーメッセージが表示されます。

先ほどはエラーの箇所は明白だったので詳しく見ませんでしたが、実はこの図にはエラーの起こっている箇所も書かれています。ch0804.html:13:7と書かれています。この「13」は13行目を表しており、「7」は7文字目あたりでこのエラーに遭遇したことを示しています。数えてみるとXがあるのは5文字目ですが、処理系はXに続くスペースのあとの = と出会ったときに、「Xが変数名のはずだが宣言されていない（X is not defined）」ことがわかったため、「7」と書かれているわけです。

```
13        X = y+10;      // ←エラー → スペルミスがわかる
14        alert(x);
15        </script>
16    </body>
17    </html>
18

問題  出力  デバッグ コンソール  ターミナル  ポート  フィルター (例: text, !exclude)        Open ch0804.html  ∨  ≡  ∧  ✕

> Uncaught ReferenceError ReferenceError: X is not defined                  ch0804.html:13
    at <anonymous> (c:\Users\js\Desktop\jsdata\example\ch0804.html:13:7)
```

図8.3　コンソールに表示されるエラーメッセージ。枠で囲んだ場所にエラーの起きた位置が示されている（13行目の7文字目）

このように処理系から見たエラーの箇所と、プログラマーが思うエラーの箇所は必ずしも一致しませんので、注意が必要です。

次のコードとエラーメッセージ（**図8.4**）を見てください（example/ch0806.html）。

```
 9    <script>
10      let x = "abc";
11      let y = x + `def';
12      alert(y);
13    </script>
14  </body>

問題  1  出力  デバッグ コンソール  …  フィルター (例: text, !exclu…        Open ch0806.html  ∨  ≡  ∧  ✕

> Uncaught SyntaxError SyntaxError: Unexpected end of input              ch0806.html:13
    at (program) (c:\Users\js\Desktop\jsdata\example\ch0806.html:13:3)
```

図8.4　コンソールに表示されるエラーの行番号などは人間が思うエラーの箇所とは限らない

このエラーの原因は、11行目の `def' の最初の文字が「`」（バッククオート）なのに、最後の文字が「'」（シングルクオート）になっているため、文字列がここで終わらずにずっと続いてしまったことにあります。`…`の文字列には改行も含めることができますので、JavaScriptの処理系は文字列の終わりを示す「`」を見つ

けるまでずっと探し続けたのです。

　JavaScriptの処理系のほうは14行目の3文字目から始まる「</script>」に出会って、「あれ、『`』で始まった文字列が終わっていないのに、JavaScriptのコードが終わっちゃったぞ」と気がついたのです。そこで「Unexpected end of input at ch0806.html:13:3」（ch0806.htmlの13行目3文字目で「予期しない入力の終わり」）というメッセージを出したというわけです。

　もうひとつ別の例を見てみましょう（**図8.5**。example/ch0807.html）。

```
 9      <script>
10        let x = "abc
11        let y = x + def";
12        alert(y);
13      </script>
14    </body>
```

問題 3　　出力　　デバッグ コンソール　…　フィルター (例: text, !exclude)　　Open ch0807.html ∨　☰ ∧ ✕

> Uncaught SyntaxError SyntaxError: Invalid or unexpected token　　　**ch0807.html:10**
　　at (program) (c:\Users\js\Desktop\jsdata\example\ch0807.html:10:13)

図8.5　一重引用符あるいは二重引用符の文字列は複数行にまたがることはできない

　この例は10行目で「Invalid or unexpected token」（不正あるいは予期されていないトークン）というエラーメッセージが出ています。'...'あるいは"..."の文字列は複数行に渡ることはできないので、10行目の段階でエラーになっています。

　もっともVS Codeでは、10行目の「c」や11行目の「"」の下に赤い波下線「~」を引いて、このあたりに構文エラーがあることを示してくれています。この例では実行してデバッグコンソールを見るまでもなく、エラーに気がつく人が多いでしょう。

　なおエラーメッセージに表示される「token（トークン）」は「単語」とほぼ同じ意味をもつ用語で、「意味を成す最小のまとまり」を表します。

　コンソールにエラーメッセージが表示されれば、ある意味「ラッキー」です。その場合、エラーメッセージに表示された行の周辺にエラーがあるケースがほとんどです。

8.5　エラーメッセージで見当がつかないとき

　エラーメッセージが表示されないけれど動かない、あるいはエラーがあると表示された行の周辺にエラーが見つからなかった、といった場合は、次のような手法が有効なケースがあります。

- ChatGPT（あるいは同種のサービス）に丸投げしてみる ── これについてはすでにこの章の最初でみました
- 疑わしいところを「コメントアウト」してみる
  - // ── この後から改行までをコメント（無効）にする
  - /* ... */ ── 複数行に渡って /* ... */ に囲まれた範囲をコメントにする（無効にする）

- キーとなる変数などの値の変化を追ってみる —— 第4章の問題4-4のように、変数がどのように変化するかを見れば、自分の想定と実際の動作に違いがないか確認できます。この章の最後のほうで説明するデバッガも利用できます（「8.11 デバッガの利用」参照）

8.6　Chromeのコンソール

上ではVS Codeのデバッグコンソールを見ましたが、Chromeにもコンソールが用意されており、実は同じ内容が表示されています。

たとえば、**図8.6**は、**図8.3**（`example/ch0804.html`）のエラーメッセージをChromeのコンソールで表示したものです。本質的な内容は同じです。

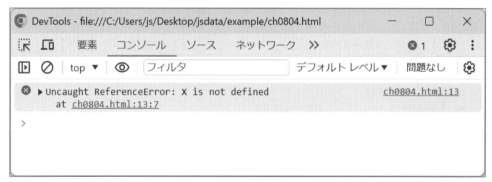

図8.6　Chromeのコンソール

VS Codeを使うとコンソールでエラー内容を確認しながら、ソースコードを編集できるので、とても便利ですが、たとえば他のエディタを使っているときなどはChromeなどのブラウザのコンソールを見てエラーの箇所などを探ることになります。

なお、Chromeでコンソールを表示するには次のような方法があります。慣れてきたら、3番目のショートカットを使うのが簡単です。

1. ドキュメント領域で、右クリック→［検証］→［コンソール］
2. ［その他のツール］→［デベロッパーツール］→［Console］（ `mac` ［表示］→［開発/管理］→［JavaScript コンソール］）
3. Control+Shift+J（ `mac` `⌘` +option+J）

8.7　コンソールの便利な使い方

コンソールは、エラーメッセージの表示や`console.log`を使った（途中経過の）表示のためだけにあるわけではありません。実は、コンソールで任意のコードを実行できるのです。

たとえば、コンソールのプロンプト（>）のあとに数式を書くとその値を計算してくれますし、関数をその場で定義して実行することもできます。図8.7に説明付きで例を示しましたので、試してみてください（←に続いて説明があります）。ここではChromeのコンソールで実行してみました。VS Codeのデバッグコンソールでも同じように実行できます。

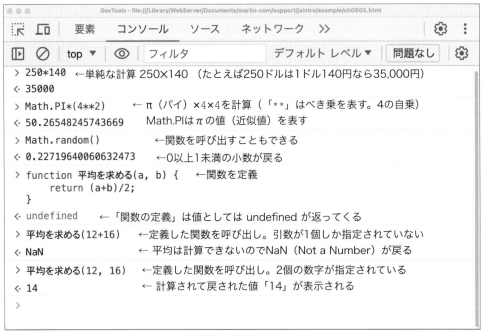

図8.7　コンソールでの計算など

このほか、第11章の練習問題ではコンソールを使った経過時間の計測機能と表示方法を紹介します。

8.8　「約物」に注意する

印刷や編集関連の用語で、句読点や括弧などの記号のことを「約物」といいます。約物はプログラミングにおいても特別な意味をもっています。

プログラミングの世界で「約物」という言葉は（書籍関連の仕事をするとき以外は）聞いたことはありませんが、皆さんの記憶に残るように、この言葉を借りてJavaScriptで使われる記号類を表すことにしましょう。

以下でプログラムに登場する約物の役割をまとめます。

約物のうち、括弧類や引用符類は必ずペアで用いられます。これがペアになっていないとエラーになってしまいます。

丸括弧（...）

一般的な「括弧」です。単に括弧というとこの記号のことを指します。

（...）は必ずペアで用いられて、次のような場合に使われます

●関数の引数を囲む

```
alert(x);
function xxx(x) {
    ...
}
```

●if文やfor文などの条件を表す

```
if (x < 0.3) {
    ...
}
else if (... ) {
    ...
}

for (let i=0; i<10; i++) {
    ...
}
```

●計算の優先順位を表す

たとえば次のように書くとb+cが最初に計算されてから、aと乗算が行われます。

```
x = a*(b+c)
```

しかし、括弧がないとa*bの結果にcが足されます（数学の計算と同様）。

```
x = a*b+c
```

波括弧 {...} ── 複数の文をまとめる

括弧の名前がなかなか覚えられない筆者はこの括弧のことを「ニョロ括弧」と呼んでいますが、一般には「波括弧」あるいは「中括弧」と呼ばれることが多いようです。

この括弧は複数の文をまとめるときに使います。そして、「{」から対応する「}」までが、新しいスコープ（有効範囲）になります（「3.6 変数のスコープ ── 大域変数と局所変数」参照）。

●関数の定義部分を囲む

```
function xxx(y) {
    ...
    ...
}
```

● if 文や for 文などの実行部分を囲む

```
if (x < 0.3) {
   ...
}
```

角括弧［...］

「大括弧」あるいは「ブラケット」とも呼ばれますが、配列の添字を書くときに使います。

```
const 漢数字 = ["零", "壱", "弐", "参", "肆", "伍"];
...
let カウントダウン文字列 = 漢数字[カウンタ];
```

引用符（"..."、'...'、`...`）

この 3 組の引用符は、ダブルクオート（二重引用符）、シングルクオート（一重引用符）、バッククオート（逆引用符）と呼ばれて、単純な文字列（文字列リテラル）を表すのに利用されます。

テンプレートリテラル ── `...${...}...`

バッククオート（逆引用符）は単純な文字列を表すのにも使えますが、テンプレートリテラル（可変部分付き文字列）を表すためにも使えます（第 4 章参照）。

```
`<img src="${ファイル名}">`
```

その他の約物

その他の記号もまとめておきましょう（一部のあまり使われないものは省略します）。

- ;（セミコロン）── 文の区切り
- .（ピリオド）
  - 小数点。例: 3.14
  - オブジェクトのプロパティ（第 9 章以降を参照）。例: Math.random()
- :（コロン）── オブジェクトのプロパティの「名前」と「値」の区切り
- ,（カンマ）── 配列の要素やオブジェクトのプロパティの区切り
- // および /*...*/ ── コメント
- 比較
  - x === y あるいは x == y ── x と y が等しいとき「真」（前者がおすすめ。両者の違いについては付録 A の「=== と == の違い」参照）
  - y !== y あるいは x != y ── x と y が等しくないとき「真」（同上）
  - x > y ── x が y より大きいとき「真」
  - x >= y ── x が y より大きいか等しいとき「真」
  - x < y ── x が y より小さいとき「真」

- x <= y ── xがyより小さいか等しいとき「真」
- 算術演算
  - +、-、*、/ ── 加減乗除
  - % ── 剰余（あまり）。例：10%4 → 2
- 論理演算
  - a && b ──「aが真」かつ (and)「bが真」のときに「真」(true)
  - a || b ──「aが真」あるいは (or)「b」が真のときに「真」
  - ! a ── aが真のときは「偽」、aが偽のときは「真」

　最後に、繰り返しになりますが、全角の記号やスペースをプログラム部分（文字列以外）で入力しないように注意しましょう。エディタで「等幅フォント」を指定しておくと、表示される幅が変わるのでわかりやすくなります。なお、VS Codeなどの高機能のエディタは、全角文字を目立つように特別な表示にしてくれます。VS Codeを絶対使わなければならない、というわけではありませんが、オススメです。

 # 8.9　例外処理 ── Uncaught は（当面）無視してよい

　この章で出てきたコンソールに表示されるエラーメッセージの先頭には必ず「Uncaught」という単語がついていました。caughtはcatch（「捕まえる」「捕獲する」などの意）の過去分詞形ですから、「Uncaught」は「捕まえられなかった」ということになります。

　何に「捕まえられなかった」かというと、「**例外処理**」に捕まえられなかったのです。

　例外処理を説明するために2つのプログラムを見てください。

　まず、例外処理をしない例です（example/ch0808.html）。

　これを実行すると、前に見たのと同じようなエラーメッセージがコンソールに表示され（**図8.8**）、ブラウザのドキュメント領域には何も表示されません。

　11行目でxの値を呼び出し側に戻そうとしていますが、xはどこにも定義されていないので、x is not definedというエラーが表示されたわけです。

```
 9    <script>
10      function f() {
11        return x;
12      }
13      const v = f();
14      document.write(`f()から返ってきた値は${v}です`);
15    </script>
```

```
···   フィルター (例: text、!exclude)                    Open ch0808.html    ∨  ≡  ∧  ✕

      Uncaught ReferenceError ReferenceError: x is not defined        ch0808.html:11
  >      at f (c:\Users\js\Desktop\jsdata\example\ch0808.html:11:7)
         at <anonymous> (c:\Users\js\Desktop\jsdata\example\ch0808.html:13:15)
```

図8.8　例外処理をしない場合のエラーメッセージ

続いて、例外処理をする例です（example/ch0809.html）。

このコードを実行すると、ドキュメント領域にメッセージが表示されます（**図8.9**）。そして、コンソールにエラーメッセージは表示されません。

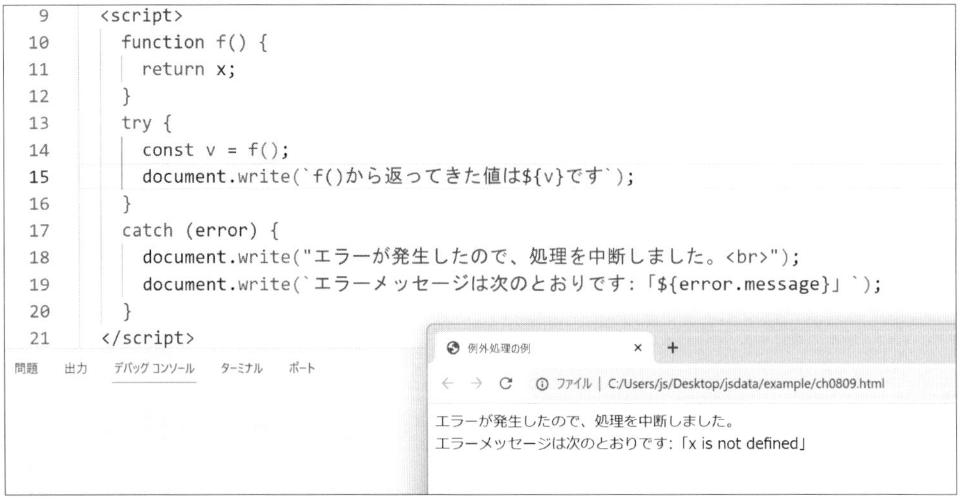

```
 9    <script>
10      function f() {
11        return x;
12      }
13      try {
14        const v = f();
15        document.write(`f()から返ってきた値は${v}です`);
16      }
17      catch (error) {
18        document.write("エラーが発生したので、処理を中断しました。<br>");
19        document.write(`エラーメッセージは次のとおりです：「${error.message}」`);
20      }
21    </script>
```

問題　　出力　　デバッグ コンソール　　ターミナル　　ポート

```
例外処理の例              ×   +
←   →   C      ①  ファイル | C:/Users/js/Desktop/jsdata/example/ch0809.html
エラーが発生したので、処理を中断しました。
エラーメッセージは次のとおりです：「x is not defined」
```

図8.9　例外処理をした場合

ch0809.htmlのコードでも、同じく11行目で未定義の**x**が返されるので、エラーが起こりますが、その関数を呼び出す14行目を囲む**try {...}**が13行目から16行目にあるので、エラーが「キャッチされた（caught）」のです。**try**でエラーがキャッチされた場合、**catch**に続く**{...}**にあるコードが実行される「お約束」になっています。そして、**catch**のあとの**(...)**の中に書かれた、特別な変数**error**にエラーの情報が入ることになっています。

これを**例外処理**といいます。本当は起こってほしくないのだけれど、エラーなどが起こってしまった場合は特別処理ができるような機構が用意されているわけです。

このため**図8.9**のようにドキュメント領域にメッセージが表示され、コンソールには何も表示されなかったのです[注7]。

これで「Uncaught」の意味はおわかりいただけたでしょうか。「例外処理でuncaught（キャッチされていない）」という意味だったのです。

図8.8の場合は「ReferenceError（参照エラー）がキャッチされなかったので、エラーとしてお知らせしますよ」という意味です。「**x**を参照しようとしたけど、**x**が定義されていないので参照できないよ〜」と文句をいっているわけです。

というわけで、（自分で例外処理をしていないのならば）エラーメッセージの「Uncaught」の部分は無視して、その後ろに続く表現でエラーの種類を探ればよいということになります。

注7　　上の例は「例題のための例題」で、エラーになるとわかりきっていて例外処理をしていますが、たとえば「ネットワーク経由でデータが来るはずなのに来なかった」というような場合の対処には、例外処理が役に立ちます。

このようにJavaScriptの処理系のエラーメッセージは非常に不親切だと思います。初心者も使うかもしれないのに、Uncaughtなどという表現を付ける必要はないと思うのです。概して、プログラミング言語が出力するエラーメッセージは初心者には優しくありません。

　Pythonなどでは「できるだけわかりやすいエラーメッセージを出力しよう」という動きもあるようです。JavaScriptにはそういう動きはないのだろうかと思って、ほかのブラウザのエラーメッセージについて調べてみました。

　すると、FirefoxとMicrosoft Edgeのエラーメッセージは、Chromeとよく似ていて変わり映えしませんでしたが、macOSのSafariはかなり違っていて「ReferenceError: Can't find variable: x」と表示されました。とてもわかりやすいメッセージです。

　macOSを使っている人は、Chrome（VS Code）で意味のわからないエラーメッセージが出た場合、SafariにURLをペーストして実行してみるとよいかもしれません。Safariでコンソールを表示するには、次の手順に従ってください。

1. [Safari] → [設定...] → [詳細] で「メニューバーに"開発"メニューを表示」（あるいは「Webデベロッパ用の機能を表示」）の項目に✓を入れる。これで開発者用のメニュー項目が表示されるようになります
2. ドキュメント領域で右クリックし、[要素の詳細を表示] → [コンソール] の順に選択する

 ## 8.10　その他の主要なエラーメッセージ

　次の小節から、筆者の経験上、よく遭遇してきたエラーメッセージを取り上げて説明します。この他のエラーメッセージに遭遇して、意味がよくわからずコードを見て間違えが見つけられなかったら、「ChatGPTへの丸投げ」をまず試すとよいでしょう。

Uncaught ReferenceError: ●● is not defined

　すでに何回か登場しましたが、宣言されていない変数などを使おうとしたときに表示されるメッセージです。●●が定義されているか、確認しましょう。

Uncaught TypeError: ●● is not a function

　これは関数のスペルミスの可能性が高いエラーです。

　次のコードを見てください（example/ch0811.html）。

```
13: <script>
14:   "use strict";
15:   console.log(Math.randam());
16: </script>
```

　このコードを実行すると次のようなエラーメッセージがコンソールに表示されます。

```
Uncaught TypeError: Math.randam is not a function  at ch0811.html:15:22
```

　「Math.randamは関数ではない」といっています。正しい綴りは、Math.randomですね。randamを

randomに直せばエラーはなくなります。

TypeErrorは「型」に関するエラーという意味です。整数や小数、文字列などは、記憶する際に必要な記憶領域の量が違うので、処理系は「型」という概念を使って分類しています。(少しむずかしい話になりますが) 関数もこの「型」の一種ですので、関数のスペルミスは処理系のなかでは「型に関するエラー」という分類になっているようです。

このほか、筆者や受講生の方々がスペルミスをしやすい単語を表にしておきましょう。ここにあげた文字列がエラーメッセージに現れたら、スペルミスを疑いましょう。

表8.1 間違いやすい関数名など

誤	正	説明
alart()	alert()	eがaになっている
docment.	document.	uが足りない
Math.randam()	Math.random()	oがaになっている
document.getElementByID()	document.getElementById()	Dは小文字
document.getElmentById()	document.getElementById()	eが足りない
innerHtml	innerHTML	Htmlはすべて大文字
addEventListner	addEventListener	eが足りない
setTimeOut	setTimeout	Oは小文字

Uncaught SyntaxError: Unexpected token '}'

「}」が余分にある、あるいは「{」を忘れたときには上のようなメッセージが表示されます。

次のコードを見てください (example/ch0812.html)。

```
13: if (x < 0.3) {
14:     x = "凶";
15: }
16: else if (x < 0.6)
17:     x = "小吉";
18: }
19: else {
20:     x = "大吉";
21: }
22: document.write(x);
```

エラーメッセージは次のようなものになります。

```
Uncaught SyntaxError: Unexpected token '}'    ch0812.html:18
(構文エラー: 予期されていないトークン'}')
```

16行目の最後に「{」がありませんが、エラーメッセージの行番号は「18」となっている点に注意してください。処理系は18行目の「}」に出会って、「{ がないのに } が出てきたので変だ」と気がついてエラーメッセージを出したわけです。

　これも、エラーの箇所とエラーメッセージの行の表示が一致しない例です。多くの場合、処理系が「これ以上処理が続けられなくなった箇所」がエラーメッセージに表示されます。それは「修正するべき箇所」とは一致しない場合が少なくありません。

　上のコードを次の「)」が足りない次のコードと比べてみましょう（example/ch0812b.html）。

```
16: else if (x < 0.6 {
17:    x = "小吉";
18: }
```

エラーメッセージは次のようなものになります。

```
Uncaught SyntaxError: Unexpected token '{'    ch0812b.html:16
```

「(」がすでにあるのに、「)」の前に「{」が出てきてしまったので、ここで中断したというわけです。

Uncaught TypeError: Cannot read properties of null (reading '●●')

　第9章以降で説明するオブジェクトに関するものです。オブジェクトについて理解してから、あとでもう一度この部分を確認してください。

　このメッセージはオブジェクト**obj**のプロパティ「●●」にアクセスしようとしたが、そもそも**obj**が**null**だった（何も参照していない）ということを示しています。たとえば次のコードを見てください（example/ch0813.html）。

```
 8: <body>
 9:   <div>
10:     <img id="xxx" src="pictures/rocket3.png" style="width: 200px;">
11:   </div>
12:
13:   <script>
14:     console.log(document.getElementById("yyy").src);
15:   </script>
16: </body>
```

エラーメッセージは次のようなものになります。

```
Uncaught TypeError: Cannot read properties of null (reading 'src')
at ch0813.html:14:47
```

　上のコードの14行目では**id**に**"yyy"**を指定してオブジェクトの**src**プロパティを取得しようとしていますが、**"yyy"**という**id**はないので、**document.getElementById("yyy")**は何のオブジェクトも表しません。このような場合、**null**という値が返される約束になっています。

　オブジェクトでないものについて、プロパティ**src**の値を得ようとしても無理なわけです。

　次のように**"xxx"**を引数に指定すれば、画像のファイル名（**src**）が得られます（ch0813b.html）。

```
 8:  <body>
 9:    <div>
10:      <img id="xxx" src="pictures/rocket3.png" style="width: 200px;">
11:    </div>
12:
13:    <script>
14:      console.log(document.getElementById("xxx").src);
15:      console.log(document.getElementById("yyy")); // null が表示される
16:    </script>
17:  </body>
```

Uncaught TypeError: Cannot set properties of null (setting '●●')

このエラーメッセージは前項のものとよく似ていますが、先ほどはプロパティの値を read（読み込み）しようとしたのに対して、set（設定）しようとした場合に起こります（example/ch0813.html）。

```
 8:  <body>
 9:    <div>
10:      <img id="xxx" src="pictures/rocket3.png" style="width: 200px;">
11:    </div>
12:
13:    <script>
14:      document.getElementById("yyy").innerHTML = `<img src="pictures/rocket1.png">`;
15:    </script>
```

エラーメッセージは次のようになります。

```
Uncaught TypeError: Cannot set properties of null (setting 'innerHTML')
    at ch0813.html:14:46
```

先ほどと同様、"yyy" の id が付いたものはありませんので、「オブジェクトは null（何もない）になってしまっているので、そのプロパティをセットしようがない」と文句をいっています。

このほかにもエラーメッセージにはいろいろな種類があり、意味がよくわからないものもあるでしょう。

処理系の気持ちになってコードを追っていくのに慣れれば、プログラミング言語に関する知識が増えるにつれて、徐々にメッセージの意味がわかるようになると思います。

8.11　デバッガの利用

デバッガを使うと、1ステップずつ確認しながらプログラムを実行できます。途中で変数の値の変化などを確認するのに大変便利なツールです。

ここでは ch0815.html のファイルを使ってデバッガの説明をしていきましょう。第5章の ch0501.html（おみくじ 関数バージョン）と同じファイルです。このファイルをこれまでと同じように ［実行］→［デバッグなしで実行］ を選択してブラウザに読み込むと、「今日の運勢は凶です」などといった「おみくじ」が表示されます。

ブレークポイントとステップ実行

今回は［実行］のあとで［デバッグの開始］を選択して、デバッガを使ってみます[注8]。

とはいっても単にデバッグを開始しただけでは何も変わりません。同じようなおみくじがブラウザに表示されるだけです。

そこで、実行を途中で止めるために**ブレークポイント**を設定してみましょう。これによって**ステップ実行**が可能になります。1ステップずつ実行してみましょう。

1. VS Codeの行番号の「12」の上にマウスポインタをもっていく（「ホバー」する）と赤い丸が表示されるので、12の左側をクリックします（**図8.10**）。

すると赤い丸が濃くなりマウスを移動してもそこに表示されたままになります。これで12行目にブレークポイント（一時停止する場所）が置かれました

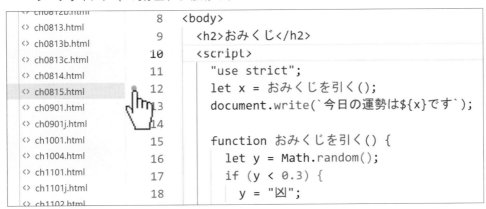

図8.10 ブレークポイントの設定

2. **図8.11**⑤の再読込ボタンをクリックして、コードを再実行します

これでデバッガの実行を制御するボタンの列（**図8.11**）がVS Code上に表示されます。

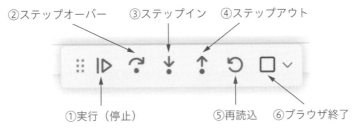

図8.11 デバッガの実行を制御するボタン列

①から④の各ボタンの意味は次とおりです。

- ①**実行（停止）**── ブレークポイントまで実行。実行中は停止ボタンに変わる
- ②**ステップオーバー** ── 関数の中にもぐらずに 1 ステップ実行
- ③**ステップイン** ── 関数の中にもぐって 1 ステップ実行
- ④**ステップアウト** ── 関数を抜け出して上のレベルに移動

3. 図**8.11**の③ステップインのボタンをクリックします

これで16行目（関数「**おみくじを引く**」の本体の先頭）に制御が移動します

4. もう一度「ステップイン」のボタンをクリックします

これで図**8.12**のように右側に`Math.random()`から返され変数`y`に代入された値が表示されます。また、エディタペインで変数の上にマウスを移動すると近くにその変数の値が表示されます（コールスタックについては下記参照）

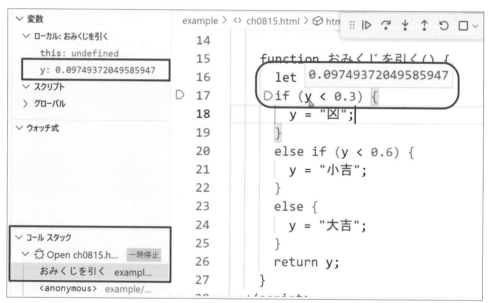

図8.12　変数に値が入るとサイドバーにその値が表示される。また、変数の上にマウスポインタをおいても
その値が表示される（図の右上）。左下には「コールスタック」がある

5. 同様に「ステップイン」のボタンを何度かクリックしてみてください。クリックするたびに変数の値
が表示されていきます

12行目の実行を終わると`x`におみくじの結果が代入され、13行目を実行するとブラウザのドキュメント
ウィンドウに「今日の運勢は凶です」などといった文字列が表示されます。

このようにソースコードの実行開始行にブレークポイントを設定して1ステップずつ実行していけば、実
行の様子を逐一観察できます。

ステップオーバー

この例のような短いプログラムならば、すべての関数の中まで入っていって、全ステップを逐一実行しても大した時間はかかりません。ですが、いくつも関数があるプログラムの場合は、関数の中には入らずソースを1行ずつ進んでいきたい場合もあります。その場合は「ステップイン」ではなく、**図8.11**の②の「ステップオーバー」が役に立ちます。

「大丈夫なはず」と思う関数が書かれた行ではステップオーバーをクリックし、「この関数の中を詳しく見たい」という行に来たらステップインをクリックして中にもぐって細かく実行します。

③の「ステップイン」は関数の中に「もぐる」のですが、④の「ステップアウト」は関数から脱出してひとつ上のレベル（多くの場合、その関数を呼び出している関数）に移動します。どのような呼び出し関係にあるかを見るのに左側のサイドバーに表示される「コールスタック」が役に立ちます（**図8.12**の左下）。

この場合のcallは関数の「呼び出し」の意味です。stackはJavaScriptを始めとする多くのプログラミング言語の処理系が関数を処理する際に使っている「データ構造」の名前で、これを使って「先入れ後出し」方式で、関数の呼び出し順などを管理しています[注9]。

ブレークポイントの設定と解除

関数が何階層にもなっている場合は、詳しくみたい関数の冒頭などにブレークポイントを設定してから①の「実行」ボタンをクリックしたり、ファイルの再読み込みを行ったりすれば、設定したブレークポイントでいったん止めて、それから1ステップずつ実行して様子を確認できます。

デバッグが終わったら［実行］→［すべてのブレークポイントの削除］ですべて削除できます。

ひとつのブレークポイントを削除する場合は、右クリックして［ブレークポイントの削除］を選択します。

このほかにも、デバッガにはさまざまな機能があります。直感的でわかりやすいツールだと思いますので、第9章以降でデバッグする際に使ってみてください。

さらに詳しい説明を見たい場合は、次にあげるウェブページなどを参照してください（英語が苦手な方は、「VS Code デバッガ」といったキーワードでの検索結果から、わかりやすそうなページを探してみてもよいでしょう）。

- VS Code のドキュメントの Debugging のページ（英語）
  —— https://musha.com/scjs?ap=vsd

Chromeのデバッガ

Chromeなどのブラウザにもデバッガが用意されており、ほとんど同じ機能を同じようなインタフェースで利用できます。

「8.6 Chromeのコンソール」で説明した方法で「コンソール」を表示し、「コンソール」タブのすぐ右にあるタブ「ソース」を選択して、左側のペインでJavaScriptの入っているファイルを選択すればブレークポイントの設定などが可能になります。

詳細は下記のウェブページなどを参照してください。

注9　興味のある方は、少し難しめの解説ですが、Wikipedia の「コールスタック」の説明などを参照してください。

- Chromeの開発ツールのドキュメント「JavaScript debugging reference」（英語）
  —— https://musha.com/scjs?ap=chrd

コラム　デバッガがあればconsole.logは不要？

「デバッガを使えばconsole.logで途中経過（**ログ**）を出力する必要はないのではないか？」と思った人、正解です（といってよいと思います）。

ただ、将来いろいろな環境でプログラミングをするとき、VS CodeやChromeのデバッガのような「グラフィカルユーザーインタフェース（GUI）」を使ったデバッグ環境がない場合もあるでしょう。ログを書き出すという方法は、どんな言語、どんな環境でも使える手法です。したがって、覚えておいて損はありません。

また、「複数の途中経過を見比べたい」といった場合には、ログに残しておいたほうが便利です。「デバッガのスクリーンショットを何枚か撮っておく」「デバッグの様子をキャプチャソフトで動画として残す」などといった手もありますが、文字になっていたほうが比較が楽なケースが多いでしょう（2つのファイルを比較するツールなども利用できます）。

8.12　デバッグ前にやっておくこと

ここまでデバッグについて、さまざまなトピックを紹介してきましたが、本当はデバッグを始める前にやっておきたいことがあります。デバッグの手法を身につけるのも大切ですが、そもそもバグを少なくすればデバッグに取られる時間を大幅に削減できます。

この章はデバッグの章なので一番最後に書くことにしましたが、デバッグの前にしておいたほうがよいことを紹介します。

デバッグの前にもう一度プログラムを見直す

「やっとコードを書き終えた。さあ、ブラウザに読み込んで実行してみよう」と思う気持ちはわかりますが、その気持ちをグッと押さえて、ひとつやることがあります。

- もう一度、コードを読み直しましょう。JavaScriptの処理系になったつもりで、コードに書かれているとおりに実行して、想定どおりに動作するか頭の中でシミュレーションをしてみましょう

落ち着いて見直してみると、間違いが見つかることは少なくありません。実行を開始してしまうと、どうしても目先のことにとらわれて、落ち着いて全体を見直せなくなりがちです。その前に、全体を見直す時間を作ったほうが「結果的に時間が少なくて済んだ」ということになる確率は高いのです。

実はベテランになると、コードを書いている最中に頭の中でシミュレーションをするようになります。「いつもいつも全体のことを考えつつ、見直しながらコードを書いている」と表現したほうがよいのかもしれません。

筆者自身のことを振り返ってみても、最初の頃は「紙の上で変数の値の変化を一つひとつ書き出しながら、コードを追っていく操作」をよく行っていました。とくにループについては、1回目のループ、2回目のループ、3回目のループ、…と繰り返し変数の変化を追っていたことを思い出します。

そのうち、その操作は紙に書かなくても、頭の中で自動的にできるようになったようです[注10]。

ですから、ベテランになると「さあ、コードを書き終えた。実行してみよう」でも大丈夫なことが多くなります。もちろん一発で動かないことも少なくはありませんので、見直しはしたほうがよいのかもしれませんが...。

できるだけコピペ（copy & paste）する

人間は間違える動物です。ですから、単純な入力でも間違えることがあります。

これに対して、すでに動いているコードを「コピペ」（copy & paste）すると、エラーが入り込む余地は格段に減ります。

1. 同じような問題を解くなら、まずは動いているコードをファイルごとコピーして、ファイル名を付け替え、コピーしたファイルを修正するようにしましょう
2. ほかの部分に使えるコードがある場合は、その部分をコピペしましょう

2.の例を見ましょう。たとえば次のようなコードがあるとします。

```
if (...) {
  x = "凶";
}
else if (...) {
  x = "小吉";
}
else {
  x = "大吉";
}
```

条件をひとつ加えて「中吉」を出すコードを加える必要が生じました。その場合、次の「小吉」用のコードをコピーして、その下にペーストします。

```
else if (...) {
  x = "小吉";
}
```

ペーストしたものを修正してコードを完成させましょう。

```
if (...) {
  x = "凶";
}
else if (...) {
  x = "小吉";
}
else if (...) {    // この部分を追加して修正
```

注10　算盤の達人は、暗算をするときに頭の中にある算盤を使って計算するそうですが、それに少し似ているかもしれません。

```
  x = "中吉";
}                    // この行まで
else {
  x = "大吉";
}
```

　修正部分を直し忘れてはだめですが、ゼロから手入力するより「時短」になりますし、間違える可能性も小さくなります。

　利用できる部分は、できるだけ「コピペ」しましょう。

バグが見つけやすい美しいコードを書く

　デバッグの時間を短縮するのにもっとも効果的な方法は「読みやすいコード」「わかりやすいコード」を書くことです。読みやすければ、流れを追うのが楽になります。「ここが怪しそうだ」という部分を見つけやすくなるのです。

　「わかりやすいコード」とは具体的にはどのようなコードを指すのか、筆者の考えをお伝えしましょう。とくに初心者に有効と思われるものをあげてみます。

● 字下げ（インデント）をきちんとする

　字下げ（インデント）については第5章のコラム「インデントとコードの読みやすさ」で細かく説明しました。きちんと字下げされていると、if文やfor文、関数などの範囲が明確になり、読みやすいコードになります。

● 識別子にはわかりやすい名前をつける

　第5章の「5.6 識別子に関するルール」で関数や変数などの名前のルールを説明しました。「名は体を表す」というように、実体（実態）を反映した名前をつけるようにしましょう。意味のわからない名前だと、あとで自分で読んだときにコードの意図や意味がわからなくなります。何日かあとに（あるいは何年かあとに）読んだときにもわかるようにします。将来、ほかの人に読んでもらう可能性があるのならば、なおさらです。もっとも何週間か経てば、自分が書いたコードの記憶もだいぶ薄れてしまい、他人のコードを読むのとあまり変わらなくなるでしょう。「半年後の自分は他人」です。

　少し長めの名前でも、自分の意図を反映した名前をつけるようにしましょう。この意味で、とくに最初のうちは日本語の識別子を使うのは悪い選択ではないと思います。他人のプログラムを読む経験を重ねて、英語の名前にも慣れてきてから、英語の識別に挑戦してもよいでしょう[注11]。

● まとまった処理は関数にする

　長いプログラムを書くようになると、if文やfor文などが複雑に絡み合うコードになりがちです。するとインデントのレベルも深くなり、流れを追うのが大変になってきます。

　「12.8 コードの改良 ── 関数を使って簡潔に」で具体例を見ますが、「処理が複雑になってきたな」と思ったら、関数として抽出できる部分がないかを考えましょう。

注11　英語が得意な人なら、最初から英語の識別子を使ってもそれほど負担にはならないでしょう。

● 同じことを複数の箇所で書かない ── DRY原則

第3章で作ったおみくじのプログラムについて、もう一度考えましょう。ほぼ同じコードですが、次の2つのうち、どちらが「よいコード」だと思いますか。その根拠は何でしょうか。

まず、ひとつ目のコード（コードAです）。

```
const x = Math.random();
if (x < 0.3) {
  document.write("凶");
}
else if (x < 0.6) {
  document.write("小吉");
}
else {
  document.write("大吉");
}
```

続いて、2つ目のコード（コードBです）。

```
let x = Math.random();
if (x < 0.3) {
  x = "凶";
}
else if (x < 0.6) {
  x = "小吉";
}
else {
  x = "大吉";
}
document.write(x);
```

どちらも結果は同じですが、コードBのほうが好ましいコードだと考えます。

たとえば、ユーザーに表示するために「今日の運勢は…です」と表示するように「仕様」を変更したとします。コードAだと、次のように3箇所のdocument.writeの引数を変更することになります。

```
const x = Math.random();
if (x < 0.3) {
  document.write("今日の運勢は凶です");
}
else if (x < 0.6) {
  document.write("今日の運勢は小吉です");
}
else {
  document.write("今日の運勢は大吉です");
}
```

これに対して、コードBの場合は次のように最後の1文を変えるだけですみます。

```
let x = Math.random();
if (x < 0.3) {
  x = "凶";
}
else if (x < 0.6) {
  x = "小吉";
}
else {
  x = "大吉";
}
document.write(`今日の運勢は${x}です`);
```

将来変更があったときに、できるだけ修正が少なくてすむコードを書いておきましょう。

"Don't Repeat Yourself"（同じことを繰り返すな）という標語があります。略して「DRYの原則」などと呼ばれますが、同じようなコードや処理が複数箇所に現れるようならば、そのコードには改良の余地があることが多いのです。コードAには document.write が3度登場しています。同じような操作はまとめておけば、将来の修正が楽になりますし、コードが何をしているのか、本質的な意味がわかりやすくなるケースも多いでしょう。

この点については、「12.7 コードの改良 ── 重複を避ける」で別の例を見ます。

● できるだけ単純に作る（少なくとも最初は）── KISSの原則

DRYの原則の他に、「KISSの原則」というものもあります。"Keep it short and simple." あるいは "Keep it simple stupid." あるいは "Keep it simple, stupid." が省略されたものだといわれています。

単純なコードにすることで、全体の見通しがよくなり、読みやすいプログラムになります。

KISSの原則を守るために（筆者が思う）有効な姿勢を箇条書きの標語にしてみましょう。

- まずは動くものを作り、少しずつ改良していけ
- まず単純なケースを試してみて、それができたら一般化する（第12章で例を見ます）
- 複雑な問題は分解して考えよ
- 速度について考えるのはあとでよい。まずは、わかりやすい単純なコードを書け

8.13　ソフトウェアテスト

　徐々に大規模なシステムを開発するようになると、プロジェクトのメンバーたちと共同で作業を行うようになります。自分のバグが他のメンバーの迷惑になるという事態が発生します。

　ソフトウェアを動くようにする作業は、一人で開発しているときには「デバッグ」と捉えることが多いでしょう。規模が大きくなるにつれて、独立した「ソフトウェアテスト」として、より形式的で大規模な作業として捉えられるようになります。

　この本では詳しく触れませんが、各言語にはテスト用のさまざまなツールが用意されています。たとえば、設定した条件が満たされるか自動的にテストしてくれるツールなどもあり、バグのない（少ない）ソフトウェアの開発のために利用できます。

　この本を読み終わるような段階になったら、テストについても、まずはウェブ検索などで調べてみるのもよいでしょう。

8.14　この章のまとめ

　この章ではデバッグおよびそれに関連した事柄を学びました。要点を箇条書きにしてみましょう。

8

- そもそも、わかりやすく読みやすいプログラムを書くようにするのが大事
- コードが完成したと思っても、もう一度見直しを（初心者のうちはとくに）
- しばらく検討してもバグの原因がわからなかったら、ChatGPTなどに尋ねてみるのもおすすめ
- コードの冒頭に必ず `"use strict";` を指定する
- エラーが起こったら、コンソールのエラーメッセージをチェック
- `<script>`タグの指定などの基本の確認も忘れずに
- 処理系の気持ちになってエラーを探し、エラーメッセージを解釈する
- 途中経過を追うのにデバッガが便利

8.15　練習問題

この章の練習問題は、2問だけですが、次章以降で問題を解くときに、この章で学んだことを活かしてデバッグをしてみてください。

問題8-1 第4章の練習問題4-2の解答例（exercise/prob0402.html）をデバッガを使って1ステップずつ実行し、for文の実行の様子を確認せよ

1. exercise/prob0402.htmlの12行目のfor文の先頭行にブレークポイントを設定する
2. ［実行］→［デバッグの実行］（ショートカット：F5）で実行を開始する
3. 12行目で停止したら、必要ならばブラウザのウィンドウをVS Codeで隠れない位置に移動する
4. ステップインのボタンを押しながら、次を確認する
   - 実行ポイント（カーソルの位置）の移動の様子
   - VS Codeの左側のサイドバーに表示される変数iの値
   - ブラウザの表示内容

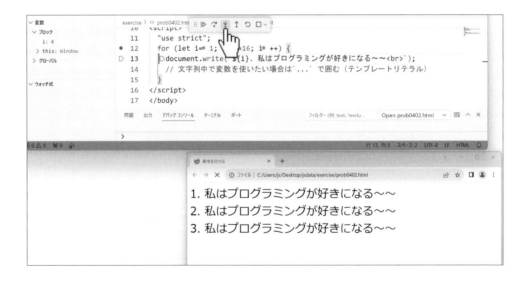

このように、デバッガを使うことで、第4章で説明したfor文の実行の様子を自分の目で確認できます。同じように、ほかのプログラムについても自分の想定どおり動くか、確認しながら実行できます。

問題8-2 第4章の練習問題4-4の解答例（exercise/prob0404.html）をデバッガを使って1ステップずつ実行し、問題8-1と同様、for文の実行の様子を確認せよ

第 9 章

世の中はもの（オブジェクト）で
できている

オブジェクト指向とは

　この章の主題は「オブジェクト」です。英語で書けばobject。日本語に
訳せば「もの」です。
　ここでいう「もの」には、パソコンとかスマホとか、電車とかといった
形のある物理的な「物」だけでなく、「愛」とか「憎しみ」とか「ループ」
とか「関数」などといった、実体のない抽象的な「もの」も含まれます。
　この「オブジェクト」という考え方を中核に据えてプログラムを開発し
ていく手法のことをオブジェクト指向と呼びます。そして、現在使われて
いるほとんどのプログラミング言語はオブジェクト指向の機能を備えて
おり、JavaScriptも例外ではありません。
　まず、この章では動画（ムービー）を例に、プログラミングで使われる
「オブジェクト」について説明します。続いて第10章と第11章でブラウザ
で動作するJavaScriptとオブジェクトの関係を説明します。

この章の課題：動画を交互に再生

動画を 2 つ表示し、5 秒ずつ交互に再生せよ。

● 実行結果

図9.1　2つの動画を交互に再生

ブラウザで表示 ▶ https://musha.com/scjs?ch=0901

● JavaScriptのコード (example/ch0901.html)

```
 1: <!DOCTYPE html>
 2: <html>
 3: <head>
 4:   <meta charset="UTF-8">
 5:   <meta name="viewport" content="width=device-width, initial-scale=1.0">
 6:   <title>動画を交互に再生</title>
 7:   <style>
 8:     .movie {
 9:       width: 45%;            /* 幅45%で表示 */
10:       border-radius: 10px; /* 境界線(border)の角を丸く。半径(radius)10px */
11:     }
12:   </style>
13: </head>
14:
15: <body style="text-align: center;">
16:   <h2>動画を交互に再生</h2>
17:
18:   <div>
19:     <video class="movie" src="movies/no00.mp4" poster="movies/no00.jpg"
20:         muted playsinline>
21:     </video>
22:     <video class="movie" src="movies/no01.mp4" poster="movies/no01.jpg"
23:         muted playsinline>
24:     </video>
25:   </div>
26:
```

```
27: <script>
28:   "use strict";
29:   const movies = document.getElementsByClassName("movie");
30:   // CSSのclass名が"movie"のものを全部集める
31:   // moviesはHTMLCollectionというほぼ配列と同じように扱えるものになる
32:
33:   let playing = 0;              // 再生中の動画。0が左側　1が右側。最初は左(0)
34:   movies[playing].play();       // playingの動画を再生開始
35:   let timerID = setInterval(playOneMovie, 3*1000);
36:   setTimeout(() => { // 第2引数に指定された60秒後に、以下の3行(関数の本体)を実行
37:     clearInterval(timerID);     // 繰り返しのタイマーを止める
38:     movies[0].pause();          // 左側の動画を停止
39:     movies[1].pause();          // 右側の動画を停止
40:   }, 60*1000);  // 60秒後に
41:
42:   function playOneMovie() {  // playingの再生を止め、他方の再生を開始
43:     movies[playing].pause(); // 再生中のもの(playing)をポーズ
44:     playing = 1 - playing;   // playingが1なら0；0なら1になる
45:     movies[playing].play();  // playingを再生
46:   }
47: </script>
48: </body>
49: </html>
```

　このコードを説明する前に、なぜオブジェクト指向という考え方が広く使われるようになったのか、歴史的な経緯を見ておきましょう。

9.1　オブジェクト指向の登場前

　プログラムが動作するコンピュータが開発された当初の目的は、国税調査の統計処理や爆弾の軌道計算といった数字に絡む処理（数値計算）が多く、まさに電子計算機でした。人間とは比べものにならない速度で、いろいろな計算をしてくれる、とても便利な機械が発明されたのです。

図9.2　最初は数値計算に使われることが一番多かった（イラストはOpenAIの「DALL·E 3」が生成）

　その後コンピュータは、徐々にいろいろな分野で使われるようになりました。数値計算以外にもさまざまな用途のプログラムが作成され、筆者が長年携わってきた「翻訳ソフト」の開発も1960年代にはすでに始まっていました。

　そうすると、「プログラムがどうも書きにくい。もっとわかりやすく書ける方法があるのではないか」と考え始めた人たちがいました。

　そういった人たちの中に、世の中は「もの」でできているのだから、「もの」を中心にしてプログラミングすれば、わかりやすいプログラムになるんじゃないだろうかと考えた人たちがいました。「オブジェクト指向」という発想です。

　オブジェクト指向プログラミングにすれば、プログラムを作ること（開発）も、保守（修正や改良）も簡単になるのではないかと考えたのです。

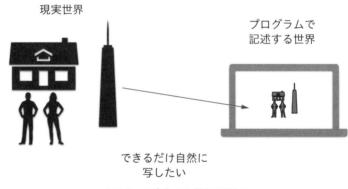

現実世界

プログラムで
記述する世界

できるだけ自然に
写したい

図9.3　オブジェクト指向の考え方

　オブジェクト指向のベースになる考え方は、1960年代から研究が始まりました。SimulaやSmalltalkといったプログラミング言語がその先がけです。

　オブジェクト指向を取り入れたプログラムは、開発や保守が容易になる代わりに高性能のコンピュータが必要でした。当時のコンピュータは現在と比べてかなり遅く、データを記憶できる容量（メモリ容量）もかなり少なかったので、こういった言語を動かすためには最先端の環境が必要でした。このため大学や企業の研究所などで、主に使われていました。

　その後、徐々にコンピュータの速度が上がり、メモリ容量も大きくなってきました。オブジェクト指向に関する研究も進んで、一般に使われる言語もオブジェクト指向の機能をもつものが増えてきました。

　インターネットが広く使われるようになった1990年代になると、本格的なオブジェクト指向言語も一般に使われるようになってきました。

　なかでもJavaやRubyは「オブジェクト指向言語」の代表格といってよいものです。この2つの言語は現在でも広く使われています。

　PythonとJavaScriptも広く使われており、始まりは1990年代です。この2つの言語は、JavaやRubyに比べると少しその度合いは低いのですが、オブジェクト指向の機能を備えています。

　このほかC言語にオブジェクト指向の機能を追加したC++も広く使われています。

　Python、JavaScript、C++はオブジェクト指向の機能を使わなくてもプログラムが書けます。JavaやRubyに比べるとオブジェクト指向の度合いが低いといえるでしょう。

コラム　手続き型言語とオブジェクト指向言語

　前の章までに登場した、変数、分岐、ループ、関数といったプログラミングの概念は、数値計算をするとき、とても便利なので、比較的早く考え出されて使われるようになりました。C言語、Fortran、Pascalなどは、JavaScriptでいうところの関数の集まりとして書かれます。このように関数（これに類似する「手続き」「サブルーチン」なども含む）が集まって、プログラム全体が構成される言語のことを、**手続き型言語**と呼ぶことがあります。

Note

　ここにあげた言語はいずれも関数が集まってプログラムが構成されるので「関数型言語」と呼びたくなるかもしれませんが、「関数型言語」という言葉は、「5.5 数学の関数との比較」で少し説明した「数学的な意味の関数」が、プログラムの単位になる言語の意味で使われています。たとえばLispやHaskellなどといった言語が関数型言語に分類されます。数学的な関数は「同じ引数に対しては必ず同じ値を返す」といった特徴があり、数学的に見て、ある意味きれいな記述ができます。

　少しむずかしい話になりますので、ここではこれ以上の説明は省略します。付録Bにほかの言語を紹介しましたので、参考にしてください。

9.2　オブジェクト指向の中核をなすアイデア ── プロパティとメソッド

　「オブジェクト指向言語」と一括りにしますが、言語によって違いがあります。しかしその中心に「オブジェクト」があることは共通です。

　そして、オブジェクトを次の2つの側面から捉えるというのもオブジェクト指向言語で共通です。

1. そのオブジェクトがどんな性質をもつか
2. そのオブジェクトがどんな動作をするか

　たとえば、テレビを扱うプログラムを書くとして、テレビを表現するオブジェクトを記述するとしましょう。

　テレビの「性質」（あるいは「属性」）としては、たとえば次のようなものが考えられます。

- スイッチが入っているかどうか
- 何チャンネルを表示しているか[注1]
- 音量はいくつか

　そして、テレビに関連する「動作」としては、たとえば次のようなものが考えられます。

- スイッチを入れる
- チャンネルを選択

注1　話を簡単にするために、地上波だけしか映らないテレビを考えておきましょう。

- 音量をセット

これらをひとまとめにして、「テレビオブジェクト」を表すひとつの変数で扱えるのです。

配列も複数のものをまとめて扱えますが、0から順番に、基本的には同じようなものが並んでいるだけです。一方、オブジェクトの場合は、質が違ういろいろな情報をひとまとめにして扱えす。

たとえば、**tv1** という変数で、上記の属性や動作をもつテレビに関する情報をすべて記憶できるわけです。

プロパティ

さて、オブジェクトのもつ性質のほうはオブジェクトに付随する「変数」を使って記憶し、次のように「**.**」（ドット）を使って表記します。

- スイッチが入っているかどうか —— **tv1.スイッチオン**
- 何チャンネルを表示しているか —— **tv1.チャンネル**
- 音量（ボリューム）はいくつか —— **tv1.ボリューム**

このようなオブジェクトに付随する変数（性質を表すもの）は**プロパティ**と呼ばれます。たとえば、tv1のボリュームが20であることを記憶するには次のようなコードを書きます。

```
tv1.ボリューム = 20;
```

tv1 がオブジェクトで、その「**ボリューム**」プロパティの値は20というわけです。

同じようにスイッチが入っているかどうかは次のように表現します。

```
tv1.スイッチオン = true; // true（「真」）ならばスイッチが入っている
```

実は、JavaScriptではオブジェクト（のプロパティ）を次のようにまとめて定義できます。

```
let tv1 = {
  スイッチオン: true,
  チャンネル: 8,
  ボリューム: 20
}
```

「名前」のあとに「**:**」を書いて、その後に「値」を書けばよいのです。それを「**,**」で区切って並べ、全体を「**{**」と「**}**」でくくれば、オブジェクトの定義になります。

このように書くことで、tv1というテレビはスイッチがオンになっていて、8チャンネルを表示していて、ボリュームが20になっている状況を表現（記憶）できるわけです。

メソッド

一方、オブジェクトの動作のほうは「関数」を使って表します。このような、オブジェクトに付随する関数のことを**メソッド**と呼びます。

　たとえば、テレビ**tv1**のスイッチを入れ、チャンネルを8に、音量を22にセットするには、次のようにメソッドを連続して呼び出せばよいのです。

```
tv1.スイッチを入れる();
tv1.チャンネルを選択(8);
tv1.音量をセット(22);
```

　実は、オブジェクトのメソッドも、上でみたプロパティと同じように「名前:値」で定義できます。
　次のJavaScriptのコードを見てください。これがオブジェクト**tv1**の定義全体です。

```
let tv1 = {
  スイッチオン: true,
  チャンネル: 8,
  ボリューム: 20,

  スイッチを入れる: function() {     // メソッド「スイッチを入れる」の定義
    tv1.スイッチオン = true;
  },
  チャンネルを選択: function(n) {     // メソッド「チャンネルを選択」の定義
    tv1.チャンネル = n;
  },
  音量をセット: function (n) {        // メソッド「音量をセット」の定義
    tv1.ボリューム = n;
  }
}
```

　まず、メソッド「**スイッチを入れる**」の定義を詳しく見てみましょう。

```
  スイッチを入れる: function() {
    tv1.スイッチオン = true;
  }
```

　この定義は次の3つの部分に分かれます。

　　1. スイッチを入れる
　　2. :（コロン）
　　3. function() {tv1.スイッチオン = true;}

　このうちの3.は第6章で見た「無名関数」の定義なのです。この文は「**スイッチを入れる**」という名前のプロパティが、「値としてこの無名関数をもつ」ことを定義しています。
　残りの2つ「**チャンネルを選択**」と「**音量をセット**」も同様で、これらは「プロパティの名前」で、「**:**」のあとにある無名関数が「プロパティの値」なのです。

> **▶Note**
>
> 　多くのオブジェクト指向言語では、プロパティの定義方法とメソッドの定義方法が違います。これに対して JavaScript では、この 2 つを同じ形式で定義します（JavaScript のほうが例外的です）。メソッドもほかのプロパティと同じ形式で定義できるので、じつは厳密にいうと、「JavaScript ではメソッドもプロパティの一種」として扱われます。
>
> 　そうはいってもオブジェクトに付随する関数のことを「メソッド」と呼ぶ場合もあります。また、「プロパティ」という言葉で「（メソッドではない）一般の値をもつプロパティ」を意味する場合もあります。JavaScript でも、このあたりは厳密に区別はされていません。JavaScript のメソッドのことを「メソッドプロパティ」（プロパティだけれども関数であるもの）と呼ぶ場合もあるようです。

　メソッドの定義方法も見てしまいましたが、初心者のうちは、すでに JavaScript の処理系が定義してくれてあるオブジェクトの使い方を覚えるのが先決です。

　そこでこの章の例題に登場した動画（ムービー）を、最初の例として見てみましょう。

 ## 9.3　動画オブジェクト

　動画（ムービー）の性質（プロパティ）としては、たとえば次のようなものが考えられます。

- 横幅
- 高さ
- 長さ（時間）
- 状況（再生中か停止中か）
- 現在の再生位置
- 音量（ボリューム）

　そして、ムービーに関連する動作（メソッド）としては、たとえば次のようなものが考えられます。

- 再生開始
- 再生停止
- 再生位置を移動
- 音量の変更

　mv1 という変数に記憶された動画オブジェクトがあるとします。すると「mv1.横幅」で mv1 の横幅を、「mv1.高さ」で mv1 の高さを表現し、「mv1.再生開始()」で再生を開始するといったように決めることができます。

　ただ、ブラウザに付随する JavaScript の処理系は世界中の人が使いますから、関数などの名前に日本語を使うわけにはいきません。そこで、たとえば動画オブジェクトに関しては、次のように英語の名前が付けられています（最近は世界中のいろいろな組織が協議して JavaScript の規格を決めています）。

- 横幅 ── `mv1.videoWidth`（ピクセル単位）

- 高さ ―― mv1.videoHeight（ピクセル単位）
- 長さ（時間）―― mv1.duration（秒単位）
- 状況（再生中か停止中か）―― mv1.paused（true か false）
- 現在の再生位置 ―― mv1.currentTime（秒単位）
- 音量 ―― mv1.volume（0以上1以下の小数）

また、次のメソッドが用意されています。メソッド（関数）であることをわかりやすくするために名前の最後に ( ) を付けておきましょう。メソッドではないプロパティについては ( ) がつきません。

- 再生開始 ―― mv1.play( )
- 再生停止 ―― mv1.pause( )

「再生位置を移動」と「音量の変更」に相当する関数は用意されていません。その代わり「現在の再生位置」を表すmv1.currentTimeと、「音量」を表すmv1.volumeが「代入可能」になっています。
どういうことかというと、

```
mv1.setCurrentTime(30); // ×「再生位置を移動」に対応する関数はない
```

と書く代わりに、次のように現在位置を表す秒数を変数に代入します。

```
mv1.currentTime = 30;
```

性質を表す変数に値を代入してしまえば、その値が反映されるように状態が変化するというわけです。
たとえば、次の2つの文を実行すると「再生ヘッド」が30秒のところに移動し、音量が0.6にセットされます。

```
mv1.currentTime = 30;
mv1.volume = 0.6;
```

音量をセットする関数を作っても悪くはなかったのですが、そうはしなかったわけです。

9.4　例題のコード

ここまでの説明を理解していただけば、この章の課題のコードは、「読める」のではないかと思います。そうはいっても少し説明を加えておきましょう。

動画を表すタグ

このウィンドウに表示されるのは2つの動画です。この章の課題のコード（example/ch0901.html）では、HTMLのコードでこの動画を表示しています。18行目から25行目までの次のコードです。

```
18: <div>
19:   <video class="movie" src="movies/no00.mp4" poster="movies/no00.jpg"
20:       muted playsinline>
21:   </video>
22:   <video class="movie" src="movies/no01.mp4" poster="movies/no01.jpg"
23:       muted playsinline>
24:   </video>
25: </div>
```

`<div>`...`</div>`は、部分をまとめるためのHTMLコードです。じつはこの`<div>`と`</div>`はなくても変わらないのですが、「ここが動画を表示する部分ですよ」とまとめる役目をしています（第12章で作るこの例の拡張版ではこの`<div>`...`</div>`が意味をもってきます）。

`<div>`...`</div>`の組は、2組の`<video>`...`</video>`を含んでいます。そして`<source src= "...">`が動画のファイルの場所を示します。

どちらの動画も`movies`フォルダの下にあって、`no00.mp4`と`no01.mp4`という名前がついています。

2つの`<video>`タグには、次の5つの属性（付加的な情報。第2章の「2.1 関数`document.write`」の「HTMLメモ」参照）が付いています。

- `class="movie"` —— class指定。スタイル指定と一緒に用いて共通の性質を記述するために用いる（後ほど詳細）
- `src="movies/no00.mp4"` —— 動画の指定
- `poster="movies/no00.jpg"` —— ポスターイメージの指定。再生前に動画の代わりに表示
- `muted` —— 動画の再生時に音声を出さないことを指定（後ほど詳細）
- `playsinline` —— 動画を「インライン」で再生することを指定。スマートフォンでは、この指定がないと自動再生ができない）

クラス指定

`class`属性は、スタイル指定と一緒に用いて共通の性質を記述するために用います。

この動画のクラス`movie`がどのようなものかは`head`部の`<style>`...`</style>`の部分にある次のコードに書かれています。

```
 7: <style>
 8:   .movie {
 9:     width: 45%;          /* 幅45%で表示 */
10:     border-radius: 10px; /* 境界線(border)の角を丸く。半径(radius)10px */
11:   }
12: </style>
```

`head`部の`<style>`...`</style>`の中に、このようなクラス指定や、IDによる指定、それから各タグの表示方法の指定などを書けます（これから、いろいろと出てきます）。

ここではまずクラス指定を説明しましょう。8行目の「`.movie{`」から11行目の「`}`」までが、クラス`movie`の指定です。クラス名`movie`の前に「`.`」（ピリオド）を打ってクラス指定であることを示しています。

それに続く9〜10行目が具体的なスタイルの指定です。コメントで説明を書いたように、各動画の幅は

45%、角が10pxの半径で丸くなります。

図9.4　2つの動画を交互に再生（図9.1と同じ）。widthに45%、border-radiusに10pxを指定

比較のために`.movie`を次のように指定した場合を考えてみましょう。

```
.movie {                 /* CSSのクラス movie の定義 */
  width: 30%;            /* 横幅は30% */
  border-radius: 50px; /* 角が半径50pxの丸になる */
}
```

すると、次のように各動画が横幅の30%で表示されますし、縁がかなり大きく削られます。

図9.5　widthに30%、border-radiusに50pxを指定

なお、上のコードは合計4行を使っていますが、これを次のように1行で書くこともできます。

```
.movie { width: 30%; border-radius: 50px; } /* × お勧めではない書き方 */
```

どちらも文法的には問題ありません。「;」や「:」などがあるので、処理系にとっては区切りは明確です。
しかし、プログラムのコードと同様、1行ずつ機能が分かれていたほうが読みやすいですし、修正も楽でしょう。あとからコメントで説明を追加することもできます。

> ⓘ **Information**
>
> ### » プログラミング オススメの習慣
>
> プログラミングをマスターするコツをひとつお教えしましょう。それは「自分でいろいろ変更して試してみる」ことです。
>
> たとえば、上の説明を読んだら実際に「width: 30%」にして試してみてください。また、「border-radius: 50px」にして試してみてください。
>
> それから、ほかの値でも試してみてください。自分なりに考えて、「こうしたらどうなるんだろう」「このぐらいの数値のほうが見栄えがするなあ」などと試してみると、徐々にプログラミングが楽しくなってきます。
>
> この章の課題のファイルはexample/ch0901.htmlにありますが、このファイルをコピーして、たとえばexample/ch0901m.html（あるいはexample/ch0901me.html）といったファイルを作りましょう（mはmodification［修正、変更］の意味）。このファイルをいろいろいじってみてください。オリジナルch0901.htmlはそのままにしておいて、いろいろ変更して動かなくなったらオリジナルを参照しましょう。
>
> 以下の例題や練習問題も「お試し用のコピー」を作って、いろいろと試しながら読み進めていってください。

muted属性

videoタグにあるmutedの指定は、動画再生時に（最初は）音声を出さないことを指定するものです。

```
19: <video class="movie" src="movies/no00.mp4" poster="movies/no00.jpg"
20:        muted playsinline>
21: </video>
```

mutedの指定がないと、ページを表示してすぐに再生を開始できません。ユーザーがクリックなどをすれば音声付きで再生できますが、この例題ではページを表示すると同時に再生を開始したかったので、mutedを指定しました[注2]。mutedを指定しておけば、どのブラウザでも（サウンドなしではありますが）再生を始められます。

交互に再生

ここまでのHTMLコードで、動画が2つ表示されました。あとは動画を再生する部分をJavaScriptのコードで書きましょう。28行目から46行目までのコードです。

```
28: "use strict";
29: const movies = document.getElementsByClassName("movie");
30: // CSSのclass名が"movie"のものを全部集める
31: // moviesはHTMLCollectionというほぼ配列と同じように扱えるものになる
32:
33: let playing = 0;                // 再生中の動画。0が左側　1が右側。最初は左(0)
34: movies[playing].play();        // playingの動画を再生開始
35: let timerID = setInterval(playOneMovie, 3*1000);
36: setTimeout(() => {             // 第2引数に指定された60秒後に、以下の3行(関数の本体)を実行
37:   clearInterval(timerID);      // 繰り返しのタイマーを止める
38:   movies[0].pause();           // 左側の動画を停止
```

注2　ch0901m.htmlのファイルを使ってmutedを削除してからChromeで実行してみてください！　動画が再生されなくなるはずです。そして、コンソールにエラーメッセージが表示されます。

```
39:   movies[1].pause();          // 右側の動画を停止
40: }, 60*1000);                  // 60秒後に
41:
42: function playOneMovie() {      // playingの再生を止め、他方の再生を開始
43:   movies[playing].pause();     // 再生中のもの(playing)をポーズ
44:   playing = 1 - playing;       // playingが1なら0; 0なら1になる
45:   movies[playing].play();      // playingを再生
46: }
```

　この章からは例題のコードを英語の識別子（変数名や関数名など）を使って書いています。皆さんが他人のコードを読む時は識別子は英語で書かれていることが多いでしょうから、徐々に慣れていきましょう。

　コメントを読んでいただけば概要はわかると思いますので、キーポイントだけ説明します。

　一番重要なのは次のコードです。

```
29: const movies = document.getElementsByClassName("movie");
```

　コメントに書いてあるように、クラス名が "movie" という名前のもの（この場合は動画を表すオブジェクト）を集めて movies という定数に記憶しています。このメソッドはその名前からわかるように「ドキュメント領域（document）にあるものの中から、クラス名（ClassName）、によって（By）、要素（Elements）をゲットする（get）」という役目をします[注3]。

　movie というクラスを指定しているのは先ほど見た、19行目と22行目の video タグのコードです。ですから、no00.mp4 と no01.mp4 の動画を表すオブジェクトが movies という定数に記憶されます。

　この movies は HTMLCollection というもので、ほとんど配列と同じように扱えます。配列と同じように、movies[0] で1番目の動画、movies[1] で2番目の動画に関する情報を記憶しています。

> **📗Note**
>
> 　HTMLCollection について、細かい話をするとかなりややこしくなるので、詳細は省略しますが、配列とほぼ同じように扱えるという点を覚えておいてください。
>
> 　たとえば次のウェブページに詳しい説明があります —— https://musha.com/scjs?ln=0901 。ただ、説明はかなり難しいので、「棚上げ」（第1章のコラム参照）しておいて、JavaScript に関する知識を深めてから改めて読解に挑戦するのがよいかもしれません。

　play（再生）や pause（停止）は、「9.3 動画オブジェクト」で見た動画を表すオブジェクトに用意されているメソッドです。したがって、次の2行のコードを実行すると左側の動画の再生が始まります。

```
33: let playing = 0;              // 再生中の動画。0が左側 1が右側。最初は左(0)
34: movies[playing].play();       // playingの動画を再生開始
```

　次の文は第6章で見たタイマーの構文です。3秒（3000ミリ秒）ごとに playOneMovie という関数を呼び出します（ひとつの動画を1回に再生する時間は3秒。関数 playOneMovie の処理はコメントを読んでください）。

注3　第11章の「11.1 document オブジェクトのメソッド」で、このメソッドの「位置づけ」を説明しますので、そちらも参考にしてください。

```
35: let timerID = setInterval(playOneMovie, 3*1000);
```

関数setTimeoutは第6章で登場しましたが、復習しておきましょう。

```
36: setTimeout(() => {  // 第2引数に指定された60秒後に、以下の3行（関数の本体）を実行
37:   clearInterval(timerID);  // 繰り返しのタイマーを止める
38:   movies[0].pause();       // 左側の動画を停止
39:   movies[1].pause();       // 右側の動画を停止
40: }, 60*1000);  // 60秒後に
```

この関数はsetIntervalのように繰り返しはせずに、一度だけで終了します。第2引数に指定してある時間（この場合60秒）が経過したら、第1引数に指定されている関数を1度実行して終了します。

setTimeoutの第1引数はアロー関数（第6章参照）の定義で、37〜39行目の文を実行します。

37行目は35行目で実行を開始されたタイマーを停止するものです。timerIDで停止するタイマーを指定しています。

その下の2行は動画を停止するものです。2つの動画を順に停止しています。まあ、交互に再生しているのでどちらかは止まっているはずですが、停止しているものに再度pauseをしても状態は変わりませんので、このコードで大丈夫です。

第12章の練習問題では、「イベント処理」と関連させて、この章の例題の拡張版を作りますので、お楽しみに。

9.5　この章のまとめ

オブジェクト指向とはどのような考え方なのかを説明しました。次の2点はしっかりと記憶しておいてください。

- わかりやすいプログラムを書くために生まれた概念
- オブジェクト＝それに関連する「変数（プロパティ）＋関数（メソッド）」の集まり

オブジェクトの扱いは言語によって少しずつ違いますが、オブジェクトの性質（プロパティ）と動作（メソッド）をまとめて表すことができるという点は共通です。JavaScriptの場合、（厳密にいえば）メソッドもプロパティの一種として扱われます（「名前：値」という同じ形式で表現されます）。

ウェブページに表示される動画を表すオブジェクトを使って、プロパティやメソッドを利用する例を見ました。次章では、動画だけでなく、ウェブブラウザのJavaScriptがあらかじめ用意してくれている、さまざまなオブジェクトについて紹介します。

9.6　練習問題

　この章の練習問題では、「オブジェクト」の基本的な性質を理解するための問題を解いていただきます。動画関連の問題は、イベント処理と関連させたほうが面白いので、第12章にまとめました。しばらくお待ちください。

　解答例は、第1章でダウンロードしたフォルダの jsdata/exercise に入っています。

問題9-1 ダイアログボックスに英単語を入力すると、その日本語訳をドキュメント領域に表示する、「辞書」ページを作れ。単語数は5語以上とする。辞書にない単語を入力したら「わかりません」と表示する 写経

```
このページの内容
英単語を入力してください
book
                    キャンセル    OK
```

　　　　　　"book" の日本語の意味は「本」です。

```javascript
"use strict";
const 英和辞書 = {
  library: "図書館",   mountain: "山",   river: "川",
  bug: "虫",           warrior: "武者",  knight: "騎士",
  star: "星",          moon: "月",        ant: "蟻",
  elephant: "象",      bird: "鳥",        book: "本"
};

/*
  「英和辞書」オブジェクトの「library」プロパティの値が "図書館" になる。

  次のように書くこともできる（ただし、上のほうが簡単）
  let 英和辞書 = [];    // 「let 英和辞書 = new Array();」でもOK
  英和辞書['library'] = "図書館";
  英和辞書['mountain'] = "山";
  ...
  英和辞書['book'] = "本";
*/

let 英単語 = prompt("英単語を入力してください", "");
// console.log(英単語);   // デバッグ用
let 日本語 = 英和辞書[英単語];
```

```
let message;
if (! 英単語) {  // 何も入力されないと 英単語 の値は""となり「偽」と判定される
  //「!」がつくと反対になるので、ifの条件は「真」となる
  // 何も入力されなかった場合
  message = "英単語を入力してください。"
}
else if (日本語) {
  message = `"${英単語}" の日本語の意味は「${日本語}」です。`;
}
else {
  message = `"${英単語}"の日本語の意味はわかりません。すみません。`;
}
document.write(message);
```

> **Note**
>
> 英和辞書["book"]のように、配列の添字（インデックス）に文字列を指定するもののことを、「連想配列」「辞書」「ハッシュテーブル」などと呼び、多くの言語で使えるようになっています。JavaScriptの場合は、オブジェクトのプロパティを使って連想配列が実現できます。
>
> オブジェクトのプロパティなので、「英和辞書["book"]」を「英和辞書.book」と書いても同じです。

問題9-2 問題9-1で作った英和辞書の項目の「英単語と訳語」のペアを、ドキュメント領域とコンソールにすべて書き出すプログラムを作成せよ 写経

コード例

```
"use strict";
const 英和辞書 = {
  library: "図書館",  mountain: "山",  river: "川",
  bug: "虫",         warrior: "武者",  knight: "騎士",
  star: "星",        moon: "月",       ant: "蟻",
  elephant: "象",    bird: "鳥",       book: "本"
};

for (const 英単語 in 英和辞書) { // 英和辞書のすべての「名前」について実行する
  document.write(`${英単語}: ${英和辞書[英単語]}<br>`); // 改行するのに<br>が必要
  console.log(`${英単語}: ${英和辞書[英単語]}`); // こちらは自動的に改行する
}
```

> ▶**Note**
>
> 上のコードの「for (const 英単語 in 英和辞書) {...}」のコードは別の種類のfor文です。
>
> オブジェクト「**英和辞書**」のすべてのプロパティについて、順番にfor文の本体部分{...}を実行します。その結果、library、mountain、…、bookに関して、自分自身（プロパティ名、英語）とその値（日本語訳）がすべて表示されます。
>
> なお、表示される順番は不定です（決まっていません）。重要なのは対応関係であって、普通の配列と違って何番目に表示されるかは本質的ではありません。
>
> 第7章の問題7-1で見た、for ... ofの構文は、配列の各要素についてループするものでしたが、for ... inの構文は対象がオブジェクトです。

9

問題9-3 問題9-2で作った英和辞書の項目の「英単語と訳語」のペアを逆にして、和英辞書を作れ

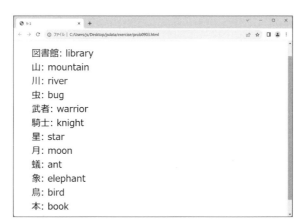

```
"use strict";
const 和英辞書 = {
  library: "図書館",  mountain: "山",  river: "川",
  bug: "虫",         warrior: "武者",  knight: "騎士",
  star: "星",        moon: "月",       ant: "蟻",
  elephant: "象",    bird: "鳥",       book: "本"
};
```

```
const 和英辞書 = {};
for (const 英単語 in 英和辞書) {
  const 日本語 = 英和辞書[英単語];
  和英辞書[日本語] = ●●; //← ●●を変更する！
  document.write(`${日本語}: ${和英辞書[日本語]}<br>`);
}
```

問題9-4 次のようにあいさつを表示せよ

- 午前5時以降11時より前のときは「おはようございます」
- 午前11時以降、午後6時より前のときは「こんにちは」
- それ以外のときは「こんばんは」

 ヒント ···

- Date オブジェクトを使う（システムにあらかじめ組み込まれている）。使い方は次のコードを参照
- パソコンのタイムゾーン（時間帯）を変更すると現在時刻が変わるので、今の時刻だけでなく他の時刻でもうまくいくか試せる

```
const now = new Date();          // 日時を表すオブジェクト。システムが用意してくれている
const hour = now.getHours(); // 「時」(24時間制)を返す
if (5 <= hour && hour<11) {  // 5:00から11:00前まで
  document.write("...");
}
else if (11<=hour && hour<18) { // 11:00から18:00の前まで
  ...
}
...
```

問題9-5 現在の年月日、曜日、時刻（秒まで）を表示せよ

現在 2023年11月10日（金曜日）21時7分13秒です。

 ヒント ···

- Date オブジェクトのメソッドを使う

```
// それぞれ数字を返す
// ★★月は、0で1月、1で2月、....、11で12月を表すので注意！★★

const now = new Date();              // nowは現在時刻を表す
const year = now.getFullYear();    // 年
const month = now.getMonth();      // 0: 1月  1: 2月 ... ★注意！★
const date = now.getDate();        // 日
const dayOfTheWeek = now.getDay(); // 0:日曜 1:月曜 2: 火曜 ...
const hour = now.getHours();       // 時 (24時間制)
const minute = now.getMinutes();   // 分
const second = now.getSeconds();   // 秒
```

第10章

ブラウザの中身は全部オブジェクト

前の章でオブジェクト指向の考え方について説明しましたが、じつはブラウザに表示されるものはすべてオブジェクトとして表現されています。ブラウザが提供してくれるオブジェクトのプロパティやメソッドを利用して、さまざまな操作ができるようになっているのです。

この章の課題は「スライドショー」です。

この章の課題：スライドショー

画像を順に表示するスライドショーを作れ

● 実行結果

画像が2秒おきに更新されて、最初の1枚を含め合計8枚表示されます。

図10.1　スライドショー

ブラウザで表示　`https://musha.com/scjs?ch=1001`

● JavaScriptのコード (example/ch1001.html)

```
 9: <body>
10:   <div style="text-align: center;">
11:     <h1>スライドショー</h1>
12:     <img src="pictures/picture000.jpg" style="width: 80%;">
13:   </div>
14:
15: <script>
16:   "use strict";
17:   const lastPictNum = 7; // 最後の画像の番号（何番まで表示するか）
18:   let pictNum = 1; // 画像の番号。0はすでに表示されているので1から
19:   let timerID = setInterval(changePict, 2*1000); // 2秒ごとにchangePictを
   呼出し
20:
21:   function changePict() { // 画像を変える関数
22:     document.images[0].src = `pictures/picture00${pictNum}.jpg`; // 画像
   を変更
23:     pictNum++; // 画像の番号を1増やす
24:     if (lastPictNum < pictNum) { // 最後の画像の番号を超えていたら
25:       clearInterval(timerID);    // タイマーを止めて終了
26:     }
27:   }
28: </script>
29: </body>
```

10.1　ブラウザとオブジェクト

　HTML文書がブラウザに読み込まれるとブラウザの処理系によって、オブジェクトの集まりに変換されます。それが決められた方法でブラウザのウィンドウに表示されているのです。そしてJavaScriptを使うことで、ブラウザ内のオブジェクトをさまざまに操作できます。

　図10.2の左側のように、ブラウザに画像がひとつ表示されているとしましょう。

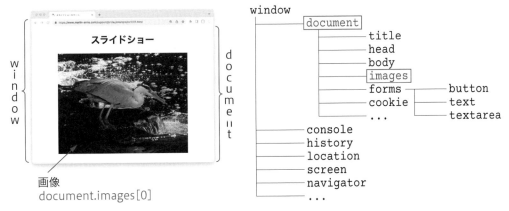

図10.2　ブラウザのオブジェクト

　このとき、全体のウィンドウに対応する window というオブジェクトがあり、これを使ってウィンドウに関する操作を行ったり、document というオブジェクトでドキュメント領域の内容を操作したりできます。

　この例題で操作する画像について具体的に見てみましょう。画像はドキュメント領域にありますので、document というオブジェクトの images というプロパティに記憶されることになっています。この例題では画像がひとつだけですが、複数の画像が使われる場合もあるので、images と複数形になっています。そしてこれは、前の章で使った movies と同様に HTMLCollection になります。movies の場合と同様、配列とほぼ同じように扱えますので、document.images[0] で最初の画像、document.images[1] で2番目の画像というように JavaScript のコードからアクセスできます。

10.2　コードの解説

　では、上のスライドショーのコードを見ていきましょう。
　まず、HTML部分です。

```
<div style="text-align: center;">
  <h1>スライドショー</h1>
  <img src="pictures/picture000.jpg" style="width: 80%;">
</div>
```

全体が <div>...</div> で囲まれてまとまりになっていて、style="text-align: center;" が

指定されているので、囲まれている要素がすべてセンタリング（中央揃え）されます。

　<h1>...</h1>は見出しですね。

　その下は<img>タグでpictures/picture000.jpgのファイルを横幅（width）80%で表示しています。widthだけを指定すると、高さ（height）のほうは同じ割合で縮小してくれます。

　このHTMLコードだけだと単に画像が表示されて終わりですが、16行目からのJavaScriptのコードでこの画像を2秒ごとに変更しています。

```
"use strict";
const lastPictNum = 7;  // 最後の画像の番号（何番まで表示するか）
let pictNum = 1;        // 画像の番号。0はすでに表示されているので1から
let timerID = setInterval(changePict, 2*1000); // 2秒ごとにchangePictを呼出し

function changePict() {            // 画像を変える関数
  document.images[0].src = `pictures/picture00${pictNum}.jpg`; // 画像を変更
  pictNum++;                        // 画像の番号を1増やす
  if (lastPictNum < pictNum) {  // 最後の画像の番号を超えていたら
    clearInterval(timerID);        // タイマーを止めて終了
  }
}
```

　全体の流れは第6章のカウントダウンのものとよく似ており、2秒おきにchangePictという関数を呼び出します。setIntervalの第1引数は無名関数にしてもよいのですが、（初心者のうちはとくに）名前付きの関数を定義してその名前を指定するほうがわかりやすいでしょう。

　関数changePictの先頭（22行目）が画像を変更するコードです。document.images[0]にはこのページの唯一の画像に関する情報を保持しているオブジェクトが記憶されています。このオブジェクトにはsrcというプロパティがあります。この値を見れば現在表示されている画像のファイル名（あるいはURL）がわかりますが、それだけでなくこのプロパティに別のファイル名を代入することで画像の変更もできます。

　あとは画像の番号を増やして、その結果次の画像を表示する必要がなければタイマーを停止して、画像の変更を終了します。

　このようにdocument.imagesを使って画像に関する操作が行えます。このほかにもたくさんのオブジェクトがありますので、次の節から代表的なものをいくつか見ていきましょう。

10.3　windowオブジェクト

　図10.2に示したように、ブラウザ関連のオブジェクトのトップにはwindowがあります。まず、このオブジェクトについてみましょう。

windowのメソッド

　windowオブジェクトについては、まずメソッドから見ましょう。じつは、すでに紹介済みのものがいくつかあるのです。

　すでに紹介した次のメソッドは、いずれもwindowオブジェクトに付属している関数（メソッド）です（思い出していただくために、引数にわかりやすい名前をつけておきました）。

- alert(メッセージ)
- prompt（メッセージ，デフォルト）── 問題7-8参照
- setInterval(関数，時間)
- clearInterval(タイマー ID)
- setTimeout(関数，時間)

　トップレベルの window は省略できることになっているので、ほとんどの場合省略されますが、たとえば「window.alert("こんにちは");」のように書いても問題なく実行されます（コンソールで試してみてください！）。
　このほか、alert と似た次のメソッドもあります。

- confirm(message) ── ダイアログボックスに message を表示し、[OK] あるいは [キャンセル] のボタンを押すことで、true あるいは false を戻します

windowのプロパティ

　次に、window オブジェクトのプロパティを紹介しましょう。

- innerWidth ── 内側（ビューポート）の幅
- innerHeight ── 内側（ビューポート）の高さ

　たとえば、次のコードを実行すると現在のウィンドウで表示できる領域の幅と高さがダイアログボックスに表示されます。

10

```
alert(`幅:${window.innerHeight}px 高さ:${window.innerWidth}px`);
```

　そして、次を実行するとコンソールに表示されます。

```
console.log(`幅:${window.innerHeight}px 高さ:${window.innerWidth}px`);
```

　どちらも HTML ファイルを作ってそこで試してもよいですし、コンソールを表示して試すこともできます。この章の課題（example/ch1001.html）を実行したあとで、デバッグコンソールで console.log を実行した例を図10.3に示します。この例では「幅 : 635px 高さ : 813px」と表示されています。
　どちらのプロパティも使うときは window. を省略できますが、一般の変数とまぎらわしくなるので、window. をつけて使う方がよいでしょう。

図10.3　console.logにウィンドウ内部の大きさを表示

　幅や高さはいずれもピクセル数を表す単純な数値（整数）ですが、windowのプロパティにはもっと複雑なもの（オブジェクトになっているもの）もあります。

　次のオブジェクトもwindowオブジェクトのプロパティになっています。これら自身もオブジェクト[注1]なので、さまざまなプロパティ（メソッドを含む）をもっています。

- document ── 現在のウィンドウまたはタブで表示されている文書の内容。ドキュメント領域に表示される内容を管理するもので、もっとも重要なオブジェクトといってもよいものです。そのため、章をあらためて第11章で詳しく説明します
- console ── コンソールに関するもの
- location ── URLやホストなどに関連するもの
- history ── 履歴に関係するもの
- navigator ── ユーザーが利用中の言語やブラウザのバージョン、機器の種類など

　いずれも使うときは、トップレベルにある window. を省略できる約束になっています。

10.4　ブラウザのJavaScriptで扱えるオブジェクトの種類

　これからwindowの下にある他のオブジェクトについても紹介しますが、その前にJavaScriptのオブジェクトの種類（由来）について説明しておきます。

　少しややこしい話ですが、ブラウザのJavaScriptで扱えるオブジェクトには次の3種類があります。

注1　厳密にはオブジェクトそのものではなく、オブジェクトの「参照」になっているものもあります。「参照」の場合、実体は他のところに記憶されているのですが、参照によってその実体に記憶されている値やメソッドを利用できます。したがって、当面、参照であるかどうかを意識する必要はないでしょう。

1. **JavaScript 組み込みのオブジェクト** —— どの JavaScript にも含まれるもの。Node.js などブラウザ以外の JavaScript でも使える。例：`Math`（`Math.random` は `Math` オブジェクトのメソッド）、`Date`（第9章の練習問題で見た日付を表すオブジェクト）

2. **BOM（ブラウザオブジェクトモデル）のオブジェクト** —— ブラウザのウィンドウやその他の関連要素を表すためのオブジェクト。例：`window`、`console`、`history`

3. **HTML DOM（ドキュメントオブジェクトモデル）のオブジェクト** —— HTML 文書の構造と内容を表現するためのオブジェクト。次の2種類がある

   - HTML 文書の構造を直接反映するもの
   - HTML 文書の内容から特定の種類の要素（の集合）を表すもの

　1. の JavaScript 組み込みのオブジェクトは、2. や 3. とは独立して存在していますので、話としては単純です。それに対して、2. と 3. は**図10.4**のように一部が交差する関係になっています。

　BOM は `window` オブジェクトをトップとして、（表示されるドキュメントというよりは）ブラウザ自体に直接関連するオブジェクトで構成されています。このため、ブラウザによって若干違いがあります。たとえば `window.fullScreen`（そのウィンドウが全画面になっているかどうかを表す）は、Firefox では定義されていますが、Chrome、Edge、Safari では定義されていません。

　DOM は HTML 文書の内容に関する情報を保持しているものです。`document` オブジェクトをトップとして、文書の内容に関する情報をもつプロパティや表示されている要素を操作したりするためのメソッドが集まっています。DOM に含まれるオブジェクトは標準化されており、最近ではどのブラウザについても同じように動作するようになっています（これに対して、BOM には「標準」はありません。このためブラウザによって違うところがあります）。

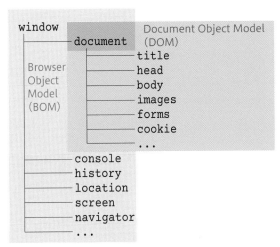

図10.4　BOM と DOM

　`document` はどちらにも含まれており、仲介役のような役割をしています。BOM の `window.document` は DOM の `document` オブジェクトを指しています。したがって、たとえば `window.document.images` と書いても `document.images` と書いても同じものを指すことになります。

最初のうちは、BOMとDOMの違いをあまり厳密に区別する必要はないでしょう。まずは、よく行う操作で、どのオブジェクトのどのプロパティやメソッドを使えばよいかを把握しましょう。

それでは、windowの下位のオブジェクトの説明に戻ります。一番大事なのは、documentオブジェクトですが、これはとても重要なので次章でしっかり説明することにして、この章ではwindowの直下にあるその他のオブジェクトのうちのいくつかを紹介します。

10.5　window.console ── コンソール関係の処理をするオブジェクト

第8章などで紹介したconsoleもwindowのプロパティ（子オブジェクト）で、次のようなメソッドをもっています。

- console.log(message) ── コンソールにメッセージなどを表示
- console.clear() ── コンソールを消去
- console.table(object) ── objectを表（table）形式で表示
- console.time("timer1") ── timer1という名前のタイマーを開始
- console.timeEnd("timer1") ── timer1という名前のタイマーを終了して経過時間を表示

次のコードで上のメソッドをすべて使ってみました（example/ch1002.html）。なお、この例ではアロー関数の「短縮形」も使っています（27行目など。「6.7 アロー関数」参照）。

```
16: "use strict";
17:
18: const tv1 = { // オブジェクト tv1の定義(8章参照)
19:   スイッチオン: true,
20:   チャンネル: 8,
21:   ボリューム: 20
22: }
23: alert("コンソールを開いておいてから実行してください。");
24:
25: console.log("1. console.timeを使ってtimer1をスタート。約3.2秒後に終了。");
26: console.time("timer1");   // timer1をスタート
27: setTimeout(()=>console.timeEnd("timer1"), 3200);    // 3.2秒後にtimer1を終了
28:
29: console.log("2. console.timeを使ってtimer2をスタート。約3.1秒後に終了。");
30: console.time("timer2"); // timer2をスタート
31: setTimeout(()=>console.timeEnd("timer2"), 3100);    // 3.1秒後にtimer2を終了
32:
33: console.log("\n3. tv1を普通の形式で表示します。"); // 先頭の\nで1行あける
34: console.log(tv1);    // tv1を普通の形式で出力
35:
36: console.log("\n4. tv1を表形式で表示します。");
37: console.table(tv1); // 表形式でtv1を出力
```

```
38:
39: console.log(`\n
40: 5. (1) この下にtimeEndまでの時間が表示されます。
41:    (2) 5秒後にダイアログボックスが表示され、[OK]でコンソールの内容が消去されます。`);
42:
43: setTimeout( ()=> { const a=confirm("コンソールの内容を消去します。");
44:                    if (a) { // [OK]をクリックした場合
45:                        console.clear();
46:                    }
47:                    else {
48:                        console.log("\n6. 消去をキャンセルしました。");
49:                    }
50:                 }, 5*1000);
```

　いつものようにこのファイルをVS Codeで開いて実行すると、コンソールに図10.5のような内容が表示されます。この例はChromeのコンソールで表示したものです（VS Codeでは少し表示が異なります）。最後に表示されるダイアログボックスで［OK］を選択すると表示内容が消去されます（［キャンセル］を選択すれば消去されません）。このファイルを変更していろいろ試してみてください。

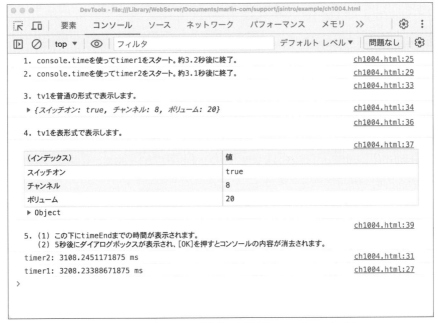

図10.5　consoleのメソッドを使った例（Chromeのコンソール）

10.6　window.location ── URLを取得・操作するためのオブジェクト

locationはURLやホスト（ウェブサーバを動かしているコンピュータ）などに関連するオブジェクトです。次のようなプロパティがあります。この本の出版社であるオーム社のトップページhttps://www.ohmsha.co.jp/ を表示しているときに返ってくる値も示します[注2]。

- location.href ── URL（https://www.ohmsha.co.jp/）。代入も可能 → 任意のURLを強制的に表示
- location.hostname ── URLのホスト名部分（www.ohmsha.co.jp）
- location.protocol ── URLのプロトコル部分（https:）
- location.host ── URLのホスト名とポート（www.ohmsha.co.jp）。ただし、ポート名は通常指定されないので、多くの場合location.hostnameと同じになる

location.hrefには代入も可能な点に注意してください。たとえば次のコードを実行すると、ブラウザは（この本の出版社である）オーム社のページを（強制的に）表示します。コンソールでも試せますのでやってみてください（下記の文字列をコンソールのプロンプト（「>」）の後に入力して、改行キーを押します）。

```
location.href = "https://www.ohmsha.co.jp";
```

10.7　window.navigator ── ユーザーの環境を取得するオブジェクト

navigatorにはユーザーが利用中の言語やブラウザのバージョン、機器の種類などの情報が記憶されています。次のようなプロパティがあります。

- navigator.language ── ブラウザのユーザーインタフェースで用いられる言語。日本語の場合、文字列"ja"（Japaneseの先頭2文字）が表示される
- navigator.userAgent ── ブラウザに関する情報を文字列で返す。ブラウザ名、バージョン、プラットフォームに関する情報を含む
- navigator.onLine ── ネットにつながっているかどうか（trueあるいはfalse）
- navigator.cookieEnabled ──「クッキー[注3]」が使えるかどうか（trueあるいはfalse）
- navigator.geolocation ── ユーザーの位置情報に関連するメソッドを提供（使用にはユーザーの許可が必要）

注2　次のウェブページに URL やドメインについての詳しい説明があります ── https://ferret-plus.com/8736
注3　「ユーザーが以前このサイトを訪問したか」「直前に検索した文字列は何か」など、ユーザーに関する比較的小さなサイズのデータをブラウザに記憶する仕組みのこと。この仕組みを使って記憶されているデータそのものを意味する場合もあります。

Note

> windowの下（およびwindowのプロパティの下）にはこのほかにもたくさんのメソッドやプロパティがあります。一覧は「MDN web docs」（略してMDN）の次のウェブページなどを参照してください ──
>
> `https://musha.com/scjs?ln=win`
>
> 　上記ページの目次から、「プロパティ」や「メソッド」の一覧も見ることができます。また、第12章で紹介しますが、「イベント」や「イベントハンドラ」などの情報も得られます（「画像の上にマウスポインタをおいたときに拡大する」といった機能を実現するのに使います）。
>
> 　なお、このほかのオブジェクトについても、このページの検索機能を使えば簡単に探し出せます。
>
> 　ただし初心者にとっては説明が難しい場合もあるかもしれません。よくわからないときはウェブを検索したり、ChatGPTなどに尋ねたりしてみてください。すぐに必要ではない事柄ならば、いったん「棚上げ」しておいて、必要になったときに本格的に調べてもよいでしょう。
>
> 　このほかには英語ですが、W3SchoolsのJavaScriptの解説（`https://www.w3schools.com/js/`）は比較的明快だと思います。このサイトはノルウェーの会社が運営しているそうで、とてもわかりやすい英語で書かれています。英語が（あまり）得意でない人も、性能が上がった翻訳ソフトを助けに、英語の文書をトライしてみてはいかがでしょうか。ただ、これは多くのウェブページについていえることですが、今では推奨されない書き方が残っている場合があるので注意してください。「動けばいい」という考え方もありますが、できるだけ遠い将来でも動いたほうがよいでしょう（ウェブページの歴史も、もう30年ぐらいになりますからね。ページをきちんと更新していくのは大変です…）。

Windowとwindowの関係は？

　MDNのページを見ると大文字のWindowと、小文字のwindowの両方が使われています。また、Documentとdocumentも同じように大文字と小文字が出てきます。この2つの違いは何なのでしょうか？

　この本では、混乱しないように基本的に小文字のwindowやdocumentだけを使うようにしています。というのは、プログラマーがコードで使うのは小文字のwindowやdocumentのほうだからです。

　小文字のwindowやdocumentは「実体」を表すものです。

　これに対してWindowやDocumentは「インタフェース」といわれるもので、形式的な「型紙」のようなものを定義したものです。windowはWindowで定義されたメソッドやプロパティをもっている具体的な実体です。

　インタフェースは定義ですからひとつしかありませんが、実体のほうは一般には複数個作れます。しかしブラウザのウィンドウ（タブ）に限るとwindowやdocumentはひとつしかありません。

　第9章の問題9-4で登場したDateは日時に関連するプロパティやメソッドをまとめたオブジェクトです。複数の日時を扱う必要がありますので、実体を作るときには次のようにnewを指定して、新しい「実体」を作ります。

```
const time1 = new Date();
...
const time2 = new Date(); // time2にはtime1と異なる日時が記憶される
```

　これに対して、windowやdocumentはブラウザのウィンドウを開いたときにすでに用意されています。このため、newを使って新たな実体を作る必要はありません。

　JavaScriptは「プロトタイプ」という概念を用いた、少し変わったオブジェクト指向言語であるため、Javaなどの言語と比較すると（多くの人には）わかりにくくなっています。

　ともかくコードで使うのはwindowとdocumentのほうですので、当面は大文字ではじまるWindowやDocumentのことは忘れても大丈夫です。ただし、「こんなメソッドやプロパティをもっているよ」という説明にはWindowやDocumentが出てきます。このときだけは、Windowがでてきたら、「windowのもとになっている形式的なやつね」と思っておいてください。

10.8　この章のまとめ

スライドショーを作る例題をベースに、ブラウザのJavaScriptで使えるオブジェクトとそのプロパティ（メソッドを含む）について概要を説明しました。

次章では、とくに重要なdocumentオブジェクトについて説明します。

 ## 10.9　練習問題

解答例は、第1章でダウンロードしたjsdata/exerciseに入っています。

問題 10-1 この章の課題の「スライドショー」で画像を1度に2枚ずつ表示するようにせよ。更新する際は、右側にあった画像を左側に移動して、右側に新しい画像を表示するものとする

 ヒント

- ページに表示される1番目の画像はdocument.images[0]なので、2番目の画像はdocument.images[1]となる

問題10-2 この章の課題の「スライドショー」で画像を1度に2枚ずつ表示するようにせよ。前に表示した画像は表示しないで、2枚とも新しい画像に変えるものとする

問題10-3 問題10-2を30枚の画像を表示できるように変更せよ

第4章の問題4-12で説明した`toString`と`padStart`を使ってください。

バリエーション

- 一度に表示する画像の枚数を3枚、4枚、…と増やしてみよ

問題10-4 ページを表示すると3秒後にランダムに選んでニュースサイトに移動するページを作れ。移動する前にダイアログボックスを使って移動するかどうか確認するものとする

 ヒント

- `window.location`がもっているプロパティを使うと、任意のURLに移動できる
- `confirm`を使うと［OK］か［キャンセル］かを尋ねるダイアログボックスを表示する。ユーザーが［OK］を選択すると`true`が戻る、［キャンセル］だと`false`が戻る

```
<body>

<h1>ランダムなニュースサイトへ移動</h1>

<script>
  "use strict";
  // 配列sitesにニュース系サイトのURL（「https://」のあと）を記憶
```

```
const サイトの配列 = ["asahi.com", "mainichi.jp", "yomiuri.co.jp",
                "nikkei.com", "news.yahoo.co.jp", "sanspo.com",
                "nikkansports.com", "gunosy.com", "oricon.co.jp"];
const i = ランダムな整数を取得(サイトの配列.length-1); // 添字の整数を得る
  // サイトの配列.lengthで大きさ。配列の添字は0からになるので、大きさから1引く
const url = "https://" + サイトの配列[i]; // +は連結(くっつける)
const ok = confirm(`OKを押すと ${url} へ移動します`); // ダイアログを表示
if (ok) { // [OK]を選択されたらokの値がtrue(真)になる
  document.write(`3秒後に ${url} へ移動します。`);
  setTimeout(()=>  ●●● = url, 3*1000) // ←●●●を変える
}
else { // [キャンセル]を選択された場合
  document.write("キャンセルしました。"); // 移動はしない
}

function ランダムな整数を取得(n) { // 0以上n以下の整数をランダムに得る
  let x = Math.random(); // 0 ≦ x < 1
  x = x * (n+1);          // 0 ≦ x < n+1
  x = Math.floor(x);      // 0 ≦ x ≦ n (xは整数)。Math.floorで整数に切り下げ
  return x;
}
</script>
```

問題 10-5　ページを表示すると3秒後に以下の条件を満たすニュース系サイトに移動する
ページを作れ。移動する前にダイアログボックスを使って確認するものとする

- 午前0時から午前9時直前まで ―― `https://asahi.com`
- 午前9時から午後5時直前まで ―― `https://nikkei.com`
- 午後5時すぎから午後9時直前まで ―― `https://oricon.co.jp`
- 午後9時から翌日午前0時直前まで ―― `https://sanspo.com`

🚩 ヒント ....

- 第9章の練習問題9-4（時間によってあいさつを変える問題）を参考に
- システムのタイムゾーンを変えると、別の時刻でうまくいくか試せます

バリエーション

- それぞれの時間帯で、複数の候補を設定して、ランダムに移動するようにせよ
  - 午前0時から午前9時直前まで ―― テレビ局サイト
  - 午前9時から午後5時ちょうどまで ―― 一般新聞社サイト
  - 午後5時すぎから午後9時直前まで ―― スポーツ新聞サイト
  - 午後9時から翌日午前0時直前まで ―― エンタメ系サイト

documentオブジェクトと
アニメーション

　ブラウザのドキュメント領域に表示される内容はdocumentオブジェクトが管理しています。documentオブジェクトはブラウザのオブジェクトの中で「もっとも重要」といってもよいでしょう。この章ではdocumentオブジェクトのメソッドやプロパティについて詳しくみていきます。

　documentオブジェクトのメソッドとsetIntervalを組み合わせると、簡単なアニメーションも実現できます。練習問題でいくつかアニメーションのように動くものを作ってみましょう。

　この章の課題は第6章で見たロケットのカウントダウンの改良版です。

この章の課題：カウントダウン（改良版）

　ロケットの画像を表示して、その下にカウントダウンする数字を表示して打ち上げの様子を真似よ。ただし、第6章の課題のようにウィンドウ全体を書き換えるのではなく、カウントダウンする数値の部分だけを書き換えること

● **実行結果**

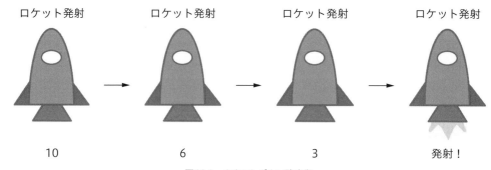

図11.1　カウントダウン改良版

ブラウザで表示　https://musha.com/scjs?ch=1101

● **JavaScriptのコード** (example/ch1101.html)

```
 9: <body>
10:   <div style="width: 320px; text-align: center; font-size: 36pt;">
11:     ロケット発射<br>
12:     <img src="pictures/rocket1.png" style="width: 200px;">
13:     <div id="counterArea"></div> <!-- ここに数字などを書く。最初は空白 -->
14:   </div>
15:
16: <script>
17:   "use strict";
18:   let count = 10;
19:   let timerID = setInterval(countDown, 1000);
20:
21:   function countDown() {
22:     if (0 <= count) { // countの値が0以上
23:       document.getElementById("counterArea").innerHTML = count;
24:       count--; // 次に備える
25:     }
26:     else { // countの値が0より小さくなったのでカウントダウン終了
27:       clearInterval(timerID); // タイマー停止
28:       document.getElementById("counterArea").innerHTML = "発射！";
29:       document.images[0].src = "pictures/rocket2.png"; // 画像を交換
30:     }
31:   }
32: </script>
33: </body>
```

　この課題も第6章の課題も、実行結果は同じです。しかしコードは違っています。数字の部分だけを書き換えていて、効率のよいコードになっているのです。

　それでは、documentオブジェクトについて詳しく見ていきながら、上の課題のコードを説明しましょう。

11.1　documentオブジェクトのメソッド

　ブラウザのドキュメント領域内に表示されるものはすべて document オブジェクトによって管理されます。ですから、とても重要なオブジェクトです。

　まず、メソッドを見ていきましょう。実はすでに次のメソッドは前の章までに説明しました。

- document.write(s) —— s をドキュメント領域に HTML コードとして出力（第2章など。s は string［文字列］の先頭文字）
- document.open() —— ドキュメント領域をクリア（第6章）
- document.close() —— ドキュメント領域への書き込みを終了（第6章）
- document.getElementsByClassName(cls) —— HTML タグのクラス指定（class="..."）に、cls が指定された要素をすべて集める（第9章）

　これらの関数は、実は document オブジェクトのメソッドだったわけです。そういうわけで、皆 document. で始まっていたのです。

　次に見るのは、ブラウザの JavaScript のパワーを典型的に表現しているとても重要なメソッドです。

- document.getElementById(id) —— 指定された id をもつ部分のオブジェクトを取得

　次のような HTML コードがあったとします。

```
<div id="abc">♡♡♡</div>
```

　このとき、次の JavaScript のコードで、<div>...</div> 部分のオブジェクトを取得し、変数 x に代入します。

```
let x = document.getElementById("abc");
```

　このとき、x のプロパティ x.innerHTML の値は「♡♡♡」になります。HTML の要素（**ノード**といいます）を表す各オブジェクトには innerHTML というプロパティがあって、そのノードが保持している HTML のコードを記憶しているのです。

　そして、今までに見たいくつかのオブジェクトと同様、このプロパティには代入することもできます。

```
x.innerHTML = "♠♠♠";
```

　上のコードを実行すると、次のような HTML コードが存在していることになるのです。したがって、ブラウザの表示も「♡♡♡」から「♠♠♠」に変わります。

11

```
<div id="abc">♠♠♠</div>
```

　HTML 文書の変更したい箇所を`<div>...</div>`で囲んで id を付けておけば、上の手法で好きなように変更できるわけです。

　次のコードで確かめてみてください（example/ch1102.html）。

```
 8: <body>
 9:   <h1>document.getElementById</h1>
10:   <p>
11:     5秒後に下の「♡♡♡」が「♠♠♠」に変わります。
12:   </p>
13:   <div id="abc">♡♡♡</div>
14: <script>
15:   "use strict";
16:   let x = document.getElementById("abc");
17:   setTimeout(()=> {x.innerHTML = "♠♠♠";}, 5*1000);
18:   // 5秒後に「x.innerHTML = "♠♠♠";」が実行される
19: </script>
20: </body>
```

| ブラウザで表示 | https://musha.com/scjs?ch=1102 |

キャメルケースとスネークケース

　document オブジェクトには write、open などの短い名前のメソッドのほかに、getElementsByClassName あるいは getElementById のように（説明的な）長い名前のメソッドもあります。後者の 2 つのメソッド名のように、短い名前では機能がうまく表現できないときは、（関数や変数などの）識別子として複数の単語を使った説明的な名前を付けることになります。

　これは、getElementsByClassName などのような（処理系側で用意する）組み込みのものに限られた話ではなく、ユーザーが決めるものについても同様です。

　getElementsByClassName や getElementById のように単語の先頭文字を大文字で書く手法を**キャメルケース**と呼びます。大文字で書いたところがラクダ（camel）のコブのように盛り上がるので、こう呼ばれるようになりました。

　もうひとつの（主要な）手法に**スネークケース**があります。get_defined_functions（PHP 言語の組み込み関数のひとつ）のように、「_」（アンダースコア）を単語間に挟むものです。ヘビ（snake）が這っている姿に見えなくもないので、こう呼ばれるようになりました。

　言語を最初に開発した人たちが自分たちの好みでどちらかに決め、その言語を使う多くの人がそれに従うという傾向があるようです。

　JavaScript や Go 言語、Ruby などではキャメルケースが、Python、PHP などではスネークケースが、多くの場合に用いられます。

　なお、「スペース」や演算子（「-」「+」など）は、その前で関数名などが終わることを示す役目もするので、こうした文字を単語をつなげる目的では使えません。

　さて、日本語の識別子を使った場合はどうでしょうか。日本語ではスペースなどの区切りがなくても普通に読めますね。助詞や活用語尾などの「かな」が区切りの役目をしてくれるので、区切るための手法を考え出す必要は（基本的には）ありません。

11.2　この章の課題の説明

「この章の課題」のコードを詳しく見ていきましょう。

10行目から14行目は表示する「ロケット発射」という文字列とロケットの画像を表示するためのHTMLコードです。

```
10: <div style="width: 320px; text-align: center; font-size: 36pt;">
11:    ロケット発射<br>
12:    <img src="pictures/rocket1.png" style="width: 200px;">
13:    <div id="counterArea"></div> <!-- ここに数字などを書く。最初は空白 -->
14: </div>
```

とくに難しいところはないと思いますが、13行目の`<div>`タグには`counterArea`というIDがついています。`<div>`と`</div>`に囲まれた部分には何も書かれていないので、最初は何も表示されていません。

> **▶Note**
>
> 13行目の`<div>`...`</div>`は10行目から14行目の`<div>`...`</div>`の中に含まれています。このように、Aの中に同じAが含まれているような構造を、**入れ子**（ネスティング）構造と呼びます。入れ子構造は、プログラミングのさまざまな場面で登場します。

全体の流れは第6章の課題とよく似ています。関数`countDown`でカウントダウンを進めますが、今回はウィンドウ全体を書き換えるのではなく、数字部分だけを書き換えます。

23行目のコードが書き換えの部分です。

```
21: function countDown() {
22:    if (0 <= count) { // 「カウンタ」の値が0以上
23:      document.getElementById("counterArea").innerHTML = count;
24:      count--; // 次に備える
25:    }
26:    else { // countの値が 0 より小さくなったのでカウントダウン終了
27:      clearInterval(timerID); // タイマー停止
28:      document.getElementById("counterArea").innerHTML = "発射！";
29:      document.images[0].src = "pictures/rocket2.png"; // 画像を交換
30:    }
31: }
```

11

IDに`counterArea`が指定されている部分の`innerHTML`（内部のHTML）の値として`count`の値を代入することで、13行目の`<div>`...`</div>`の...の部分に数字を書き込んでいます。

26〜30行目は終了時の処理です。タイマーを停止して、数字の代わりに「発射！」を表示し、画像を発射時のもの（`pictures/rocket2.png`）に変えています（画像の変え方は前の章のスライドショーの画像を変えたときと同じ手法を使っています）。

`document`には、このほかにもメソッドやプロパティがたくさんありますが、まずはこの本の例題や練習問題に登場するものを使えるようにしておきましょう。

必要になるメソッドやプロパティはどのようなプログラムを作るかによって変わりますので、全部を覚え

ておく必要はありません。必要に応じて、たとえばMDNのウェブページやChatGPTなどを使って「こんな機能を持つメソッドはないかな？」などと調べながら作っていくことになります。

コラム　document.writeについて

第2章でdocument.writeを使ったとき、「プロの人はdocument.writeを（ほとんど）使いません」と書きました。なぜならdocument.writeは効率が悪いのです。とくに、非同期の処理（タイマーやネットワーク経由の処理など即座に実行されない処理）とdocument.writeの相性がよくありません。ですから、実践のコードではdocument.writeは使わないようにしましょう。

代わりに、この章で登場したdocument.getElementByIdなどを使います。

たとえば次のようなdocument.writeを使ったコードがあるとします。

```
<script>
  let x = `<div id="yyy">`;
  x += "...";
  ...
  x += "...";
  x += "</div>";
  document.write(x);
</script>
```

このコードは次のようにすれば、同じことになります。

```
...
<div id="yyy">
  <!-- ここに書き込む -->
</div>
...
<script>
  let x = ...;
  x += ...;
  ..
  x += ...;
  obj = document.getElementById("yyy"); // ID "yyy"のオブジェクトを得る
  obj.innerHTML = x; // 「ここに書き込む」のところに書き込む
</script>
```

なお、第4章の問題4-3にも書きましたが、一般的に入出力操作（画面表示、ファイル読み込みなど）は実行に時間がかかるので、表示したいものをまとめておいて一度に出力するようにしましょう。

この本では初心者にもわかりやすくするために、とくに最初のほうではその都度document.writeを呼ぶ例を示しましたが、ネットで公開するようなプログラムを作るときは実行速度も考慮する必要があります。

HTMLを知っている人にとって、document.writeはとてもわかりやすい関数です。ですから、（とくに最初の頃の）練習のときはこの関数を用いても構いませんが、本番のコードでは避けるようにしましょう。

11.3 スタイルとアニメーション

　ここまで見てきたように、ウェブページに表示されている要素のオブジェクトを取得できると、その要素に関する情報を取得したり、設定したりできます。

　この「オブジェクトに関する情報」としては、その要素の「スタイル」（大きさや色、背景色、位置など、その要素の見栄えに関する情報の指定）も含まれます。ウェブページ上の要素のスタイルは、多くの場合、第4章で説明したようにCSSを使って指定しますが、実はJavaScriptを使ってスタイルに関する情報を得たり、スタイルを変更したりもできます。

大きさの変化

　ここではまず、画像の大きさを変化させてみましょう（example/ch1103.html）。

```
 9: <body>
10:   <div>
11:     <img src="pictures/picture001.jpg" style="width: 100px;">
12:   </div>
13:
14:   <script>
15:     "use strict";
16:     const maxWidth = window.innerWidth * 0.9; // 「最大幅」90%まで
17:     // window.innerWidthでドキュメント領域の横幅(width)がわかる
18:     const initialWidth = 100; // 「最初の幅」。上で指定した画像の横幅
19:     const increment = 10;      // 「増分」。incrementピクセルずつ増やす
20:     const interval = 100;      // 「時間間隔」。ミリ秒(1/1000秒)単位
21:
22:     let width = initialWidth + increment; // 「サイズ」。1回目110px;
23:     let timerID = setInterval(enlargePict, interval);
24:
25:     function enlargePict() {     // 画像(PICTure)を拡大(enlarge)
26:       document.images[0].style.width = width + "px"; // ←★肝★
27:       width += increment;        // widthをincrementだけ増やす
28:       console.log(`width=${width}`); // widthを確認できる
29:       if (maxWidth <= width) {  // 次回maxWidthを超えてしまうなら
30:         clearInterval(timerID); // ストップ
31:       }
32:     }
33:   </script>
34: </body>
```

ブラウザで表示 ▶ https://musha.com/scjs?ch=1103

　ページを表示してみてください。画像が徐々に拡大されます。

図11.2　画像の拡大

11行目で画像の幅を100pxにしています。この例のように縦の幅（height）を指定しないと、横幅に比例して拡大・縮小されます。

```
11: <img src="pictures/picture001.jpg" style="width: 100px;">
```

JavaScriptのコードは、これまで何度か登場したsetIntervalを使ったタイマーのパターンです。26行目の次のコードに注目してください。

```
26: document.images[0].style.width = width + "px"; // ←★肝★
```

一般にオブジェクトobjがあるとき、そのスタイルにはobj.styleでアクセスできます。上の例ではドキュメント領域にある先頭の画像のスタイルの横幅（document.images[0].style.width）を変数widthの値に指定しています（px単位）。

22行目でwidthに110が代入されていますので（initialWidthは100で、incrementが10なので合計110）、enlargePictが1回目に呼び出されたときは、width + "px"の値は110pxとなり、この文字列がdocument.images[0].style.widthに代入されます。この結果、画像の横幅は110pxの大きさになります。

以下、呼び出されるたびに横幅はincrementずつ増えていきます。

⚠ WARNING

CSSの長さの指定には必ず単位を指定

スタイル指定の幅や高さをJavaScriptのコードで指定する際に "**px**" などの単位をよくつけ忘れます。「**20%**」とか「**10rem**」（10文字分の幅）などと、他の単位の指定もできますが、ともかく単位をお忘れなく[注1]。

```
document.images[0].style.width = "110"; // × これでは動かない！ 単位が不明！
document.images[0].style.width = width + "px"; // ○ これならば "110px"になる
```

なお、数字と単位の間にスペースがあってもダメです。なかなか見つからないバグになるので注意してください！

```
w = 110;
document.images[0].style.width = `${w} px`; // × "110 px"ではダメ！ スペースがある
document.images[0].style.width = `${w}px`; // ○ これならば "110px"になる
```

注1　数値の0だけは単位を付けずに使えます。たとえば左マージンを0に指定したいときは、CSSなら「margin-left: 0;」、JavaScriptなら「○○.style.marginLeft = 0;」などと指定できます。なお、「0px」「0rem」などと単位を書いても大丈夫です。

位置の変化

上の例では大きさを変化させましたが、今度はオブジェクトの位置を移動させてみましょう。

画面上に長方形を表示し、その長方形を左から右に動かします。

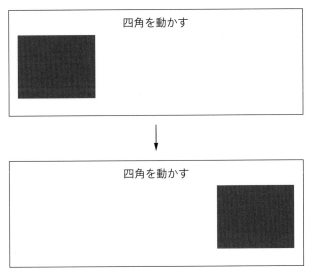

図11.3 長方形を左から右に移動

方法はいろいろありますが、たとえば、次のような方法でやってみましょう（`example/ch1104.html`）。

- 長方形の画像を用意する
- マージン（左端からの距離）をJavaScriptで変化させる

```
 9: <body>
10:   <h1 style="text-align: center;">四角を動かす</h1>
11:
12:   <div id="rectangle">
13:     <img src="pictures/rectangle.png"> <!-- 長方形の画像 -->
14:   </div>
15:
16:   <script>
17:     "use strict";
18:     const rectangle = document.getElementById("rectangle");
19:     let counter = 0;
20:     const timerID = setInterval(moveRectangle, 50);
21:
22:     // 長方形(rectangle)を動かす(move)
23:     function moveRectangle() {
24:       counter++; // カウンタの値を1増やす
25:       rectangle.style.marginLeft = counter + "px";
```

```
26:        // left-margin(左端から四角までの距離)を指定
27:        if (800 < counter) { // 終了させる
28:          clearInterval(timerID);
29:        }
30:     }
31:  </script>
```

ブラウザで表示 https://musha.com/scjs?ch=1104

　CSS では margin-left で左端からのマージンを指定しますが、JavaScript では「-」は引き算の意味になってしまうので、25 行目で marginLeft と指定されている点に注意してください。

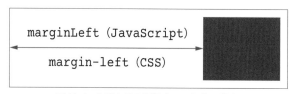

図11.4　左端からの距離 (マージン) の指定

　同様に、上側のマージンを表す margin-top (CSS) が marginTop (JavaScript) に、右側のマージンを表す margin-right が marginRight に、下側のマージンを表す margin-bottom が marginBottom になります。

 11.4　この章のまとめ

　ここまでの 3 つの章で見てきたように、ブラウザの内容はオブジェクトとして表現されており、あらかじめ用意されているオブジェクトのプロパティ (変数) やメソッド (関数) を使って、本当にいろいろなことができます。ウェブページ上で実現されていることの多くには、JavaScript 関連の技術が使われています。
　ブラウザ内はプログラマーにとっての「キャンバス」であり、何を書く (描く) こともできるわけです。アニメーションのように動かすこともできます。基本的な知識を身につければ、あとは皆さんのアイデア次第です。

 11.5　練習問題

　練習問題の解答例は、jsdata/exercise/ の下にあります。

問題11-1　この章の課題 (example/ch1101.html) のコードに時間を計測するコードを挿入し、カウントダウンの処理 (数字などの表示) にどの程度の時間がかかっているかを計測せよ 写経

```
 9: <body>
10:   <div style="width: 320px; text-align: center; font-size: 36pt;">
11:     ロケット発射<br>
12:     <img src="pictures/rocket1.png" style="width: 200px;">
13:     <div id="counterArea"></div> <!-- ここに数字などを書く。最初は空白 -->
14:   </div>
15:
16: <script>
17:   "use strict";
18:   let count = 10;
19:   let timerID = setInterval(countDown, 1000);
20:
21:   function countDown() {
22:     console.time("timer1") // 【計測開始】
23:     if (0 <= count) { // 「カウンタ」の値が0以上
24:       document.getElementById("counterArea").innerHTML = count;
25:       count--; // 次に備える
26:     }
27:     else { // countの値が 0 より小さくなったのでカウントダウン終了
28:       clearInterval(timerID); // タイマー停止
29:       document.getElementById("counterArea").innerHTML = "発射！";
30:       document.images[0].src = "pictures/rocket2.png"; // 画像を交換
31:     }
32:     console.timeEnd("timer1") // 【計測終了】
33:   }
34: </script>
```

【計測開始】から【計測終了】までにかかった時間が、たとえば次のようにコンソールに表示されます（Chromeのコンソールの表示です）。

問題 11-2 第6章の課題（example/ch0601.html）のコードに時間を計測するコードを挿入し、カウントダウンの処理（数字などの表示）にどの程度の時間がかかっているかを計測せよ。問題11-1の結果と比較せよ。

- ch0601.htmlのコードの関数「画面書き換え」の先頭にconsole.timeを、最後にconsole.timeEndを挿入する

筆者のパソコンでの実行結果（Chromeのコンソールの表示）は、次のようになりました。

11-1では最初と最後の行を除き0.4ms以下なのに対して、11-2の結果ではすべて2msを超えています。11-2では、全画面を書き直ししているので時間がかかっているようです。

Chromeで実行すると、「Avoid using document.write()」（document.write()の使用を避けよ）という警告が表示されます。上のコラム「document.writeについて」で説明したように「document.write()は効率がよくないので、使わないようにせよ」と警告してきます。

問題11-3 問題11-2のコードからdocument.writeを取り除き、document. getElementByIDを使って書き出して、結果を比較せよ。

筆者のパソコンでの実行結果（Choromeのコンソールの表示）は、次のようになりました。

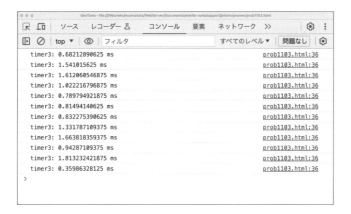

この結果を問題11-2の結果と比べてみると、パソコンで行っている他の処理などによっても状況が変わりますので、一概にはいえませんが、問題11-3のほうが速くなっているようです。

問題11-4 「11.3　スタイルとアニメーション」の「位置の変化」で動かした長方形を、CSSの背景色（background-color）を使って描き、同じように左から右に動かせ

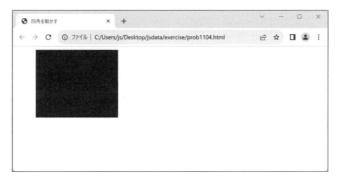

`<div>...</div>`で領域を定義して、幅と高さを設定し、その背景色を指定します。たとえば、次のようなコードを書きます（exercise/prob1104.html）。

```
 7:    <style>
 8:    #rectangle { /* 「長方形」の領域 */
 9:      background-color: purple; /* 背景色の指定 */
10:      width: 200px;  /* 幅 */
11:      height: 160px; /* 高さ */
12:      }
```

```
13:    </style>
14: </head>
15: <body>
16:   <div id="rectangle"> <!-- ここに長方形が描かれる。上のスタイル指定参照 -->
17:   </div>
```

16行目で、div領域にrectangleというidをふっています。この領域のスタイルは8行目から12行目で指定されています。style指定の各要素を説明しましょう。

- background-color: purple —— 背景色の指定。紫色（purple）。red、white、blueなど英語名による指定のほか、#FE33FFなどのような「16進数」の数値を使った指定もできます。詳しくは次のウェブページを参照してください —— https://musha.com/scjs/?ln=color
- width: 200px —— 幅200ピクセル
- height: 160px —— 高さ160ピクセル

これで準備ができたので、<div id="rectangle">...</div>で描いた長方形の左端からのマージンをJavaScriptを使って変化させます。

変化させる方法は、画像の場合とほぼ同じです。document.getElementByIDを使って長方形を表す<div>...</div>のオブジェクトを取得して、マージンを変化させます。

問題11-5 問題11-4の長方形を5倍の速度で動かせ。

- たとえば、マージンの指定を5倍にする

問題11-6 画面上に長方形を表示し、その長方形を左から右、右から左と交互に動かすプログラムを作れ

方法（一例）
- 右側に来たら、方向を変える　→ marginの値を減らしていく

コード例
```
25: "use strict";
26: const 継続時間 = 20; // 「継続時間」実行したら停止。ずっと動き続けないように
27: const 更新間隔 = 10; // setIntervalの第2引数（ミリ秒単位）
28: const 右方向への移動 = 1;
29: const 左方向への移動 = 2;
30: const 左マージンの最大値 = 800; // px単位
31: const 一回の移動距離 = 3; // 1回に動く距離(px単位)
32:
33: const 四角 = document.getElementById("rectangle");
34: let 方向 = 右方向への移動;
35: let 左マージン = 0;
36:
```

```
37: const タイマーID = setInterval(四角を動かす, 10);
38: setTimeout(()=>clearInterval(タイマーID), 継続時間*1000);
39: // 継続時間(20)秒、たったらやめる
40:
41: function 四角を動かす() {
42:   if (方向 === 右方向への移動) { // 右方向の場合
43:     左マージン += 一回の移動距離; // 右に移動することになる
44:     if (左マージン < 左マージンの最大値) { // まだ一番右に到達してい
45:       四角.style.marginLeft = `${左マージン}px`;
46:     }
47:     else {   // 行き過ぎてしまうので方向を逆にする
48:       方向 = 左方向への移動;
49:     }
50:   }
51:   else { // 左方向への移動の場合
52:     左マージン -= 一回の移動距離; // 左に移動することになる
53:     if (0 < 左マージン) { // まだ左端に到達していない
54:       四角.style.marginLeft = `${左マージン}px`;
55:     }
56:     else {   // 左端に達してしまうので方向を逆にする
57:       方向 = 右方向への移動;
58:     }
59:   }
60: }
```

exercise/prob1106b.htmlに別解があります。コメントを付けておきましたので、解読してみてください。

問題11-7 画面上にロケットの画像（pictures/rocket3.png）を表示し、左から右に動かすプログラムを作れ 写経

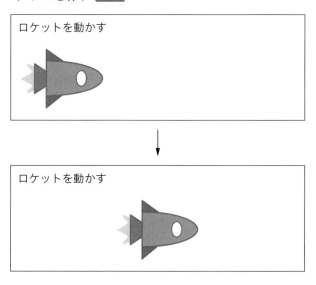

```
17: 【exercise/prob1107.html】
18: <div id="rocket">
19:   <img src="pictures/rocket3.png">
20: </div>
21:
22: <script>
23:   "use strict";
24:   const ロケット = document.getElementById("rocket");
25:   // 画像タグがここより上にないとオブジェクトを取得できないので、<img>はJSコードの上に書く
26:
27:   const 動かす幅 = 400;   // px単位
28:   let カウント = 0;
29:   const タイマーID = setInterval(ロケットを動かす, 10);
30:
31:   function ロケットを動かす() {
32:     カウント++;
33:     if (動かす幅 < カウント) {
34:       clearInterval(タイマーID);
35:     }
36:     ロケット.style.margin = `0 0 0 ${カウント}px`; // 上，右，下，左の順に
    マージン指定
37:     // ロケット.style.marginLeft = `${カウント}px`;   // ←これでもOK
38:   }
39: </script>
```

問題11-8 ロケットを左から右、右から左と交互に動かすプログラムを作れ。折り返す場所は、ロケットが画面からはみ出ない適当な場所にせよ（pictures/rocket3.pngとpictures/rocket4.pngの画像を使う）

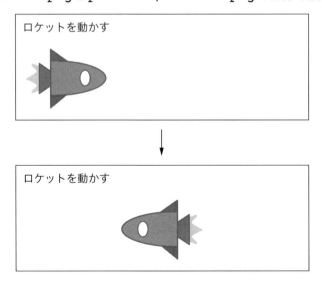

問題11-9 問題11-8で表示したロケットを、ウィンドウの右端より少し左で折り返すようにせよ

- window.innerWidth でドキュメント領域の幅（ピクセル単位）がわかる
- これがピクセル単位なので、移動する単位もピクセルにしたほうがよい

第12章の問題12-3以降で、イベント処理に関係してさらに改良します。

問題11-10 デジタル時計を表示せよ（24時間制）

問題9-5を参考に

- 24時間制の時、分、秒を刻々と表示する
- 一桁の数字の前には0を入れて二桁にする

23:17:01

 ヒント

- setIntervalを使って短時間で繰り返し更新する

問題11-11 デジタル時計を表示せよ（午前、午後）

- 12時間制の時、分、秒を刻々と表示する
- 午前あるいは午後を頭に入れる
- 一桁の数字の前には0を入れて二桁にする

午後 11:17:44

 ヒント

- 午前と午後で処理を分ける

11

問題11-12　**2021年7月23日に開催された東京オリンピックの開会式の日からの日数を 表示するプログラムを作成せよ**

2度目の東京オリンピックの開会式の日（2021 年 7 月 23 日）から **840 日**たちました。

- new Date( )で日付を指定することもできる
- Math.floorは整数に切り下げ —— Math.floor(1340.6) → 1340

```
const 開催日午前零時 = new Date(2021, 6, 23);
// 年、月、日を指定（6で7月を表すことに注意）
// 1970年1月1日午前0時0分0秒（UTC）からのミリ秒数で、現在時刻を表す

const 現在 = new Date();
const 差_ミリ秒 = 開催日午前零時 - 現在;
const 差_日_小数 = 差_ミリ秒/1000/60/60/24; // 1000ミリ秒が1秒、60秒が1分、60分が
1時間、...
const 差_日_整数 = Math.floor(差_日_小数) + 1;
...
```

パソコンの中にも凄腕の
イベント屋がいる

イベント処理

　この章の主題はイベント処理です。2020年から新型コロナウィルス感染症の影響で各地のイベントが中止になってしまいましたが、この本の初版を執筆中の2023年の後半にはようやく以前の状態に戻ってきました。イベント関連の方々もホッと一息といったところかと思います。皆さんがこの本をお読みの時点ではどうなっていますか？

　日本語の「イベント」は花火大会とかねぶた祭とか、人間が行う「催し物」とか「行事」とかを指すことが多いですが、英語のeventはもう少し使われる範囲が広い単語で、いろいろな「できごと」一般に使われます。JavaScriptに関係するところでは、マウスのクリックとか、ファイルのアップロードとか、マウスポインタが画像の上に載った、あるいは画像の上から外に離れたとかいったものも「イベント」になります。

　実は、JavaScriptが大活躍するのがブラウザ関連の「イベント」の処理なのです。この章の内容は、ブラウザのJavaScriptを実践で使うときにはとても重要になります。

この章の課題：フォトギャラリー

マウス（マウスポインタ）を写真の上に持っていくとその写真を下に拡大表示する「フォトギャラリー」
を作れ

●**実行結果**

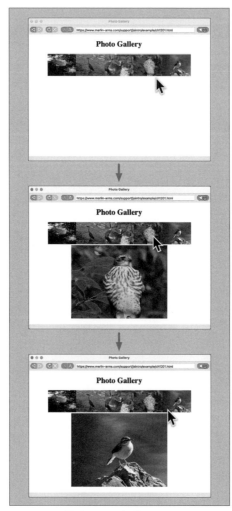

図12.1　フォトギャラリー

- パソコンでマウス（マウスポインタ）を小さな画像（以下「小画像」と呼びます）の上に移動すると、
  その画像の大きなバージョン（「大画像」）が下に表示されます
- スマートフォンではマウスでポインタを移動することができないので、パソコンで実行してくださ
  い。なお、「12.6 タッチデバイスへの対応 ── touchstartでタップを判定する」でスマートフォ
  ンなどへの対応を検討します。

ブラウザで表示 https://musha.com/scjs?ch=1201

● JavaScriptのコード (example/ch1201.html)

```
<!DOCTYPE html>
    ...
<style type="text/css">
  body {                    /* <body>...</body>について有効になる */
    text-align: center;   /* 全体をセンタリング（中央揃え） */
  }
  .smallPict {              /* class="smallPict" と指定されたものについて有効 */
    width: 120px;         /* 小画像のサイズを120pxに指定 */
  }
  .bigPict {                /*  class="bigPict" と指定されたものについて有効 */
    width: 400px;         /* 大画像のサイズを400pxに指定 */
  }
</style>
</head>

<body>
  <h1>Photo Gallery</h1>
  <div id="smallPicts"> <!-- 小画像の表示領域 -->
  </div>
  <div id="pictFrame">   <!-- 大画像の表示枠 -->
  </div>

<script>
  "use strict";
  const numberOfPicts = 5; // 画像の枚数

  let html = ""; // ↓小画像のHTMLコードを作る
  for (let i=0; i<numberOfPicts; i++) {
    const filename = `pictures/picture00${i}.jpg`;
    html += `<img id="image${i}" class="smallPict" src="${filename}">`;
  }
  document.getElementById("smallPicts").innerHTML = html; // 小画像を表示

  for (let i=0; i<numberOfPicts; i++) { // イベントハンドラを追加
    const filename = `pictures/picture00${i}.jpg`;
    const img = document.images[i]; // i番目の画像に関する情報

    img.addEventListener("mouseover", () =>   // 大画像を表示
      document.getElementById("pictFrame").innerHTML
        = `<img class="bigPict" src="${img.src}">`
    );

    img.addEventListener("mouseout", () =>   // 画像を消去
      document.getElementById("pictFrame").innerHTML = ""
```

12

227

```
     );
   }
</script>
</body>
</html>
```

 12.1　JavaScriptのイベントの例

上で少し説明しましたが、JavaScriptでは、たとえば次のようなものが「イベント」として扱われます。

1. マウスが画像の上に移動した、その画像から離れた
2. 画像をマウスでクリックした
3. ファイルを読み込んだ
4. キーボードのキーを押した、離した

上の例では、「マウスが画像の上に移動した」というイベントが起こったときに下に大画像を表示し、「マウスが画像から離れた」というイベントが起こったときに大画像を消すという処理を行っているわけです。

なお、上では「画像」の上に移動した、「画像」をクリックしたなどと書きましたが、じつは「画像」以外の任意のオブジェクト（たとえば、文字やボタン）を対象にできます。この点については下で詳しく説明します。

 12.2　プログラムの実行順序とイベント処理

第5章のまとめで、次のような図を見ました（**図12.2**）。

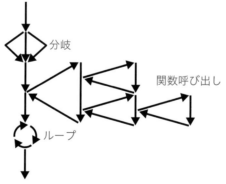

図12.2　分岐、ループ、関数呼び出し

この図で見たように、プログラムの実行を制御する要素には次のようなものがありました。

- 上から下に順番に実行されるのが大原則
- 分岐 ── 一部分だけが実行される
- ループ ── 繰り返される
- 関数 ── 別に定義された部分（関数）が実行されてまた戻る

　このとき、プログラムは上から下に順番に実行されるのが大原則で、原則として、必ず1箇所、現在実行しているところ（実行ポイント）があるという説明をしました。

　じつはイベント処理はこの「原則」から外れる例で、上のどれにも当てはまらない新しい仕組みなのです。**図12.3**のように、普通の処理を実行するほかに**イベントループ**と呼ばれる「イベントの処理を担当するループ」が存在しています。

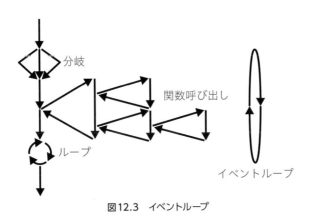

分岐

関数呼び出し

ループ

イベントループ

図12.3　イベントループ

　この章の課題「フォトギャラリー」では、マウスが小画像の上に載ったときに、下に大画像が表示されます。「画像の上に載った」という出来事（イベント）が起こったときに、何か動作をする（コードを実行する）ということが指定できるのです。

　JavaScriptの処理系には、このようなイベント処理をする特別な仕組みである「イベントループ」が用意されています。

　イベントを処理するのに、プログラマーは次の3つを指定します。

1. 対象のオブジェクト ── どのオブジェクトに対して起こるイベントを処理するかを指定
2. イベントの種類 ── いつ実行するかを指定するために、どのようなイベントが起こったときかを指定
3. 行う動作 ── 行うべき動作を記述する関数を（多くの場合「無名関数」を使って）指定

　以上の3つを指定するのに、**イベントハンドラ**[注1]と呼ばれるものを記述します。「捕まえたいイベントを捕捉する罠（わな）を仕掛けておく」と考えるとわかりやすいでしょう。

注1　event handler：イベント（event）を処理（handle）するもの（-er）。

12.3　イベントハンドラ —— イベントを捕獲する罠を仕掛ける

　具体的な罠の仕掛け方（イベントハンドラの記述方法）を説明しましょう。罠を仕掛けるには、各オブジェクトに用意されている **addEventListener**[注2]というメソッドを使います。

　たとえば、**img**という画像を表すオブジェクトがある場合、次のようなコードを書くことで、**img**の表す画像の上にマウス（ポインタ）が載ったときの処理を記述できます。

```
img.addEventListener("mouseover", function() {
    // マウスが上に載ったときの処理を記述
});
```

　なお、アロー関数（第6章参照）を使うと簡潔に書けますので、原則として次のようにアロー関数を使いましょう。

```
img.addEventListener("mouseover", () => {
    // マウスが上に載ったときの処理を記述
});
```

　次に、**img**の表す画像の上に載っていたマウスポインタが、外に出てしまった場合を見てみましょう。このためには、上のコードの**mouseover**を**mouseout**に変更します。

```
img.addEventListener("mouseout", () => {
    // マウスが外に出たときの処理を記述
});
```

　上の例には登場しませんが、同じ画像をクリックしたときに何かをしてほしければ、次のように**click**にします。

```
img.addEventListener("click", () => {
    // クリックしたときの処理を記述
});
```

注2　listener は listen に、「〜する者(物)」を表す「er」がついた語です。listen は「聞き耳を立てる」「真剣に聴く」というニュアンスがある言葉です。これに対して hear は「聞こえてくる」感じです。イベントが起こるか真剣に見張っている(listen している)ので、「イベントリスナー」と呼ばれます。

12.4　1枚の画像をmouseoverで拡大する例

第8章の「8.12　デバッグ前にやっておくこと」で「KISSの原則」を紹介しましたが、プログラミングにおいて、まず簡単なケースをやってみるというのは好ましい戦略です（どんなことをやるにしても使える戦略かもしれませんが）。

たとえば、「この章の課題」では5枚の画像に対応していますが、本質的には1枚しか画像がないときでも、イベント処理に関しては同じようにすればよいと想像がつきます。

そこで次のような手順で拡張していきましょう。

1. まず1枚の画像で試してみる
2. 2枚の画像で試してみる
3. 任意の枚数の画像で試してみる

というわけで、まず画像1枚の場合について対応してみましょう。

まずは`img`という画像オブジェクトの上にマウスが載ったときの処理です。次のコードで実現できます。

```
const img = document.images[0]; // document.imagesには画像に関する情報が入る
img.addEventListener("mouseover", () =>
  document.getElementById("pictFrame").innerHTML
    = `<img class="bigPict" src="${img.src}">`
);
```

ここで次の点に留意してください。

- `document.images`は、画像に関する情報が一番最初に表示される画像から順番に入っています。したがって、`document.images[0]`が、最初の画像を表すオブジェクトになります（第10章のスライドショーの例を思い出してください）
- `pictFrame`は大画像を表示するための領域のIDです

次のような`img`タグを使って小さな画像を表示し、その下に大画像を表示する領域を用意しておきます。下の`<div>`のidが`pictFrame`となっている点に注意してください。

```
<div> <!-- 小さな写真の表示領域 -->
  <img class="smallPict" src="pictures/picture000.jpg">
</div>
<div id="pictFrame"> <!-- 大画像の表示枠。最初は何も表示されていない -->
</div>
```

12

マウスが小画像に載ったときの様子を図で表現すると次のようになります。

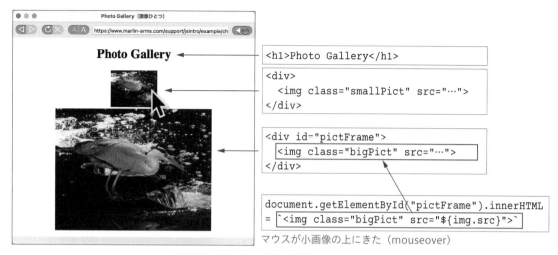

図12.4　イベントハンドラの処理 —— mouseover

今度は、マウスが`img`で表される画像から離れたときの処理です。

```
img.addEventListener("mouseout", () =>
  document.getElementById("pictFrame").innerHTML = ""
);
```

これは、単に`pictFrame`の中の`img`タグを消してしまえばよいので、`pictFrame`のidをもつ`<div>...</div>`のHTMLコード（`innerHTML`）に`""`（空文字列）を代入すればよいでしょう（図12.5を参照）。

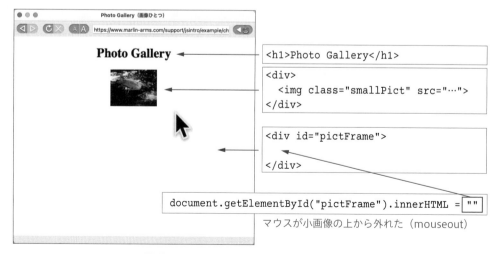

図12.5　イベントハンドラの処理 —— mouseout

以上をまとめると次のコードになります（example/ch1202.html）。

```
 8: <style type="text/css">
 9:   body {                     /* <body>...</body>について有効になる */
10:     text-align: center; /* 全体をセンタリングする */
11:   }
12:   .smallPict {               /* class="smallPict" と指定されたものについて有効 */
13:     width: 120px;            /* 小画像のサイズを120pxに指定 */
14:   }
15:   .bigPict {                 /* class="bigPict" と指定されたものについて有効 */
16:     width: 400px;            /* 大画像のサイズを400pxに指定 */
17:   }
18: </style>
19: </head>
20: <body>
21:   <h1>Photo Gallery</h1>
22:   <div> <!-- 小画像の表示領域 -->
23:     <img class="smallPict" src="pictures/picture000.jpg">
24:     <!-- classにsmallPictが指定されているので、幅120pxになる -->
25:   </div>
26:   <div id="pictFrame"> <!-- 大画像の表示枠 -->
27:     <!-- 最初は何も表示されない -->
28:   </div>
29: </body>
30:
31: <script>
32:   "use strict";
33:   const img = document.images[0]; // document.imagesには画像に関する情報が入る
34:   img.addEventListener("mouseover", () =>
35:     document.getElementById("pictFrame").innerHTML
36:       = `<img class="bigPict" src="${img.src}">`
37:   );
38:
39:   img.addEventListener("mouseout", () =>
40:     document.getElementById("pictFrame").innerHTML = ""
41:   );
42: </script>
43: </html>
```

12.5　2枚の画像から1枚を mouseover で拡大する例

　画像を2枚にするには、次のようなコードでよいでしょう（example/ch1203.html。<style>...
</style>の指定は前と同じですので省略しています）。

```
22: <body>
23:   <h1>Photo Gallery</h1>
24:   <div> <!-- 小画像の表示領域 -->
25:     <img class="smallPict" src="pictures/picture000.jpg">
```

12

```
26:     <img class="smallPict" src="pictures/picture001.jpg">
27:     <!-- 2つのimgタグの間に改行などを置くと画像の間にスペースが入る。
28:          間をあけたくなければ、2つのimgタグを1行に書けばよい -->
29:   </div>
30:   <div id="pictFrame"> <!-- 大画像の表示枠 -->
31:   </div>
32:
33:   <script>
34:     "use strict";
35:     for (let i=0; i<2; i++) {
36:       const img = document.images[i];
37:       img.addEventListener("mouseover", () =>
38:         document.getElementById("pictFrame").innerHTML
39:           = `<img class="bigPict" src="${img.src}">`
40:       );
41:       img.addEventListener("mouseout", () =>
42:         document.getElementById("pictFrame").innerHTML = ""
43:       );
44:     }
45:   </script>
46: </body>
```

　このコードの小さな画像を表示する部分は、HTMLを使って書いていますが、将来的に画像の枚数を増やすことがわかっていますので、ループを使って書いたほうがよいでしょう（**example/ch1204.html**）。

- 小さな画像を表示する**<div>...</div>**の部分に**smallPicts**というIDをふって、そこに入れる
- 枚数を「**numberOfPicts**」という定数に代入しておけば、この値を変えるだけで枚数を変えられる

```
20: <body>
21:   <h1>Photo Gallery</h1>
22:   <div id="smallPicts"> <!-- 小画像の表示領域 -->
23:   </div>
24:   <div id="pictFrame">   <!-- 大画像の表示枠 -->
25:   </div>
26:   <script>
27:     "use strict";
28:     const numberOfPicts = 2;
29:
30:     let html = "";   // ↓小画像のHTMLコードを作る
31:     for (let i=0; i<numberOfPicts; i++) {
32:       const filename = `pictures/picture00${i}.jpg`;
33:       html += `<img id="image${i}" class="smallPict"
34:                 src="${filename}">`;
34:     }
35:     document.getElementById("smallPicts").innerHTML = html; // 小画像を表示
36:
```

```
37:     for (let i=0; i<numberOfPicts; i++) { // イベントハンドラを追加
38:       const filename = `pictures/picture00${i}.jpg`;
39:       const img = document.getElementById(`image${i}`); // 画像オブジェクト
40:
41:       img.addEventListener("mouseover", () => // 大画像を表示
42:         document.getElementById("pictFrame").innerHTML
43:           = `<img class="bigPict" src="${filename}">`
44:       );
45:
46:       img.addEventListener("mouseout", () =>  // 大画像を消去
47:         document.getElementById("pictFrame").innerHTML = ""
48:       );
49:     }
50: </script>
```

これで、最初の定数「numberOfPicts」の値を、たとえば5に変えれば画像5枚のときに動作するようになります。

というわけで、この章の最初に示したもの（example/ch12001.html）が最終的なコードとなります（上のコードのnumberOfPictsの値が「2」から「5」に変わっているだけです）。

12.6　タッチデバイスへの対応 ── touchstart でタップを判定する

ここまで、パソコンなどマウスがある機器を前提にしてきましたが、ここでスマートフォンなどのマウスがない機器への対応を考えてみましょう。

指が画像の「上空」を通過しただけではそれを感知できませんので[注3]、「タッチデバイス」かどうかを判定して動作を変える必要があります。

第10章で紹介したように、オブジェクトwindow.navigatorが機器の種類などの情報をもっています。具体的にはnavigator.maxTouchPointsの値を見れば、機器が認識できる同時タッチ接触点の最大数（指何本のタッチを識別できるか）がわかります。

マウス（あるいはマウス相当のもの）しかないパソコンならば、この値は0になりますし、現在の多くのタッチデバイスでは5、あるいは10になるようです[注4]。そこでこの値が0かそうでないかによって、処理を変えることにしましょう。

スマートフォンでは処理をどう変えるべきか少し悩むところですが、ここでは次のような動作（インタフェース）にしてみましょう。

- 小画像をタップしたら下に大画像を表示する
- ただし、すでに大画像が表示されている小画像を再度タップしたら大画像を消す

パソコン版ではclickでマウスのクリックイベントを処理しましたが、タップしたかどうか（タップが始まったかどうか）はtouchstartで判定できます。

注3　そのうち、画面にタッチしなくても、上を通過したことを感知してくれるスマートフォンが登場するかもしれませんが、しばらくはなさそうです。もっとも、エレベータのボタンなどではすでに実用化されているようですので、それほど遠い将来ではないのかもしれません。

注4　https://musha.com/scjs/?ln=1201

先ほどのコードと違うのは、イベントハンドラを追加する部分だけですので、その部分のコードを下に示します（example/ch1205.html）。

ブラウザで表示 https://musha.com/scjs?ch=1205

```
43:   for (let i=0; i<numberOfPicts; i++) { // イベントハンドラを追加
44:     const filename = `pictures/picture00${i}.jpg`;
45:     const img = document.getElementById(`image${i}`); // 画像オブジェクト
46:     if (0 < navigator.maxTouchPoints ) { // タッチ操作ができる
47:       img.addEventListener("touchstart", () => { // その画像をタッチしたら
48:         if (document.getElementById("pictFrame").innerHTML.includes
                (filename)) {
49:           document.getElementById("pictFrame").innerHTML = "";
50:         }
51:         else {
52:           document.getElementById("pictFrame").innerHTML
53:             = `<img class="bigPict" src="${filename}">`
54:         }
55:       });
56:     }
57:     else { // これまでと同じ処理
58:       img.addEventListener("mouseover", () =>   // 大画像を表示
59:         document.getElementById("pictFrame").innerHTML
60:           = `<img class="bigPict" src="${filename}">`
61:       );
62:       img.addEventListener("mouseout", () =>    // 大画像を消去
63:         document.getElementById("pictFrame").innerHTML = ""
64:       );
65:     }
66:   }
67: </script>
68: </html>
```

最初のポイントは46行目のタッチ操作ができるかどうかの判定です。これは`navigator.maxTouchPoints`が0を超えているかどうかで判定しています。

2番目のポイントは、47行目のタッチの検出です。タッチ操作ができる場合`touchstart`というイベントを`addEventListener`で捉えることで、タッチを検出できます。

```
47:       img.addEventListener("touchstart", () => { // その画像をタッチしたら
48:         if (document.getElementById("pictFrame").innerHTML.includes
                (filename)) {
49:           document.getElementById("pictFrame").innerHTML = "";
50:         }
51:         else {
52:           document.getElementById("pictFrame").innerHTML
53:             = `<img class="bigPict" src="${filename}">`
54:         }
55:       });
```

　タッチを検出したら、「同じ画像がすでに表示されている」のならば`pictFrame`の`innerHTML`の値を`""`（空文字列）にして画像を消します（49行目）。同じ画像が表示されていなければ`innerHTML`に`img`タグを代入して、大画像を表示します（52 ～ 53行目）。

　「同じ画像がすでに表示されている」かどうかは、文字列について用意されているメソッド`includes`を使って、現在表示されている画像のHTMLコードが小画像のファイル名を含んでいる（`includes`）かどうかを判定しています。`innerHTML`は文字列なので、このメソッドが使えます。

> **▶ Note**
>
> 　スマートフォン対応版（example/ch1205.html）を作ってから気づいたのですが、この章の課題のバージョン（example/ch1201.html）をスマートフォン（iPhone）で実行すると、小画像をタップしたときに大画像が表示されました。どうやら、タップで`mouseover`のイベントが発生するようです（Safari、Chrome、Firefoxの3つとも同じ動作でした）。したがって、わざわざスマートフォン版を作らなくても、そこそこの動作はしてくれるようです。
>
> 　しかし、スマートフォンで実行すると`ch1201.html`は、`ch1205.html`とは次のような違いが生じてしまいます。
>
> - すでに大画像が表示されているときに、対応する小画像をタップしたら大画像を消したいのだが、消えない
>
> 　筆者は`ch1205.html`のような動作をさせたかったので、一所懸命スマートフォン用のコードを考えた意味はあったようです。

12.7　コードの改良 —— 重複を避ける

　上のコード（example/ch1205.html）を見ると、次の文字列が繰り返し出現しています。

```
document.getElementById("pictFrame")
```

　このように同じ文字列（表現）が繰り返し出現するようならば、そのコードは改良の余地があるのが普通です（その前のコードでもこの文字列が使われていますが、2回だけだったので「まあ、いいか」ということにしました）。

　たとえば、次のコードをイベントリスナーを準備する`for`文の前に入れておけば、上の文字列のかわりに「`bigImg`」と書くことができます。

```
const bigImg = document.getElementById("pictFrame");
```

　このように繰り返し出現する表現は、いったん変数（あるいは定数）に代入しておけば、次のような長所が得られます。

- コードが短くなって読みやすくなる —— `document.getElementById("pictFrame")`に間違いがないかを確認するよりも、「`bigImg`」を確認するほうが簡単です。また、`bigImg`という名前がつくことで、この部分に意味が付与され覚えやすくなります
- 実行も（少し）速くなる —— 最初のコードを実行すると、次の2段階の操作がいつも行われます
  (1) `document`オブジェクトを参照

(2) "pictFrame"を引数にしてgetElementByIdを呼び出し、画像のオブジェクトを取得

これに対して、「bigImg」に記憶しておけば、2回目以降は画像のオブジェクトに1度の操作でアクセスできます[注5]

変更後のコードを次に示します（example/ch1205b.html）。

```javascript
const bigImg = document.getElementById("pictFrame");
for (let i=0; i<numberOfPicts; i++) { // イベントハンドラを追加
  const filename = `pictures/picture00${i}.jpg`;
  const smallImg = document.getElementById(`image${i}`);
  if (0 < navigator.maxTouchPoints) { // タッチ操作ができる
    smallImg.addEventListener("touchstart", () => { // その画像にタッチした
      if (bigImg.innerHTML.includes(filename)) {
        bigImg.innerHTML = "";
      }
      else {
        bigImg.innerHTML = `<img class="bigPict" src="${filename}">`;
      }
    });
  }
  else { // これまでと同じ処理
    smallImg.addEventListener("mouseover", () => // 大画像を表示
      bigImg.innerHTML = `<img class="bigPict" src="${filename}">`
    );
    smallImg.addEventListener("mouseout", () =>   // 大画像を消去
      bigImg.innerHTML = ""
    );
  }
}
```

12.8　コードの改良 ── 関数を使って簡潔に

上のコード（example/ch1205b.html）を見てみると、44行目からのfor文の中に47行目からのif文があり、さらにその中にあるアロー関数の中にif文があるという構造になっています。

これくらい（3レベル）の「入れ子」は「許容範囲」と考える人もいるかもしれませんが、「ちょっと読みにくい」と感じる人も多いと思います。読みにくいと感じさせないコードにするのはとても重要です。レベルが深くなりすぎた場合は、次のコードのように関数でまとめるとわかりやすくなるでしょう（example/ch1205c.html）。

```javascript
43: const bigImg = document.getElementById("pictFrame");
44: for (let i=0; i<numberOfPicts; i++) {
45:   const filename = `pictures/picture00${i}.jpg`;
46:   const smallImg = document.getElementById(`image${i}`);
47:   if (0 < navigator.maxTouchPoints) { // タッチ操作ができる
```

注5　処理系によっては、裏で同じような操作（何度も使われる値をいったん変数に記憶して以降その値を利用する操作）を自動的に行ってくれる場合があります。最適化（optimization）と呼ばれます。

```
48:      handleTouchDevice(smallImg, bigImg, filename);
49:    }
50:    else { // パソコンなど
51:      handlePC(smallImg, bigImg, filename);
52:    }
53: }
54:
55: // タッチデバイスの処理。小画像、大画像、ファイル名を渡す
56: function handleTouchDevice(small, big, filename) {
57:    small.addEventListener("touchstart", () => { // 小画像をタップした
58:      if (big.innerHTML.includes(filename)) { // すでに大画像が表示されている
59:        big.innerHTML = ""; // 消す
60:      }
61:      else { // 大画像は表示されていない -> 表示
62:        big.innerHTML = `<img class="bigPict" src="${filename}">`;
63:      }
64:    });
65: }
66:
67: // 非タッチデバイスの処理。小画像、大画像、ファイル名 を渡す
68: function handlePC(small, big, filename) {
69:    small.addEventListener("mouseover", () => // 大画像を表示
70:      big.innerHTML = `<img class="bigPict" src="${filename}">`
71:    );
72:    small.addEventListener("mouseout", () =>  // 大画像を消去
73:      big.innerHTML = ""
74:    );
```

example/ch1205b.htmlに比べると、全体のコードはだいぶ長くなりますが、新しいコードでは、for文は44行目からの10行に収まっており、全体の流れがわかりやすくなっています。それでいて処理の詳細を確認したい場合は、関数の定義を読めばよいのです。

　入れ子のレベルは浅いほうが「よいコード」「読みやすいコード」になります。

★☆★
コラム　if文の「{」と「}」の省略

上のコードでは（少なくとも）もう1箇所、コードを短くできるところがあります。
example/ch1205c.htmlでは47〜52行目のif文を次のようにしました。

```
47: if (0 < navigator.maxTouchPoints) { // タッチ操作ができる
48:   handleTouchDevice(smallImg, bigImg, filename);
49: }
50: else {   // パソコンなど
51:   handlePC(smallImg, bigImg, filename);
52: }
```

実はifやelseなどのあとが1文しかない場合は「{」と「}」を省略できます。つまり、上のコードは下のように書いてもよかったのです（example/ch1205d.html）。

12

```
47: if (0 < navigator.maxTouchPoints) // タッチ操作ができる
48:     handleTouchDevice(smallImg, bigImg, filename);
49: else  // パソコンなど
50:     handlePC(smallImg, bigImg, filename);
```

このほうが 2 行短くなります。ただし、筆者自身は上の書き方（「{」と「}」を省略しない書き方）のほうが好みですし、皆さんにも（少なくとも初心者のうちは）「{」と「}」を省略しないことを推奨します。

その理由は、if や else などの処理を追加したときに、「{」や「}」をつけ忘れてしまうためです。そうするとエラーになってしまったり、意図したとおりに動かなかったりするのです。

たとえば、else の処理をもうひとつ加えたくなって、次のように「xxx = yyy」の文を加えたとします。そうすると、新たに加えた「xxx = yyy」のコードは、else の場合だけではなく、すべての場合に実行されてしまいます。

```
if (0 < navigator.maxTouchPoints) // タッチ操作ができる
    handleTouchDevice(smallImg, bigImg, filename);
else // パソコンなど
    handlePC(smallImg, bigImg, filename);
    xxx = yyy; // 【加えた文】これは if の条件が真でも偽でも実行される！
```

次のように書いたのと同じことになってしまうのです（JavaScript では「字下げ（インデント）」は人間にとっての目安であって、処理系は無視してしまいます[注6]）。

```
if (0 < navigator.maxTouchPoints) { // タッチ操作ができる
    handleTouchDevice(smallImg, bigImg, filename);
}
else { // パソコンなど
    handlePC(smallImg, bigImg, filename);
}
xxx = yyy; // 【加えた文】これは if の条件が真でも偽でも実行される！
```

最初から次のように「{」と「}」を書いておけば、「}」の前に新しい文を加えるだけですみ、エラーが起こる危険が減ります。

```
if (0 < navigator.maxTouchPoints) { // タッチ操作ができる
    handleTouchDevice(smallImg, bigImg, filename);
}
else { // パソコンなど
    handlePC(smallImg, bigImg, filename);
    【ここに文を追加】
}
```

このほか「{」と「}」を省略する書き方には「ぶら下がり else」と呼ばれる問題が生じる危険性もあります[注7]。

こうした議論を踏まえてだと思いますが、比較的新しい言語である Go 言語（付録 B 参照）では、「{」と「}」は必ず書くという言語仕様を採用しました。

ともかく、（筆者がやっているように）if 文を、いつも {...} を使って書きさえすれば、こうした問題は起こらないのです！

注6　Python では、字下げによって if や else などの範囲を決めます。「{」や「}」は使いません。詳しくは付録 B を参照してください。

注7　{...} を使わずに if ... if ... else ... と書いたときに、else がどちらの if とのペアなのか、書く人の意図と処理系の処理が異なってしまうという問題です。詳しくは https://musha.com/scjs/?ln=1202 などを参照してください。

12.9　この章のまとめ

この章ではイベント処理について説明しました。イベント処理はブラウザで使われるJavaScriptがもっとも得意とするものです。

特定のオブジェクトに対して、特定のイベントを処理するには、イベントハンドラ（罠）を記述します。そのためには、オブジェクトに付随している **addEventListener** というメソッドを使います。

また、パソコンとスマートフォンで処理を変える必要がある場合の処理について、ひとつの例を紹介しました。

12.10　練習問題

イベント処理を身につけると、ムービーや画像を使って楽しいことがいろいろできるようになります。皆さん自身で、いろいろな「バリエーション」を考えてみてください。

問題12-1 ロケットの画像をクリックしたら「クリックしました！」とダイアログボックスに表示するプログラムを作れ

ロケットをクリック

コード例（exercise/prob1201.html）

```
 7: ...
 8: <style>
 9:   #rocket {            /* id="rocket" についての指定 */
10:     width: 200px;      /* ロケットの画像の大きさを指定 */
11:     cursor: pointer;  /* 上に来たときマウスポインタを指の形にする */
12:   }
13: </style>
14: </head>
15:
16: <body>
17:   <div>
18:     <h1>画像をクリック</h1>
19:     <img id="rocket" src="pictures/rocket1.png">
20:   </div>
21:
22:   <script type="text/javascript">
23:     "use strict";
24:     const ロケットオブジェクト = document.getElementById("rocket");
25:
```

12

```
26:        ロケットオブジェクト.addEventListener("click", () => {
27:          ●●   // ←●●を変更
28:        });
29:    </script>
30: </body>
31: </html>
```

問題12-2 ロケットの画像の下に「発射」ボタンを置き、ボタンを押したらカウントダウンを開始して、0になったらロケットの画像を変えて、発射したように見せよ
写経

- 画像は`pictures/rocket1.png`と`pictures/rocket2.png`
- 画像の領域とカウントダウンの領域を設ける
- 2つの領域に名前を付けて、`innerHTML`（あるいは`src`）を変更

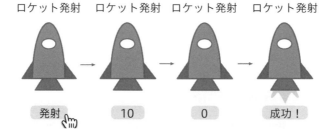

コード例（exercise/prob1202.html）

```
...
<style>
  img { width: 200px; }   /* ロケットの画像の大きさを指定 */
  #button {
    background-color: yellow;
    width: 200px;
    margin: 0;
    padding: 10px 40px;    /* 文字と枠の間の距離。上下10px、左右40px */
    font-size: 20pt;       /* 文字の大きさ20ポイント */
    cursor: pointer;       /* ポインタを手の形にする */
    border-radius: 15px;   /* 角を丸くする。15pxの半径 */
  }
</style>
</head>
<body>
  <div style="text-align: center;">
    <h1>ロケット発射</h1>
    <img id="pict" src="pictures/rocket1.png"> <!-- 画像 --><br>
    <span id="button">発射</span>   <!-- 数字に変わる -->
  </div>
```

```
<script>
  "use strict";
  let カウント = 10;
  let タイマーID = -1; // 下のif文で使う
  const ボタンオブジェクト = document.getElementById("button");

  function カウントダウン() { // 1秒ごとに呼ばれる関数
    if (カウント >= 0) {
      ボタンオブジェクト.innerHTML = カウント; // 数字変更
    }
    else { // 0より小さくなったら
      ボタンオブジェクト.innerHTML = "成功！";
      document.images[0].src = "pictures/rocket2.png"; // 画像を変える
      clearInterval(タイマーID); // 繰り返しタイマーを止める
    }
    カウント--; // ひとつ減らす(マイナス「-」2つ)
  }

  ボタンオブジェクト.addEventListener("click", () => {
    if (タイマーID === -1) {
      ボタンオブジェクト.innerHTML = カウント;
      // ↑上の行を入れたほうがすぐに反応したように見える。
      // 上の行をコメントにしてしまうと、1秒たってから始まることになる
      カウント--;
      タイマーID = setInterval(カウントダウン, 1000); // 1秒ごとに呼び出す
    }
    // タイマーID === -1の条件がないとボタンをクリックするたびに
    // 別のタイマーが始まり、1秒間に何度もカウントダウンが呼ばれることになる
    // カウントダウンが速くなってしまう
  });
</script>
</body>
</html>
```

12

問題12-3 ロケットが左から右、右から左と交互に動くプログラムを作れ。ただし、ウィンドウの大きさを変えても右端付近で折り返すようにせよ。また、30秒経過したらロケットを停止せよ（問題11-9を参考に）

- ウィンドウの大きさを変えると window オブジェクトに resize イベントが発生するので、このイベントが起きたときの処理を記述すればよい

```
window.addEventListener("resize", () => {
  // ウィンドウのサイズが変わったときの処理をここに書く
});
```

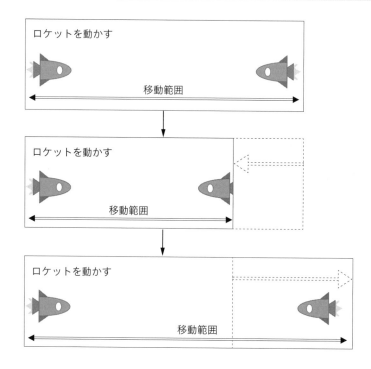

問題12-4 上の問題で、最後にロケットを止める際に、30秒経過後に左端まで戻ったときに停止するようにせよ。ロケットの向きは最初と同じように右向きにする

問題12-5 上の問題で、ロケットが右端のほうにあるときに、ウィンドウ幅を左に縮めても、ロケットが隠れてしまわないようにせよ

　上の問題（12-4）の解答例のコードだと、素早く左にドラッグしてウィンドウ幅を小さくすると、ロケットが隠れてしまいます。ロケットはいつも全体が表示されているようにしてください。

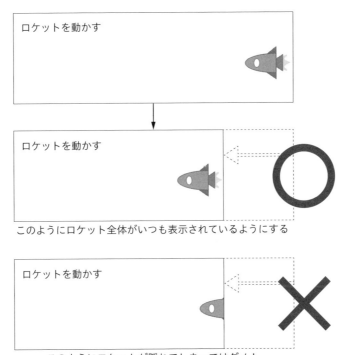

このようにロケット全体がいつも表示されているようにする

このようにロケットが隠れてしまってはダメ！

 ヒント

- resizeの際にウィンドウの幅が変わるところで、ロケットの左マージンもチェックしてロケットがウィンドウからはみ出さないようにする

12

問題12-6 画像を5つ横に並べ、マウスが上にきた画像だけを拡大するようなページを作れ。画像の下辺を揃えるように工夫せよ（★難問★）

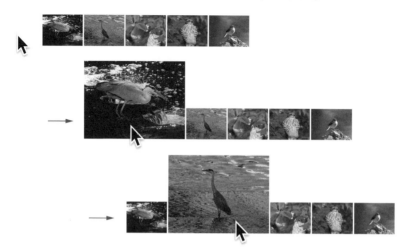

- 画像の大きさを変えるコードの例

```
// 「id が "pict0"の画像」の大きさ(width)を変えるには...
<img id="pict0" src="..."> ←画像にidを振っておく
...
<script>
...
let 画像 = document.getElementById("pict0");
画像.style.width = "400px"; // 画像の大きさを変更
...
</script>
```

- マウスが画像の上に来た ── x.addEventListener("mouseover", () => {...});
- マウスが画像の外に出た ── x.addEventListener("mouseout", () => {...});

問題12-7 上の問題で、画像を拡大するときに少しずつスムーズに拡大するようにせよ（上の問題の解答例では、画像が突然拡大されるが、少しずつ拡大されるようにする）

 ヒント ....

　拡大する画像のCSSに、**トランジション**（transition）を指定します。たとえば次のように指定することで、コメントにあるような効果が得られます。

```
transition-property: all;      /* 拡大・縮小時に幅や高さなどすべてのプロパティが変化 */
transition-duration: 200ms;    /* 開始から終了までの時間 */
transition-delay: 0s;          /* 開始するまでの時間 */
```

```
transition-timing-function: ease-in; /* 開始時はゆっくり、終了時は早く変化 */
```

また、これらを次のようにまとめて指定もできます。

```
transition: all 200ms 0s ease-in; /* 上の4行と同じ効果 */
```

画像のCSSに上のコードを加えれば、スムーズな動きになります。
なお、transitionの詳細は次のページなどを参照してください。

- 株式会社アーティスのブログ記事 —— https://musha.com/scjs?ln=1203
- mdnのページ —— https://musha.com/scjs?ln=1204

問題12-8 氏名を入力して[検索]ボタンを押すと、その人の電話番号を表示する「フォーム」を使ったページを作成せよ。登録されていない氏名を入力した場合は「わかりません」と表示する 写経

コードに説明が書いてありますので、よく読んでください。重要なのは次の2箇所です。

- 「フォーム」を「送信（submit)」すると、submitというイベントが発生します。したがって、formのオブジェクトのaddEventListnerでsubmitを捕捉します（40行目）
- フォームのinput領域の値はvalueというプロパティを見ればわかります（52行目）

12

```
17: <body>
18: <h2>電話帳</h2>
19: <!--  ★★ex1401-bekkai.html に別解あり★★  -->
20: <form id="form1">
21:   氏名:<input type="text" id="name">
22:   <button type="submit" value="search">検索</button><br>
23:   電話番号:<span id="phoneNumber"></span>
24: </form>
25:
26: <script>
27: "use strict";
28:
29: // 電話帳の定義  オブジェクトのプロパティを使って記憶する
30: const 電話帳 = {
31:   "東野ナカ": "160-8811-8888", "平山綾香": "190-3344-3333",
32:   "白木渚": "143-334-2222", "武田信玄": "1268-22-4321", "上杉謙信": "13-3311-3421",
```

```
33:    "真田幸村": "1268-24-3311", "松ひく子": "160-3312-2212"
34: };
35: // 次のようにしてもよい（プロパティ名は "..." でくくらなくてもよい）。
36: // 東野ナカ: "160-8811-8888", 平山綾香: "190-3344-3333", ...
37:
38:
39: // submitイベントが起こったときに関数「電話番号を表示」を呼び出す
40: document.getElementById("form1").addEventListener("submit", 電話番号を表示);
41: /* ★注意★
42:    document.getElementByIdに指定するIDは、このコードより上で定義されていないとエラーに
なる
43:    (ただし、少し「細工」をすればこの制限をなくすこともできる。たとえばonloadイベントを使う)
44: */
45:
46: function 電話番号を表示(event) {
47:    event.preventDefault(); // 再読込しないようにする
48:    // フォームは、submitするとデフォルトでは（何も指定しないと）指定のURLに移動してしまう。
49:    // URLが指定されていない場合は同じページを再読み込みする。
50:    // すると、名前も電話番号も消えてしまう。
51:    // 上を書いておくとデフォルトの動作をしない -> 再読み込みしない
52:    const 氏名 = document.getElementById("name").value;
53:    // nameというidのinput領域に入力された値を取得
54:    // console.log(氏名); // デバッグ用
55:    const 電話番号 = 電話番号を検索(氏名);
56:    document.getElementById("phoneNumber").innerHTML = 電話番号;
57: }
58:
59: function 電話番号を検索(氏名) {
60:    if (電話帳[氏名]) { // 電話帳に氏名が登録されていれば
61:      return 電話帳[氏名];
62:    }
63:    return "わかりません";
64: }
65: </script>
66: </body>
```

ヒント ••

- 構造はすぐ上の問題と同じ。データを変えればよい。関数名は変えなくても動作するが、関数の名前と処理内容が一致しなくなりわかりにくいプログラムになってしまうので、関数名も変更する

問題12-9 問題9-1と同じデータ（英和辞書）を用いて、英単語を入力して［検索］ボタンを押すと、日本語訳を表示するフォームを使ったページを作成せよ

> **英和辞書**
>
> 英単語：library ［検索］
> 日本語の意味：図書館

問題12-10 問題12-9と同じ英和辞書のデータを用いて、日本語の単語を入力して［検索］ボタンを押すと、対応する意味をもつ英単語を表示するフォームを使ったページを作成せよ（問題9-3で作った和英辞書を使う）

> **和英辞書**
>
> 日本語の単語：図書館 ［検索］
> 英単語：library

問題12-11 上の問題を組み合わせて、英単語を入れたときは日本語の意味を、日本語の単語を入れたときは対応する英単語を表示するページを作成せよ

> **英和・和英辞書**
>
> 英語あるいは日本語の単語：象 ［検索］
> 対応する意味をもつ日本語あるいは英語：elephant

> **英和・和英辞書**
>
> 英語あるいは日本語の単語：library ［検索］
> 対応する意味をもつ日本語あるいは英語：図書館

12

問題 **12-12**　下図のような動画を表示するページを作れ 写経

- ［再生］ボタンを押すと再生を開始し、ボタンが［停止］に変わる
- 再生中に［停止］ボタンを押すと再生を停止し、ボタンが［再生］に変わる

第 9 章の「9.3 動画オブジェクト」の説明も参照してください。

```
 3: <head>
 4:   <meta charset="UTF-8">
 5:   <meta name="viewport" content="width=device-width, initial-scale=1.0">
 6:   <title>動画の再生と停止</title>
 7:   <style>
 8:     .movie {
 9:       width: 60%;                /* 幅60%で表示 */
10:       border-radius: 10px; /* 境界線(border)の角を丸く。半径(radius)10px */
11:     }
12:     .controller {
13:       margin: 1rem;
14:       text-align: center;
15:       font-size: 20pt;
16:     }
17:     .button {
```

```
18:        width: 30%;
19:        color: white;
20:        background-color: #0032BF;
21:        padding: 1rem;
22:        border-radius: 1rem;
23:        cursor: pointer; /* マウスポインタの手の形にする */
24:      }
25:    </style>
26: </head>
27:
28: <body style="text-align: center;">
29:    <h2>動画の再生と停止</h2>
30:
31:    <div>
32:      <video class="movie" src="movies/no00.mp4" poster="movies/no00.jpg"
33:            playsinline loop> <!-- 再生を繰り返す -->
34:      </video>
35:    </div>
36:
37:    <div class="controller">
38:      <span class="button" id="startStop">再生</span>
39:    </div>
40:
41: <script>
42:    "use strict";
43:    const movies = document.getElementsByClassName("movie");
44:    // CSSのclass名が"movie" のものを全部集める
45:    // moviesはHTMLCollectionというほぼ配列と同じように扱えるものになる
46:    // この例では1つしかないので、getElementByIDを用いてもよいが、
47:    // あとの問題で複数の動画を扱うので、拡張できるようにこうしておく
48:
49:    const startStopButton = document.getElementById("startStop");
50:
51:    startStopButton.addEventListener("click", () => { // ボタンをクリックした
    ときの処理
52:      if (movies[0].paused) { // 再生中でないなら
53:        movies[0].play();
54:        startStopButton.innerHTML = "停止";
55:      }
56:      else { // 再生中のとき
57:        movies[0].pause(); // 動画を停止
58:        startStopButton.innerHTML = "再生";
59:      }
60:    });
61: </script>
62: </body>
```

12

問題12-13 問題12-12の動画ページに、下図に示すようなサウンドのオン（🔊）・オフ（🔇）を切り替えるボタンを付けよ（絵文字を利用）

問題12-14 問題12-13の動画ページに、下図に示すような「5秒戻る」「5秒進む」のボタンを追加せよ

問題12-15 4つの動画を順番に再生する、下記の条件を満たすページを作れ

- ページのロード時（最初に読み込んだとき）には、動画が4つ並び、その下に［停止］ボタンと現在サウンドがオフであることを示す 🔇 が表示される（下図参照）
- 動画はページのロード時に自動的に左から順番にn秒間ずつ再生され、最後まで再生すると最初の動画に戻る（nはプログラムの冒頭で定数で指定する）
- ページのロード時は、サウンドはミュート（消音）になっている
- ［停止］ボタンをクリック（タップ）すると、動画の再生を停止し、ボタンを［再生］に変更する
- ［再生］ボタンをクリック（タップ）すると、再度動画が順番に再生され、ボタンを［停止］に変更する。先ほど停止していた動画から再生を再開するものとする
- 🔈 ボタンをクリックするとサウンドが聞こえるようになり、ボタンは 🔇 に変わる
- 🔈 ボタンをクリックするとサウンドがミュートになり、ボタンは 🔇 に変わる

問題12-16 「この章の課題」の動画版を作成せよ

- 下図のようなレイアウトで、4つの動画を並べる
- マウスが上に来た場合にその動画を下の領域でより大きく再生する
- マウスが離れると、その動画を消去する
- 小さな画像右下にある 🔊 をクリックするとサウンドが聞こえるようになり、🔊 に変わる
- 🔊 をクリックするとサウンドがミュートになり、🔊 に変わる

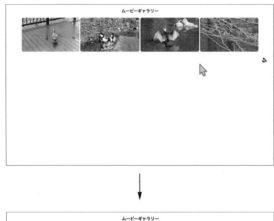

第13章

プログラムを作る

≒

アルゴリズムとデータ構造を考える

　この章では、これまで学んできたことを別の角度から整理してみましょう。この章の内容はプログラミング技術の向上に即効性があるものではありませんが、頭の中が整理されることで、よりよいプログラムが書けるようになるはずです。

13.1　概念の相関図

　ここまで、プログラミング関連のいろいろなものや概念が登場してきましたが、そうした概念の「相関図」を作ってみました（**図13.1**）。

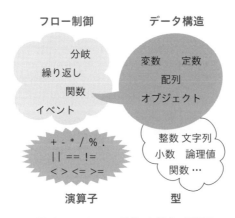

図13.1　これまでに登場した概念の相関図

　上の図に登場している、データ構造、フロー制御、演算子、型について、以下の各小節で説明します。

データ構造

　プログラムで利用する「データ」（数値や文字など）を記憶する手法のことを**データ構造**と呼びます。変数や定数は、数値や文字列などを記憶します。ひとつの値だけを記憶する場合もありますが、配列やオブジェクトも変数や定数に記憶できます。

　配列は複数の似たようなデータをまとめて記憶するときに使われます。

　そしてオブジェクトには、特定のものに関連する性質（プロパティ）や手順（メソッド）をまとめて記憶できます。

　プログラムは、「この一群のデータは配列にまとめて記憶しよう」とか「これはオブジェクトとしてまとめよう」といったように、データ構造も考慮しながら作っていきます。

型

　この本ではほとんど登場しませんでしたが、データ構造に関連して「型」（あるいは「タイプ」）という概念があります。

　これまでに登場したプログラムのほとんどが「文字列」のデータを扱ってきました。そのため、型を意識する必要はほとんどありませんでした。変数や定数の多くが「文字列型」（`String`）だったのです。

　多くのプログラミング言語では、変数を宣言する際に「型」を指定します。たとえば、変数 `i` には「整数」しか記憶しない、変数 `s` には「文字列」しか記憶しないといったように、変数に制約を課します。この制約により、誤った処理をしてしまう危険を減らしたり、処理を高速化したりできるのです。

　これに対してJavaScriptでは、変数などを宣言する際に型を指定する必要がありません。これは「できる
だけ気楽に、簡単に使えるプログラミング言語にしたい」という作者の意図が反映されたものだと思います。
「いちいち型を指定しなければならないのは面倒だ」と考えたのでしょう。

　実は、JavaScriptの処理系が、裏で変数（や定数）の型を決めながら処理をしてくれています。たとえば
次のコードを見てみましょう。

```
let x = 1; // ①
...
x = "あかさたなはまやらわ"; // ②
...
```

　①では変数xに整数の1が代入されています。しばらくして②では、同じ変数xに「あかさたなはまやらわ」
という文字列が代入されています。

　①の段階では、処理系がひとつの整数値を記憶するのに十分な領域を用意して、変数xが指す領域に1を
記憶します。②の段階では、**"あかさたなはまやらわ"**を記憶するために十分な量のメモリを変数xが指す
領域に確保してから、xの値は文字列に変わります。

　変数には整数や文字列のほかにも、小数や論理値（`true`、`false`）、関数も記憶できます。

　関数を記憶する例を見てみましょう（example/ch1301.html）。

```
let x = () => {alert("こんにちは");}  // ①
x();  // ②
```

　①で、変数xに無名関数（アロー関数）の定義を代入します。

　②ではxの後ろに`( )`をつけることで、xに代入された無名関数を呼び出しているのです。この結果「こん
にちは」がダイアログボックスに表示されます。

　このように、JavaScriptの変数などには、（表にはあまり現れませんが）型が付随しています。

13

フロー制御とアルゴリズム

　何度か触れたように、プログラムは原則として上から下に順番に実行され、分岐やループ、関数呼び出しなどを使って、実行の順番が制御されます。

　第12章でイベントループについて説明したときに用いた図をもう一度見てください。

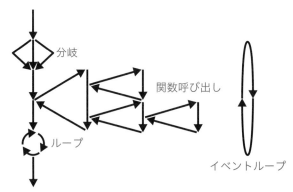

図13.2　分岐、ループ、関数呼び出し、イベントループ

● フロー制御

　プログラムの実行の順番を制御することを**フロー制御**と呼びます。また、プログラムが実行される順番（流れ）のことを**制御フロー**あるいは**コントロールフロー**などという言葉で表します。

　図13.1の左上にあるように、フロー制御に関連する概念としては、分岐、ループ、関数などがあります。

　「イベント」が少しはみ出しているのは、一般的なフロー制御の仕組みとは少し異なる「特別な機構」が用意されていることを表現したものです。

　また、「オブジェクト」の左側からフロー制御に「ヒゲ」が伸びているのは、オブジェクトにはメソッド（関数）も含まれるので、両方にまたがっている感じを表したものです。オブジェクトは基本的には「プログラムで扱うデータをどう表現するか」という「データ構造」の意味合いが強いですが、関数にも関係しています。

　もっとも、変数や配列にも関数が記憶できますので、このヒゲはデータ構造とフロー制御を結ぶものと考えたほうがよいかもしれません。

● アルゴリズム

　「フロー制御」と類似の概念として**アルゴリズム**という言葉があります。フロー制御は、具体的なプログラムの実行順序を指し、具体的で細かい印象があります。

　これに対してアルゴリズムは、「問題を解決するための（一般的な）手順」を指す言葉で、プログラミング言語には依存しない印象が強くなります（やや具体的な意味合いで使われる場合もあります）。

　何か問題を解決しようとするとき、「○○を解決するためのアルゴリズムを考える」などといった言い方もします。（具体的なコードではなく）頭の中でもう少し抽象度の高い思考をして、どうすれば問題が解決できるか、その手順を考えることを指す印象があります。

演算子

　組み込みの関数やユーザー定義関数を使ってさまざまな処理を行いますが、加減乗除や文字列の連結、大小の比較などには、演算子（オペレータ）が使われます。

　プログラムを作る際には、どのようなデータ構造を使うかを考慮しつつアルゴリズム（問題解決の手順）を考えます。演算子はその際の道具として使われるというわけです。

アルゴリズム＋データ構造≒プログラム

　以前、『アルゴリズム＋データ構造＝プログラム』という本を書いた人がいました。本のタイトルとしてはよいとしても、「＝」はちょっといい過ぎかと思いますが、アルゴリズムとデータ構造をしっかり考えたほうがよいプログラムにつながることは間違いないでしょう。

 13.2　局所変数（ローカル）と大域変数（グローバル）―― 大域変数を避ける

　第3章で紹介した局所変数と大域変数について補足しておきましょう。

letとvarのスコープ

　変数には次の2種類があります。

- 局所変数（ローカル変数）
  - 宣言した関数や{...}の中でしか使えない
  - 局所的に見ればよいので、意図せずに変更してしまう危険が小さい
- 大域変数（グローバル変数）
  - 宣言（利用）箇所の下なら使える
  - 関数をまたいで利用可能←便利
  - 意図せずに変更してしまう危険性（ライブラリ内の変数とかち合うなど）がある

　JavaScriptの変数の宣言方法としてこの本では、letというキーワードを使ってきましたが、varというキーワードを使って変数を宣言することもできます[注1]。実はvarのほうが昔から使われてきたものです。letが導入されたのはES2015という規格で、ブラウザの互換性の問題を気にせずにletが使えるようになったのは2020年ごろからです。

　JavaScriptの場合は、次のルールに従って変数や定数の有効範囲（スコープ）が決まります。

- 関数内でletで宣言 ―― 局所変数（letを含む{...}内のそのletよりも下で有効）
- 関数内でvarで宣言 ―― 局所変数（関数内で有効）
- var、let、constで宣言しないと大域変数（下記「"use strict";」の説明も参照）
- 関数の外でvarを付けて宣言すると大域変数
- 関数の外でletを付けて宣言するとletを含む{...}内のそのletよりも下で有効。{...}に囲

注1　varは「変数」という意味の単語variableの先頭3文字です。

まれていない場合は、そのletよりも下のすべてで有効

　このようにvarの有効範囲は非常にわかりにくい（ほかのプログラミング言語とかなり異なる）ため、let
を使うのがオススメです（他の多くのプログラミング言語と共通ですし、なにより明解です）。
　また、第8章で説明したように、「"use strict";」を<script>...</script>の冒頭（やファイ
ルや関数の冒頭）で指定すると、JavaScriptのコード全体（やそのファイルや関数内）では変数宣言をしな
いとエラーになり、スペルミスなどの間違いが見つけやすくなります。

大域変数を安全に使う

　大域変数を使わなければならない場合、ひとつのオブジェクトにまとめるという方法があります。こうす
ることで、ほかの場所で使われている変数とかち合ってしまう危険が少なくなり、コードの見通しがよくな
ります。

```
// たくさん変数や定数を使って定義
const 表示する枚数 = 100;
const 最後のファイル番号 = 63;
let 表示している画像の番号 = 0;
const タイマーID = setInterval(...);
```

↓

```
// 変数はひとつだけ。オブジェクトのプロパティを利用する
let Globals = {
  表示する枚数: 100,
  最後のファイル番号: 63,
  表示している画像の番号: 0,
  タイマーID: 0
};

Globals.タイマーID = setInterval(...);
...
if (Globals.表示する枚数 < Globals.表示している画像の番号) {
  スライドショーを停止();
  return;
}
```

> **Note**
>
> 　上に少し書きましたが、基本的には大域変数（グローバル変数）は使わないほうが、よいプログラムになります。局
> 所変数（ローカル変数）を使っていれば、文字どおり局所的に注意を払っていればよいので、間違いが少なくなるのです。
> 　しかしブラウザのJavaScriptの場合、大域変数を使わざるを得ない事情があります。そもそもwindowとか
> documentはグローバルな存在で、これを使わずにブラウザのJavaScriptのプログラムは作れないでしょう。
> 　なお、「クロージャ」というものを使うと大域変数の利用をある程度は避けられます。初心者にはかなりややこしい
> 概念なので、入門レベルを卒業したらトライしてみてください。

13.3　これから進む道

　次の第14章では、これまで学んだ知識を活かして、(小規模ですが) サイトを作って、この本の総まとめとしましょう。

　その前に、みなさんがこれから進む道について、筆者の考えをお伝えしておこうと思います。

　プログラミング入門のこの本でJavaScriptを取り上げたのは、第1章で説明したように、とっつきやすく、面白い例が簡単に作れるからです。

- とにかく簡単に使える ── 開発環境のインストールなどの準備が不要です。ウェブブラウザとエディタ (この本ではVS Codeを使いましたが、WindowsやmacOSに付随する「メモ帳」や「テキストエディット」でも大丈夫) があれば始められます
- ウェブで情報を公開して、少し凝ったこと (HTML+CSSではすまないこと) をしようと思うと、(少なくとも現状では) JavaScriptを使わざるを得ない ── したがって、情報公開の大部分がウェブ上で行われる現在においては、プログラマーにとっては必須の言語といっても過言ではないでしょう
- サーバ側でもNode.jsというJavaScriptをベースにした言語が使えるので、ウェブ関連の開発をするのに複数の言語を覚えなくてすむ

　ただし、JavaScriptをどの程度まで極めるかは選択の余地があります。

　なぜかというと、この本に書いてある程度のことを身につけて、あとは必要になったときにウェブなどで知識を補うといった姿勢でも、ウェブでの情報公開にはほぼ十分だと思うからです。

　知識は多いに越したことはないのですが、主要な機能を身につけさえすれば、それだけでも面白いプログラムは作れるのです。

　紹介した主要な機能だけでは少し実行が遅いプログラムになってしまうかもしれませんが、現在のコンピュータは非常に高速です。単純な (ちょっとアホな) 書き方をしても、多くの場合は十分な速度で実行できるでしょう[注2]。

　冗長なコードになってしまっても、わかりやすいプログラムを書くよう留意すれば、読みにくいコードにはなりません。

　いろいろな機能を知っておけば、簡潔なプログラムが書ける可能性は高くなります。しかし、プログラミング言語の機能を知っているだけでは、面白いことをするプログラムは作れません。面白いことをするプログラムを作るための源泉は、皆さんのアイデアなのです。

　簡単に面白いことができるJavaScriptですが、少し深いところに行くと、JavaScriptはかなり複雑です。筆者は (JavaScriptをサーバ側で動作させたりするのに使われるプラットフォームである) Node.jsのやや上級者向けの本を訳したことがありますが、「うへ〜、こんな機能、きちんと理解できる人、何%いるんだろうか」と思ったことが何度かありました。

　プログラミング言語には「頭のよい人が、自分が便利なように考えて導入した機能」が入っている場合があります。そして残念ながら、JavaScriptの「言語仕様」にもそういったものが少なからず入っているように思えます。筆者の経験上、「一般人がわかりやすく、使いやすいように」と考えてプログラミング言語の機能を考えてくれる人は、どちらかというと少数派のようです。

　この本で紹介した知識があれば、ほかの言語についてJavaScriptと同じぐらいのレベルに到達するのは、

注2　すごくアホな書き方をしてしまうと、法外な時間がかかってしまう危険性はありますが …。

それほど時間がかからないはずです。ですから、JavaScriptをある程度覚えたからといって、サーバ側で使う言語をNode.jsに限定する必然性はありません。

　少なくとも、もうひとつ、ふたつ言語を試してみてから、自分がいつも使う「第一言語」（母国語？）やサーバ側で使う言語を決めても遅くはありません。

　そんなわけで、皆さんの「第一言語」選びの参考に、付録Bで他のプログラミング言語について簡単に紹介してサンプルコードを示しています。試しにコードを読んで実行してみてください。この章まで到達した皆さんなら、それほど苦労せずにコードが「読める」ことでしょう。

第 14 章

ウェブサイトを作ってみよう

　いよいよ最後の章になりました。これまでのまとめとして、ウェブサイト（利用者に何らかの機能を提供するウェブページの集まり）を作ってみましょう。

　まず、ウェブサイト構築の方法について検討し、それに続いて、具体的なサイトの作成法を見ていきましょう。

　次の2種類のサイトについて、具体的な作り方を見ていきます。

- この本の例題と練習問題の解答を公開するためのサイト
- 翻訳者用の辞書検索サイト

　また、ほかの人が作ってくれた「ライブラリ」の利用についても説明します。サイトを構築する際にライブラリを使えば、開発時間を短縮したり、自分では（簡単に）実現できない機能をもたせられます。

14.1　サイト構築の手法

　これまでは、ウェブページを一度にひとつだけ作ってきましたが、何らかのサービスを提供する「ウェブサイト」を構築するには、どうしたらよいでしょうか。

　簡単に結論をいってしまえば、「こうすればよい」という決定版はありません。

　ウェブサイトといっても、Google 検索のように、基本的には「検索ページとその結果だけ」という（表面上は）単純なものから、大企業のウェブサイトのように、多種多様な製品やサービスの紹介やサポート情報などを提供するものまで、さまざまな形態があります。サイトの目的や予算などによっても、作成方法は大きく変わってくるでしょう。

　そこでこの章では、この本をここまで読んでくださって、HTML+CSS と JavaScript の基礎を身につけた皆さん、「この本で覚えたこと（+α）を使ってウェブサイトを構築してみよう」と考えている皆さんに、筆者がオススメする方法を紹介します。

　なお、サイト構築方法全般については、下記のページなどが比較的わかりやすくまとまっていますので、参考にしてください。

- https://musha.com/scjs?ln=1403 ── ウェブスクール運営会社 WEBST8 のブログの「ホームページの作り方 自作方法を解説」のページ。その他にも参考になるページ多数
- https://musha.com/scjs?ln=1404 ── ウェブサイト作成サービスを提供する FLUX の「お役立ち記事」の「ホームページ作成 11 の手順をはじめての方向けに徹底解説！」のページ（このほかの「お役立ち記事」も参考に）

> **Note**
>
> 　「ウェブサイト」は通常、www.ohmsha.co.jp（この本の出版社のオーム社のサイト）や marlin-arms.com（筆者が代表を務める会社のサイト）など、独立した「ドメイン」の下にあるページの集まりのことを指します。
>
> 　これから構築する 2 つのサイトは、独立したドメインの下には置かれないので、この意味では「サイト」とは呼べないものです。
>
> 　ただ、この本の例のためだけに独立のドメインを用意するのはコストも手間もかかりますので、筆者の会社のサイト https://marlin-arms.com/ の下に「サブサイト」として、配置することにします。

トップダウンかボトムアップか

　プログラムやウェブサイトなどを含め、何らかの「システム」を構築する際に用いる手法（大まかな指針）として、**トップダウン**と**ボトムアップ**という、相対する 2 つの考え方があります。

　トップダウンは、トップ（抽象度の高いもの）から下方向（抽象度の低い具体的なもの）に向かって構成を考えていく手法です。

　ウェブサイトに応用すると、まず構築するウェブサイトの構成を大きな「カテゴリ」に分け、それを徐々に「サブカテゴリ」に分解します。この分解作業を、最終的に具体的なページになるまで繰り返します。

　ボトムアップは逆にボトム（抽象度の低い具体的なページ）から上向きに構成を考えていく手法です。「こんなページが必要だ」という具体的なページを書き出して、そこから各ページが属する「カテゴリ」を考えて、さらにそうしたカテゴリが集まって、「大カテゴリ」を構築します。最終的にまとまったひとつのウェブサイトとして構築されます。

　このほか、この 2 つを融合させて「ある部分に関してはトップダウンで、別の部分に関してはボトムアップで」といった構成方法も考えられます。

小規模サイトではボトムアップがオススメ

数十ページを超えるような規模のサイトを構築する際には、大まかにでも全体の構成を考える必要がありますが、皆さんがこれから新しいサイトを作るという場合は、ボトムアップで構築する（下から攻める）のがオススメです。「こんなページが必要だ」というものから作り始めて、そうしたページをつなぐために必要なものを作るという手法です。

最初の例として、みなさんにダウンロードしていただいた、この本の例題や練習問題の解答例の公開について考えてみましょう。

14.2　この本の例題や解答例のサイト

第1章でダウンロードして展開していただいた`jsdata`フォルダには例題や練習問題の解答例が入っています。これまでは、このフォルダの中にあるファイルをVS Codeを使って表示したり実行したりしてきました。実はこのフォルダの各ファイルにはリンクが張られていて、ウェブページとしても機能するようになっています。

`jsdata/index.html`が最上位にある目次の役割をする「トップページ」のファイルです。このファイルをVS Codeで開いて、内容を確認し、「F5」を押して（あるいは［実行］→［デバッグの開始］）を選択してChromeで開いてみてください。このフォルダ（サブサイト）のトップページが表示されます[注1]（**図14.1**）。

なお、`jsdata/index.html`のようにファイルなどへの「道順」を示したもののことを**パス**（path）または**パス名**と呼びます。

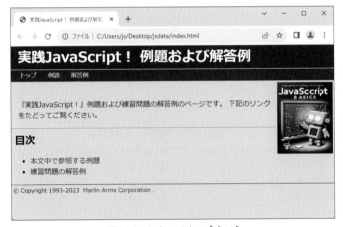

図14.1　jsdataのトップページ

この（サブ）サイトの構成はとても単純で、次の3つのページから構成されています。

- 目次
- 「例題」のページ（各例題へのリンク付き）

注1　執筆時点では、表紙のデザインが決まっていないため、ChatGPT（DALL·E 3）に生成してもらった画像を「仮の表紙」として使用しました。

● 「練習問題の解答例」のページ（各練習問題の解答例へのリンク付き）

この3ページを作って、各ページ間のリンクを張れば完成です。

皆さんが最初にサイトを作るときは、もう少しページ数は多いかもしれませんが、まずはこのような単純なページ構成からはじめてみるのがよいのではないかと思います。

ファイルの構成とトップページ

それでは、このサブサイトの構成とページの内容を見ていきましょう。

トップにある**jsdata**のフォルダには次のようなファイルとフォルダがあります。フォルダ名のあとには「**/**」（スラッシュ）を付けておきました。

```
jsdata ┬─ index.html  ──  目次(index)のページ
       ├─ example/   ──  ch0101.htmlなど例題ファイルなど(多数)
       ├─ exercise/  ──  prob0101.htmlなど解答例ファイルなど(多数)
       ├─ image/     ──  jsintro.png のみ(画像のフォルダ)
       ├─ script/    ──  jsdata.js のみ(JavaScriptファイルのフォルダ)
       └─ style/     ──  jsdata.css のみ(CSSファイルのフォルダ)
```

示したばかりの**jsdata/index.html**（**jsdata**フォルダの下の**index.html**ファイル）が目次の役割をするページ（トップページ）です。

このファイル名は**index.html**（あるいは**index.htm**）とするのが一般的です[注2]。

では、**index.html**のHTMLコードを見てみましょう。

```
 1: <!DOCTYPE html>
 2: <html lang="jp">
 3: <head>
 4:   <meta charset="UTF-8">
 5:   <meta name="viewport" content="width=device-width,
                                  initial-scale=1.0">
 6:   <title>実践JavaScript！ 例題および解答例</title>
 7:   <link rel="stylesheet" href="style/jsdata.css"> <!-- CSSの読込 -->
 8: </head>
 9: <body>
10:   <header>
11:     <h1 id="top">実践JavaScript！　例題および解答例</h1>
12:   </header>
13:   <nav id="navigation"></nav> <!-- 中身はJSで出力 -->
14:
15:   <main>
16:     <a href="image/jsintro.png"><img class="coverImage"
src="image/jsintro.png"></a>
17:     <p>
18:       『実践JavaScript！』例題および練習問題の解答例のページです。
19:       下記のリンクをたどってご覧ください。
```

注2　サーバの構成によっては、ほかの名前にすることも可能です。

```
20:    </p>
21:    <hr>
22:    <h2>目次</h2>
23:
24:    <ul>　<!-- 列挙(順序なしリスト。Unordered List) -->
25:      <li> <!-- <a>タグについては第4章 問題4-11参照 -->
26:        <a href="example/index.html">本文中で参照する例題</a>
27:      </li>
28:      <li>
29:        <a href="exercise/index.html">練習問題の解答例</a>
30:      </li>
31:    </ul>
32:
33:    <footer id="copyright"></footer>　<!-- 中身はJSで出力 -->
34:    <script src="script/jsdata.js"></script>　<!-- JSファイルの読み込み -->
35:  </body>
36: </html>
```

7行目と34行目には他のファイルからの読み込み指定があります。まず7行目のコードに注目しましょう。

今まで、CSS（スタイル）の指定はHTMLファイルの中に書いていましたが、ある程度の規模になってきたら、別ファイルにして読み込むのが一般的です。上のコードで style フォルダにある jsdata.css というファイルからCSSを読み込みます。

このCSSファイル style/jsdata.css の内容は次のとおりです。

```
 1: body {  /* <body>...</body>で囲まれた部分の見栄えの指定 */
 2:   background-color: #81F7F3;  /* ページ全体の背景色 青緑系 */
 3:   padding: 0; /* メニューなどがピタッと揃うように0にする */
 4:   margin: 0;  /* paddingや marginの値を「5px」とかにして試してみてください */
 5: }
 6:
 7: h1 {   /* 一番大きな見出し    タイトル */
 8:   padding: 2px 4px 2px 1rem; /* 1rem は基本の大きさの文字の大きさを基準に1文字分 */
 9:   margin: 0;
10:   background-color: #0B0B8B; /* 背景色 濃い青 */
11:   color: white;             /* 文字色は白。背景が濃い色なので明るい色にする */
12:   font-size: x-large;       /* 文字の大きさ。とても大きく。"16pt"などとも指定可 */
13:   /* 「eXtra large」の省略形。xx-large はさらに大きく。
14:       逆に x-small、xx-smallなどの指定もあり   */
15: }
16:
17: h2, h3 { /* 2番目、3番目のレベルの見出し。文字の大きさはデフォルトのまま */
18:   margin: 0.5rem;   /* 前後左右のマージンを 0.5文字分あける */
19: }
20:
21: p {   /* 一般の段落(パラグラフ) */
22:   margin: 0.5rem;
23:   padding: 0.5rem;
24: }
25:
```

```
26: img, #coverImage {   /* img タグで指定する画像で、かつidに「coverImage」と
27:                        指定されている場合のみこの指定が有効になる */
28:   width: 8rem;
29:   height: 10rem;
30:   float: right;
31:   padding: 4px;
32:   transition: all 200ms; /* 画像の大きさが変わるとき0.2秒かけて変化する */
33: }
34:
35: img:hover, #coverImage {  /* 表紙画像の上にマウスが載った（hoverした）ときの指定 */
36:   width: 12rem;   /* 幅を12文字分に拡大する（上に8remの指定があるので1.5倍になる） */
37:   height: 15rem; /* 高さを15文字分に拡大する */
38:   transition: all 500ms; /* 画像が大きくなるときに0.5秒かける */
39:   /* たとえば「transition: width 2000ms;」などと指定してみてください */
40: }
41:
42: nav {   /* ナビゲーション */
43:   margin: 0;
44:   padding: 0.2rem 1rem;
45:   border-top: solid 1px;    /* 上に線を引く。実線で1pxの太さ */
46:   background-color: #0808AA; /* 背景色。h1よりはやや薄い青 */
47:   color: white;
48:   font-size: smaller;       /* 文字の大きさ小さめ */
49: }
50:
51: nav a { /* ナビゲーション部分のリンクタグ */
52:   color: white; /* 色を白にする。 */
53: }
54:
55: .internalGoto {
56:   border: solid 1px black;
57:   border-left: none;
58:   border-right: none;
59:   padding: 0.3rem 1rem;
60: }
61:
62: footer { /* フッター。テキストはJavaScriptで生成しているので、最初は「箱」だけ */
63:   margin-top: 1rem;
64:   border-top: solid 1px;
65:   padding: 0.2rem;
66: }
67:
68: a { /* リンク */
69:   color: #08088A;
70:   text-decoration: none;
71:   transition: all 200ms;   /* 下のa:hoverから戻るときの効果 0.2秒で戻る */
72:   padding: 4px;
73: }
74:
75: a:hover {   /* マウスがリンクの上に来たとき */
76:   color: blue;
```

```
77:    transition: all 200ms;   /* 下記の効果を0.2秒かけて、すべての種類について適用 */
78:    font-weight: bold;       /* 文字を太く */
79:    background-color: pink;  /* 背景色をピンク */
80:    padding: 5px;            /* 文字の周りに少し間をあける */
81:    border-radius: 5px;      /* 角を5pxの幅で丸くする */
82: }
83:
84: footer {
85:    font-size: small;
86: }
```

HTML（`index.html`）とCSS（`jsdata.css`）について、少し説明を加えておきましょう。

- `<header>...</header>`（ヘッダ）、`<main>...</main>`（主要な内容）、`<nav>...</nav>`（ナビゲーション）、`<footer>...</footer>`（フッタ）などは比較的最近の規格で導入されたタグです。こういったタグがなくても問題なく表示はされますが、検索エンジンなどが内容を分析するために用いる場合があるので、書いておいたほうがよいでしょう[注3]

- `<nav>...</nav>`および`<footer>...</footer>`の中身はHTMLでは何も書かれていません。この部分は他のファイルと共通なので、JavaScriptのコードを使って中身を書き出します

- 次のような「ギミック」を加えてみました
  - 表紙の画像の上にマウスをもっていくと（マウスオーバーすると）画像がゆっくり少し大きくなります。マウスアウトすると少し速めに元の大きさに戻ります。これは`transition`の指定により実現しています。CSSファイルの26行目から40行目のコードを参照してください
  - リンクの上にマウスをもっていくとマーカーのように背景がピンク色になり、文字も少し太くなります

　その他の部分については、ファイルにコメントを書いておきましたので、理解していただけると思います。自分でいろいろと変更して、どうなるか試してみてください。

　プログラミングに比べればCSSのほうが単純だと思いますので、それほど難しくないでしょう。わからない点があったら、第8章のデバッグのときと同じように、ChatGPTなどのAIに尋ねたり、mdnのページなどを参照してください。

JavaScriptを使ったHTMLコードの生成

　`<nav>...</nav>`部分のリンクをクリックして、「例題」や「解答例」のページに移動してみるとわかるように、ナビゲーションの部分と一番下のフッタ部分は各ページで（ほぼ）同じです。

　第8章で紹介した「DRY原則」（「同じことを繰り返すな」）はHTMLやCSSのコードについても当てはまります。同じコードを繰り返し記述しないようにするための解決手段はいろいろとあるのですが、ここではJavaScriptのコードを使って「繰り返し」を回避しています[注4]。

　`index.html`の34行目で読み込んでいるファイル`script/jsdata.js`を見てみましょう。

注3　前の章までの例題ファイルに`<main>`、`<header>`などのタグを書かなかったように、こうしたタグは「必須」ではありません。「ブラウザが、以前に普通に表示されていたものを急に表示できなくする」ことは滅多にありません。W3Cという標準を定めている機関のウェブページを見ても、こうしたタグを入れていないページが例として使われていますので、今後も問題は起きないでしょう。

注4　解決手段としては、サーバ側のシステム使うのが一般的だと思います。ただ、ブラウザ側のJavaScriptを使ってはいけないということはありません。自分の知識の範囲内でいろいろ工夫することは、実力アップにもつながるでしょう。

```
 1:  "use strict";
 2:
 3:  /* フッタのテキスト。テンプレートリテラルを使って関数getCurrentYearを呼び出し */
 4:  const copyrightText = `
 5:    &copy; Copyright 1993-${getCurrentYear()}
 6:    <a href="https://marlin-arms.co.jp/">Marlin Arms Corporation</a>.
 7:  `
 8:
 9:  /* HTMLファイルの読み込みが完了したときにloadイベントが起こる */
10:  window.addEventListener("load", (e) => {
11:    // ナビゲーションとフッタのテキストを挿入
12:    document.getElementById("navigation").innerHTML = getNavigation();
13:    document.getElementById("copyright").innerHTML = copyrightText;
14:  });
15:
16:  // getNavigation  ナビゲーション用のメニュー項目を返す
17:  function getNavigation() {
18:    const path = location.pathname;
19:    const regex = /(example|exercise)\/.*$/;
20:    // 正規表現。ファイル名に、exampleあるいはexerciseが含まれるパターン
21:    let top = ".."; // トップでなければひとつ上のフォルダがトップ
22:    if (! regex.test(path)) { // ファイルの「パス」にanswerもexampleも含まれなければ
23:      top = "."; // このページがトップ(トップのときだけ変数topの値が変わる)
24:    }
25:    const menu = `
26: <a href="${top}/index.html">トップ</a>   
27: <a href="${top}/example/index.html">例題</a>   
28: <a href="${top}/exercise/index.html">解答例</a>
29: `;
30:    // console.log(menu); // デバッグ用
31:    return menu;
32:  }
33:
34:  // getCurrentYear  現在の(西暦の)年を返す
35:  function getCurrentYear() {
36:    const now = new Date();
37:    return now.getFullYear();
38:  }
```

16行目からの関数getNavigationが少し難しいコードになっています。

ナビゲーションのメニューは、今表示しているページがトップページであるか、あるいは1段階下のレベルの例題（example）や解答例（exercise）であるかによって変わってしまいます。

そこでtopというトップのフォルダを表す変数の値を、location.pathnameという変数（Locationオブジェクトのプロパティ）を分析することで決定しています。

肝となるのは次の行です。

```
19:    const regex = /(example|exercise)\/.*$/;
```

この表現は**正規表現**（regular expression）と呼ばれるもので、次のような内容を表現しています。

- 「**example**」あるいは「**exercise**」がある（「**|**」はorの意味）
- そのあとに「**/**」が続く（「**/**」だけ書くと正規表現が終了してしまうので、「****」を前に付けて終了の役目をもたないように「エスケープ」している）
- そのあとに何らかの文字（「**.**」）が0個以上（「*****」）続いて、最後（**$**）に到達する

22行目の「**regexp.test(path)**」は、**path**が上の条件を満たすかどうかを調べています。**jsdata/exercise/index.html**と**jsdata/example/index.html**はこの条件を満たしますが、トップの**jsdata/index.html**はこの条件を満たしません。そのため、23行目が実行されるのはトップの**jsdata/index.html**を表示している場合に限られることになります。

> **■▶Note**
>
> 　正規表現を使うと文字列の検索や置換が効率よく行えます。一流のプログラマーに一歩近づくにはぜひマスターしたいところです。
> 　正規表現の簡単な入門をサポートページの「追加情報ページ」に書きましたので、参照してください。

例題フォルダや解答例フォルダの構成

例題（**jsdata/example**）の下のファイルやフォルダの構成は次のようになっています。

```
example┬─ index.html
       ├─ ch0101.html
       ├─ ch0102.html
       ├─ ch0201.html
       ├─ ...
       ├─ ...
       ├─ ch2205.php
       ├─ ch2206.cpp
       ├─ movies┬─ no00.mp4
       │        ├─ no01.mp4
       │        ├─ ...
       │        ├─ ...
       │        └─ no05.mp4
       └─ pictures┬─ car1.png
                  ├─ car2.png
                  ├─ ...
                  ├─ ...
                  └─ rocket4.png
```

また、**jsdata/exercise**の下のファイルやフォルダの構成は次のようになっています。

```
exercise┬─ index.html
        ├─ library ── jsbooklib.js
        ├─ movies┬─ no00.mp4
        │        ├─ no01.mp4
```

14

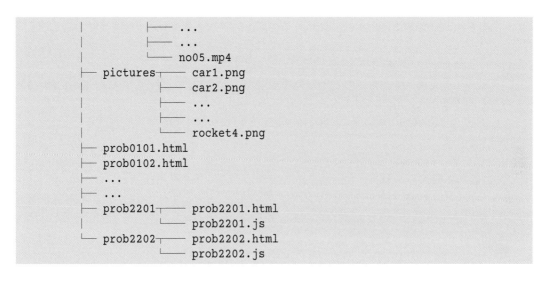

```
          │              ├── ...
          │              ├── ...
          │              └── no05.mp4
          ├── pictures┬── car1.png
          │           ├── car2.png
          │           ├── ...
          │           ├── ...
          │           └── rocket4.png
          ├── prob0101.html
          ├── prob0102.html
          ├── ...
          ├── ...
          ├── prob2201┬── prob2201.html
          │           └── prob2201.js
          └── prob2202┬── prob2202.html
                      └── prob2202.js
```

　いずれも`index.html`が目次（インデックス）の役目をしているページで、そこから各ページにリンクされています。

　例題や解答例はJavaScriptのコードを示すためのものですので、大部分は単純なHTMLファイルになっています（他の言語のコードなども一部含まれています）。

　コメントを参考に読んでみてください。1点、これまで紹介していなかった機能があります。`example/index.html`には、ページ内への移動ができるリンクが張られています（**図14.2**）。

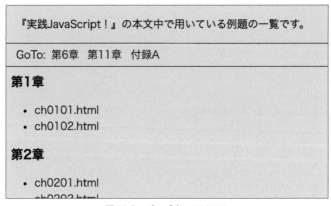

図14.2　ページ内へのリンク

　例題のリストが長くなってしまったので、ページ内部で移動できるように「第6章」「第11章」など途中へのリンクを設けました。

　これは下のリストのようにリンク先の要素（この例の場合h3タグ）の「id」を指定することで可能になります。

```
<a href="#ch06">第6章</a>    <!-- 「ch06」とidが振られた同じページ内のタグに移動する  -->
```

移動先では次のように id（この例では ch06）を指定します。

```
<h3 id="ch06">第6章</h3> <!-- 上のリンクを選択すると、こちらに移動 -->
```

なお、exercise/library フォルダの下にある jsbooklib.js には練習問題で利用するクッキー関連の関数が入っています。

 ## 14.3　ライブラリの利用

上の例では、JavaScript のファイル script/jsdata.js をどの HTML ファイルからも読み込んで利用していました。このようなファイルを**ライブラリ**あるいは**ライブラリファイル**と呼びます。

何度も使いそうなコードをライブラリの形にしておけば、<script> タグでそのファイルを読み込むだけで、そのファイルで定義された関数やオブジェクト（オブジェクトのプロパティやメソッドを含む）を簡単に利用できます。

オブジェクトライブラリの利用

上記のような自作のライブラリだけでなく、ほかの人が作成して誰でも使えるようになっているライブラリもあります（多くのものは無料です）。いわば他人が作成したオブジェクトの集まりで、自作のライブラリ同様、読み込むだけで利用できます。

ネットで公開されているファイルを直接利用する場合は次のように、<script> タグに URL を指定することで利用できます。

```
<script src="https://..."></script>  <!-- 他サイトのものを直接利用 -->
```

また、ネットで公開されているファイルを自分のパソコンやサーバなどにいったんダウンロードして、それを利用することもできます。たとえば、ライブラリファイル xxx.js を ../lib/ というフォルダにダウンロードしたならば、次のように <script> タグを書けば利用できます。

```
<script src="../lib/xxx.js"></script> <!-- ローカルにコピーして利用 -->
```

よく使われるライブラリの一覧は https://musha.com/scjs/?ln=1401 などを参照してください。

もっとも有名なライブラリとしては jQuery があげられます。このライブラリにはブラウザの中身の操作に便利なオブジェクトが入っており、いろいろな操作や画像などの効果が簡単に利用できるようになっています。

公開されているライブラリを利用する場合に注意しなければならない点があります。それは、ずっと公開されているとは限らないという点です。

何年か前まで、prototype.js や Dojo などといった名前のライブラリが使われていましたが、jQuery に駆逐され、ほとんど使われなくなってしまいました。使われなくなって保守する人がいなくなると、JavaScript の新しい機能に対応できなかったり、動かなくなってしまったりします。そうした場合は自分で修正しなければなりません（それが簡単ではない場合もあります）。

今のところ jQuery は広く使われていますが、JavaScript 自体の機能アップデートにともない、「jQuery は

重い（読み込みに時間がかかる）から使わないほうがよい」と考える人も増えているようです。しばらくは大丈夫でしょうが、ずっとjQueryが使えるという保証はありません。

特殊用途のライブラリ

jQueryなどは誰にでも役に立つ「汎用」のライブラリですが、特殊用途のライブラリもあります。たとえば次のようなものです。

- Googleの「Maps JavaScript API」—— 地図を扱うときに便利なオブジェクト（一定回数以上呼び出すときは料金を払う必要がある）
- Rough.js —— 手書き風の図形描画
- Chart.js —— グラフの描画

この他にも非常に多くのライブラリが公開されています。「○○をやりたい」という場合、「○○ JavaScriptライブラリ」といった表現でネット検索すると、役に立つライブラリに出会える可能性があるでしょう。

ここでは、「Maps JavaScript API」を少し詳しく紹介します。Rough.jsとChart.jsについては、ひとつずつ例を示します。

● Maps JavaScript API

Googleが提供している「Maps JavaScript API」は地図を扱うときにとても便利なものです。筆者は2007年に『GOOGLE MAPS HACKS』という本を翻訳・出版したのですが、地図を扱うのはとても面白いものでした。ここで簡単な例をいくつか紹介しようと思います[注5]。

まず、東京タワー周辺の地図が表示される例を見てみましょう（**図14.3**）。

ブラウザで表示　`https://musha.com/scjs?ch=1402`

注5　残念ながら、その後、原書の改訂版が出版されなかったため、この本の情報は古くなってしまい、絶版になってしまいました。

GoogleのMaps JavaScript APIを使ってみましょう

下に東京タワー周辺の地図を表示してみます。
普通のGoogle Mapsと同じように拡大・縮小したりやストリートビューに変えたりできます。
ch1402b.htmlに「地図のオプション」を変えたものがあります。

この例題は、ローカルでサーバを動かして試さないと地図が表示されません(ch1403b.htmlまでの例題も同様です)。
その場合はこちらのサポートページの例題を参照してください。

図14.3　Googleマップの表示

　コードは次のようになっています（`example/ch1402.html`）。詳細なコメントを書いておきましたので、「解読」してみてください。

　なお、このコードは自分でサーバを使って`localhost`[注6]で動かすか、筆者の会社のサーバを使うかしないと動作しません。自分で自由に使いたい場合は、Googleに登録する必要があります。詳しくはMaps JavaScript APIのページ（`https://musha.com/scjs/?ln=1402`）を参照してください。

```
 1: <!DOCTYPE html>
 2: <html>
 3: <head>
 4:   <meta charset="UTF-8">
 5:   <meta name="viewport" content="width=device-width,
                          initial-scale=1.0">
 6:   <title>Googleマップの利用　その1</title>
 7: <style>
 8:   body {
 9:     text-align: center;
10:   }
11:   #mapCanvas {
12:     margin-left: auto; margin-right: auto;
13:   }
14: </style>
15: </head>
```

14

注6　自分のパソコンでウェブサーバを動かすと、通常は「ホスト名」として`localhost`を使ってアクセスできるようになります。ブラウザに表示されるURLは、`http://localhost/...`あるいは`https://localhost/...`で始まることになります。

```
16: <body>
17:   <h2>Googleの<a href="https://musha.com/scjs/?ln=1402">
  Maps JavaScript API</a>を使ってみましょう</h2>
18:   <p>
19:     下に東京タワー周辺の地図を表示してみます。<br>
20:     普通のGoogle Mapsと同じように拡大・縮小したりやストリートビューに変えたりできます。<br>
21:     <a href="ch1402b.html">ch1402b.html</a>に「地図のオプション」を変えたものがあ
  ります。
22:   </p>
23:   <div id="mapCanvas" style="width: 800px; height: 600px;">
24:     <!-- 地図の領域 document.getElementByIdで mapCanvasの領域をGoogle側に渡す
  ので、
25:         Googleでは、この領域の内部を自由に操作することができる -->
26:   </div>
27:
28:   <script src="https://maps.googleapis.com/maps/api/js?key=【省略】
  &callback=initMap"
29:           async defer></script>
30:   <script>
31:     "use strict";
32:     function initMap() {
33:       const 経緯度   // 経緯度（経度と緯度）を表すオブジェクトを生成
34:             = new google.maps.LatLng(35.6602, 139.7460);
35:       const 地図のオプション = {  // オプションを表すオブジェクト
36:         zoom: 18,  // 拡大率。この値を変えると縮尺が変わる
37:         center: 経緯度,  // 経緯度、上で生成。中心の経度と緯度
38:         mapTypeId: google.maps.MapTypeId.SATELLITE // ROADMAP
39:         // 地図の種類   SATELLITEが航空写真、ROADMAPが普通の地図
40:       };
41:       const 地図 = new google.maps.Map(document.getElementById
  ("mapCanvas"),
42:                                         地図のオプション);
43:       // mapCanvasの領域と「地図のオプション」を渡して新しい地図のオブジェクトを生成
44:     }
45:   </script>
46: </body>
47: </html>
```

　次の例は「東京タワーに接近する怪獣」を近くに置いたものです（example/ch1403.html。このファイルはVS Codeから実行しても表示されません。下のリンクをたどって表示してください）。

ブラウザで表示 ▶ https://musha.com/scjs?ch=1403

図14.4　怪獣が東京タワーを襲う！

　また、タイマーと組み合わせて、「東京タワーに迫る怪獣」を作ってみたものをexample/ch1403b.htmlに置きましたので、「解読」してみてください。

ブラウザで表示 `https://musha.com/scjs?ch=1403b`

●Rough.jsとCharts.jsの例

　Rough.jsとChart.jsの使用例を見ましょう。

　まず、Rough.jsを使った「手書き風」の図形です（example/ch1404.htmlにコード）。

ブラウザで表示 `https://musha.com/scjs?ch=1404`

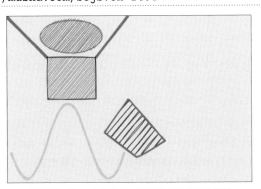

図14.5　Rough.jsを使った手書き風の図形の例

14

続いて、Charts.js を使ったグラフの例です（`example/ch1405.html`にコード）。

ブラウザで表示 `https://musha.com/scjs?ch=1405`

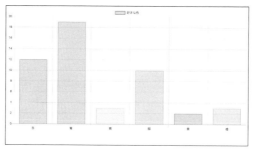

図14.6　Charts を使ったグラフの例

14.4　API を利用した辞書引きサイトの構築

最後に筆者が公開している辞書サイト DictJuggler.net のひとつの辞書のデータ（API）を利用して、機能縮小版の辞書引きサイトを作ってみましょう。

ライブラリを利用すると他人（あるいは自分）が作ったオブジェクトや関数などの機能を利用できますが、**API（アプリケーション・プログラミング・インタフェース）** はファイル全体を公開するのではなく、利用するための窓口（インタフェース部分）のみを利用者に公開するものです。

たとえば特定の URL を指定することで、その URL を処理するサーバに記憶された特定の情報を取得できます。

この節で利用する API を使うと、DictJuggler.net の特定の URL を経由してサーバに文字列を渡すことで、その文字列の意味（訳語）などを取得できます。

翻訳訳語辞典

筆者は 2007 年から、翻訳家の山岡洋一さんが作成なさった「翻訳訳語辞典」の公開のお手伝いをしています[注7]。

● 機能の紹介

まず、簡単に機能を紹介しましょう。

図14.7 は、翻訳訳語辞典で単語 problem を検索したときの結果です。

注 7　「翻訳訳語辞典」の詳細は同辞典のサイト `https://www.dictjuggler.net/yakugo/` を参照してください。

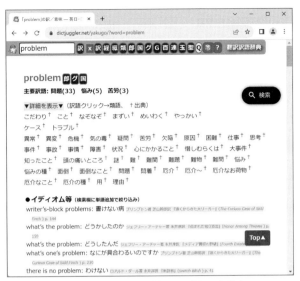

図14.7　「翻訳訳語辞典」でproblemを検索

　ここに並んでいる「訳語」は、翻訳家が翻訳書の中でproblemを実際にどう訳したかを調べたものです。
　problemが検索対象の語（見出し語）で、その下に主要な訳語として「問題」「悩み」「苦労」があげられていますが、そのほかにも「こだわり」「こと」「なぞなぞ」などたくさんの訳語が使われていることがわかります。周囲の状況（文脈）によって、同じproblemでもさまざまな日本語に翻訳されています。
　図14.8は「悩み」という訳語の右上にある「†」をクリックして「展開」したところです。

図14.8　訳語の出典を表示

　たとえば「悩み」という訳語は、リーマン著、池央耿訳の『黒海奇襲作戦』という訳書などで使われていることがわかります。
　このサイトの一番の利用者は翻訳者で、「よい訳語が思いつかない」ときに検索してアイデアをもらうというケースが一番多いと思われます。
　用途はともかく、このサイトの「機能縮小版」を実現するサイトを作るのが今回の課題です。たとえば、problemの検索結果は次の図（**図14.9**）ようになります。

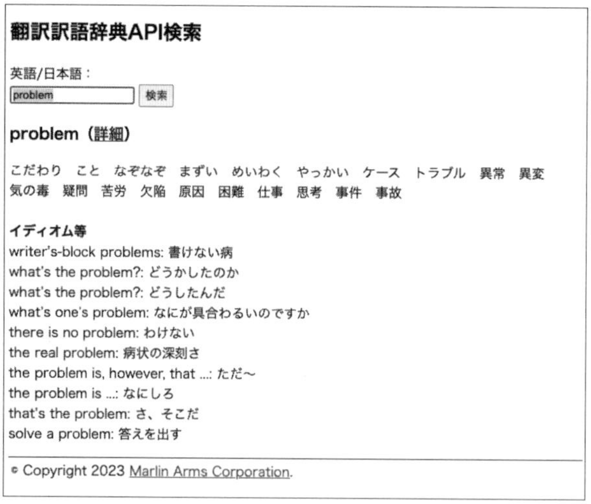

図14.9　この章で作る機能縮小版の表示例

　このサイトが利用されなくなってしまうと困りますので、このAPIで取得できる情報は訳語もイディオムなどの情報も限定されたものになっています。しかし、APIの利用例としては十分面白いのではないかと思います（検索対象語に制約はありません。すべての単語が検索できます）。

APIの利用方法

　APIの利用方法を説明します。

● 呼び出し方

```
https://www.dictjuggler.net/api/yakugo-api/?word=＜検索文字列＞&apiId=js1daylab
```

- 最後の「js1daylab」の3文字目は数字の1（イチ）。あとはアルファベット
- 将来変更の可能性あり。動作しなくなった場合は、`https://www.dictjuggler.net/api/` を参照

● 戻り値

　たとえば、＜検索文字列＞に「cursory」を指定すると次のような文字列が返ってきます（実際のデータでは改行は入りません）。第9章などで説明したJavaScriptの「オブジェクト」の形式になっています。この形式を「JSON」と呼びます（「JavaScript Object Notation」の略）。

```
{"returnCode":1,
"headWord":"cursory",
"yakugoList":["\u3056\u3063\u3068","\u3061\u3089\u308a\u3068","\u7c21\
u5358\u306a"],
"idioms":["in cursory manner: \u96d1\u306b","in cursory fashion: \u3056\
u3063\u3068",
"a cursory look at ... in one\u2019s local library: \u56f3\u66f8\u9928\
```

```
u3067\u301c
\u3092\u3081\u304f\u3063\u3066\u307f\u308b"]
}
```

- 日本語は、たとえば「ざ」ならば u3056 のように「コード化」されている（JavaScriptで普通の文字列に戻せる）
- 各プロパティの意味は次のとおり
  - returnCode —— 1ならば正常。0以下ならば検索結果なし（同じ人［IPアドレス］から1日に呼び出す回数が、あまりに多いときも0以下が返ります。その場合は日本時間の翌日以降に再度試してください）
  - headWord ——「見出し語」。検索した単語が返ってくる
  - yakugoList —— 訳語の配列（最高20個まで）
  - idioms —— イディオムの配列（最高10個まで）

まずは実行してみましょう。

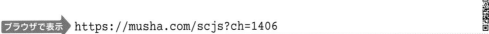

ブラウザで表示 https://musha.com/scjs?ch=1406

では、コードを見てみましょう。

まず、ファイルの構成は次のようになっています。

```
example/ch1406 ┬── index.html   —— 辞書引きページ
               ├── css/yakugo.css   —— CSSの指定
               └── script/yakugo.js   —— JavaScriptのコード
```

index.html の内容は次のとおりです。フォームについては第12章などを参照してください。

```
 1: <!DOCTYPE html>
 2: <html>
 3: <head>
 4:   <meta charset="UTF-8">
 5:   <meta name="viewport" content="width=device-width,
                          initial-scale=1.0">
 6: <title>翻訳訳語辞典 API検索</title>
 7:
 8: <link rel="stylesheet" href="css/yakugo.css">
 9:
10: <body>
11:   <h2>翻訳訳語辞典API検索</h2>
12:
13:   <form id="form1">
14:     英語/日本語:<br><input type="text" id="inp">
15:     <button type="submit" id="button" value="search">検索</button>
16:   </form>
17:
```

```
18:    <main>
19:    <!-- 訳語 -->
20:    <div>
21:      <p id="translationArea" style="font-size: normal; width: 96%;">
22:      </p>
23:    </div>
24:    </main>
25:
26:    <footer id="copyright">
27:      &copy; Copyright 2023
28:      <a href="https://www.marlin-arms.co.jp/">Marlin Arms Corporation
</a>.
29:    </footer>
30:    <script src="script/yakugo.js"></script><!-- JSコードを別ファイルに書く -->
31: </body>
32: </html>
```

css/yakugo.cssの内容は次のとおりです。

```
 1: body {
 2:   margin: 2px;
 3: }
 4:
 5: #translationArea {
 6:   word-break: keep-all; /* 訳語の途中で改行しない */
 7: }
 8:
 9: footer {
10:   margin-top: 1rem;
11:   border-top: solid 1px;
12:   padding: 0.2rem;
13: }
```

script/yakugo.jsの内容は次のとおりです。

```
 1: "use strict";
 2:
 3: window.addEventListener("load", (e) => {
 4:   document.getElementById("inp").focus();
 5: });
 6:
 7: document.getElementById("form1").addEventListener( // formの提出(submit)
 8:   "submit",
 9:   (e) => {
10:     e.preventDefault(); // フォームのデフォルトの動作をしないようにする。お約束
11:     const word = document.getElementById("inp").value;
12:     // console.log(word);
13:
14:     lookUpDict(word); // 単語を辞書引き
```

```
15:      document.getElementById("inp").select();
16:      // 入力されている単語を選択しておいて、次にすぐに検索できるようにする
17:    }
18: );
19:
20:
21: function addYear(id) {
22:    const now = new Date();
23:    document.getElementById(id).innerHTML = "-" + now.getFullYear();
24: }
25:
26: // lookUpDict 単語 word について辞書を引く
27: function lookUpDict(word) {
28:    const apiUrl = "https://www.dictjuggler.net/api/yakugo-api/";
29:    const apiId = "js1daylab"; // IDは必ずこれを用いる  将来変更の可能性あり
30:    const url = `${apiUrl}?word=${word}&apiId=${apiId}`;
31:    // console.log(url);
32:
33:    fetch(url) // urlを指定してデータをもらう(fetchする)
34:       // 結果が thenの後ろの引数に渡る(thenの引数は「アロー関数」)
35:      .then( response => {
36:        if (response.ok &&
37:            response.headers.get("Content-Type") === "application/json") {
38:          return response.json(); // responseをオブジェクトに変換
39:          // response.returnCode にリターンコード(1なら正常)
40:          // response.headWordに「見出し語」、response.yakugoListに「訳語」の配列
41:          // response.idioms に「イディオム」の配列
42:        }
43:        else {
44:          throw new Error( // 異なる場合はエラーを「スロー」する。
45:            `予期しないレスポンスまたはコンテントのタイプ: ${response.status}` );
46:        }})
47:      .then( jsonData => outputData(jsonData) )
48:          // JSONのデータをoutputData(下に定義)に渡して処理してもらう
49:      .catch(error => {
50:        console.log("取得できませんでした", error); // 途中でエラー起こった場合
51:      });
52: } // lookUpDictの終わり
53:
54:
55: // outputData JSONのデータを受け取って出力
56: function outputData(jsonData) {
57:    let outObj = document.getElementById("translationArea"); // 出力する場所
58:    let yakugoOut = "";
59:    if (jsonData.returnCode <= 0) { // returnCodeが0以下。見つからなかった
60:      outObj.innerHTML = "見つかりません";
61:    }
62:    else {
63:      const headWord = jsonData.headWord; // 見出し語
64:      if (jsonData.yakugoList) { // 訳語がある
65:        yakugoOut = jsonData.yakugoList.join("   ");
```

14

```
66:        // 配列の各要素をくっつけて文字列にする。間にスペースを入れる
67:        // 単なるスペースだとHTMLでは複数書いても1個になってしまうので「 」を使う
68:        // 「 」は必ずスペースをおいてくれる
69:      }
70:      else {
71:        yakugoOut = "見つかりません";
72:      }
73:
74:      let idiomOut = "";
75:      if (jsonData.idioms.length > 0) { // 配列の大きさが0以上
76:        idiomOut = jsonData.idioms.join("<br>");
77:        // 「イディオムなど」の間に改行(<br>)を入れて、くっつける
78:        idiomOut = `<b>イディオムなど</b><br>${idiomOut}`;
79:      }
80:
81:      const link = `https://www.dictjuggler.net/yakugo/?word=${headWord}`;
82:      // 翻訳訳語辞典の同じ語へのリンク
83:      outObj.innerHTML
84:        = `<h3>${headWord}(<a href="${link}">詳細</a>)</h3>${yakugoOut}`;
85:      // 訳語を出力
86:      outObj.innerHTML  += "<br><br>" + idiomOut;   // イディオムを追加
87:    }
88: }
89:
90: // getCurrentYear    現在の(西暦の)年を返す
91: function getCurrentYear() {
92:   const now = new Date();
93:   return now.getFullYear();
94: }
```

　このコードのキーポイント（一番難しいところ）は33行目の`fetch`以降の処理です。`fetch`にはURLを指定して、ネットを経由して情報をもらいます。ネットワーク経由の情報取得に、どのくらいの時間がかかるかは確定していませんので、ずっと待っているわけにはいきません。先方が情報を返してくれるときに「この関数を呼び出して値を返してくれ」という**コールバック関数**を指定しておきます。

　サーバ側から返ってくる応答(response)はJSON形式になっています。これはサーバ側の設定がそうなっているからです。サーバが返してくるデータの形式はJSONには限定されていませんが、その種類はドキュメントに書かれているはずです。

　35行目の`then`の引数はアロー関数で、`response`を受け取ってJSON形式を解析したオブジェクト(「プロパティ名と値」のペアが列挙されたもの)を返します。

　さらに47行目の`then`の引数もアロー関数です。引数`jsonData`に35行目のアロー関数の結果のオブジェクトが渡されて、関数`outputData`でそのオブジェクトが出力されます。

　このページは飾りっ気のないページです。多くの人に使ってもらうためにはもう少し見栄えに気を配ったほうがよいかもしれません。

　しかし、見栄えばかりよくても中身が意味のあるものでなければ誰も使ってはくれません。まずは中身の充実を心がけましょう。

　なお、サイト作成をネットでの公開のためだけに限定する必要はありません。自分（や家族など）が整理

しておきたい情報をまとめるのに利用してもよいのです。この本で覚えた知識を使って、いろいろな工夫をしてみてください。

 ## 14.5 この章のまとめ

この章では、2つのウェブサイトを見ました。ウェブサイトは公開する内容に合わせて、階層的に構築するのが一般的です。あまり階層を深くすると管理が大変になるので、3レベルぐらいにとどめておくのがよいでしょう。

また、自作や他人が作成してくれたライブラリやAPIを利用する方法も紹介しました。自作する関数やオブジェクトはできるだけ「汎用」にして、自分用のライブラリを作るようにしましょう。

ネットで公開されているライブラリやAPIの中に、自分がやりたかったことに使える関数やオブジェクトが見つかるかもしれません。自作する前にネットで探してみましょう。

 ## 14.6 発展課題

自分で作りたいサイトがあるなら、この章の内容を参考にサイト作成に着手してみてください。

とくにまだ決まっていない人は、たとえば次のようなサイトやページを作ってみるところから始めてみてはいかがでしょうか[注8]

発展課題14-1 前の章までに作った問題のうち、占いっぽい内容のものを集めて小さな占いサイトを作ってみよ

次のようなページを集めたり、新たに作ったりしてみてください

- 問題3-4の「おみくじ」
- 問題3-14の「ラッキーナンバー」
- 問題7-4の「ラッキーカラー」
- 問題7-5の「ラッキーアイテム」
- `pictures`フォルダにある鳥の写真を使って、「今日のラッキーバード」

バリエーション

- いずれの「占い」も「クッキー」を使って1日1回(あるいは2回)までしか引けないようにしてみてください

  クッキーの処理には、`jsdata/exercise/library/jsbooklib.js`に含まれているクッキー関連の関数が利用できます

  ブラウザによってはクッキーを試すのにウェブサーバで表示する必要があります。FirefoxやSafariでは今までの方法(ファイルを直接読み込む)で大丈夫なようですので、こちらで試してください

注8　解答例は用意されていません(スミマセン)。よいサイトができあがったら、この本のサポートページでご紹介しますので、サポートページ https://musha.com/scjs からお知らせください。

発展課題 14-2 API を使った辞書引き検索ページを改良せよ

たとえば次のような点の改良を考えてみてください

- 見栄えをよくする（CSS の指定など）
- 表示結果の各訳語をクリックすると、その訳語の検索結果を表示する
- イディオムに登場する英単語をクリックするとその英単語を辞書引きする
- 変化形（過去形、ing 形、三単元）で検索したときに、原型の結果も表示する

付録 **A**

JavaScriptのその他の 構文や関数

　この付録では、本文中では触れなかったJavaScriptの構文や関数など
を紹介します。

　すべてを例も含めて紹介すると膨大な量になってしまいますので、「初
心者の段階を卒業する前に知っておいたほうがよいかな」と思うものをあ
げておきます。

　より詳しい内容は、mdnのサイト（https://musha.com/scjs/?ln=mdn）
や、次の書籍などを参考にしてください。

> **Note**
>
> 　書籍でJavaScriptの知識をさらに増やしたいのなら、次の2冊の
> 本はしっかりした内容でオススメです（2024年2月現在、オライ
> リー・ジャパンの本の電子版［著作権保護のないPDF版など］は、
> 同社のサイトからのみ購入できます）。
>
> - 『JavaScript　第7版』（David Flanagan著、村上列訳、オライ
>   リー・ジャパン）―― ページ数が多い（784ページ）ので大変
>   ですが、説明はわかりやすいと思います。JavaScriptを半年ぐ
>   らいみっちり勉強してから、トライしてみると役に立つと思い
>   ます ―― https://musha.com/scjs?ln=1405
> - 『初めてのJavaScript　第3版』（Ethan Brown著、武舎広幸訳、
>   オライリー・ジャパン）―― 上の本のほうが新しいですし内容
>   も詳しいのですが、ページ数（や値段！）に圧倒されてしまっ
>   たら、こちらの本のほうが少しコンパクト（それでも452ペー
>   ジ）でとっつきやすいかと思います。少し難しい内容もありま
>   すが、例題がたくさん載っているので、繰り返し読むことで着
>   実に実力がつくでしょう。こちらに訳者の紹介ページがありま
>   す ―― https://musha.com/sc/ljs3

A.1　演算子関連

「++i」と「i++」の違い

「3.12　++ と --」で演算子 ++（インクリメント演算子）と --（デクリメント演算子）について説明しました。これまで、次のように独立した文で用い、しかも変数の後ろに置く使い方だけを説明してきました。

```
let i = 3;     //   3       変数iが宣言されて、値が3に「初期化」される
i++;           //   4       ← 3 + 1(自分に1を足す)
```

i++ のように用いる ++ を**後置インクリメント演算子**、-- を**後置デクリメント演算子**と呼びます。

じつは ++i あるいは --i のように変数の前に演算子を置く方法もあります。この場合は、++ を**前置インクリメント演算子**、-- を**前置デクリメント演算子**と呼びます。

++i と i++ は、どちらも変数 i の値を 1 増加させますが、増加させるタイミングが異なり、使い方によっては結果が異なります。

次の 2 つの if 文を比較しましょう。

```
// コード①
if (++i > 5) {
   【本体①】
}
```

```
// コード②
if (i++ > 5) {
   【本体②】
}
```

コード①の場合、まず変数 i の値が 1 増やされ、その値が 5 と比較されます。したがって、if 文の前で i が 5 だった場合、【本体①】が実行されます。

これに対してコード②の場合、まず変数 i は増やされる前に 5 と比較され、比較後に i の値が 1 増やされます。したがって、if 文の前で i が 5 だった場合、【本体②】は実行されません。

> **Note**
>
> 上のコードのように if 文や for 文の条件部などで ++ や -- を使えますが、筆者はこのように書くことはほとんどありません。++ を「前置」すればよいのか「後置」すればよいのか、ちょっと考えてしまうのです。読む人も迷ってしまう人がいるのではないかと思って、このような使い方は避けています。
>
> 次のように、別の文にしておけば、明快で間違いの原因になりません。
>
> ```
> i++;
> if (i > 5) {
>    【本体①】
> }
> ```

=== と == の違い

「===」（厳密等価演算子）と「==」（等価演算子）は、比較のために使われる演算子ですが、機能に微妙な違いがあります。

「===」を用いると、値だけでなく「型」も考慮して比較します。つまり、値と型の両方が等しい場合にのみ true（真）を返します（コンソールで実行してみてください）。

```
1 === 1      // trueになる
"1" === 1    // falseになる（型が異なるため。「"1"」は文字列で「1」は整数）
```

「==」を用いると、型が異なる場合、型変換を試みてから値を比較します。したがって、次のようになります。

```
1 == 1       // trueになる
"1" == 1     // これもtrueになる（文字列の「"1"」が数値の「1」に型変換されて比較される）
true == 1    // これもtrueになる（真偽値の「true」が数値の「1」に型変換されて比較される）
0 == ""      // trueになる（空文字列「""」を型変換して数値にすると「0」になる）
```

このように == を使って比較すると、思ってもみないような結果になる場合があります。したがって、一般的には === を使うほうがよい慣習だとされています。== を使う場合、型変換がどのように行われるかを理解してから使いましょう。

!= と !== についても同様で、!== が推奨されます。

>= や > は（原則）使わない

if文の条件を書くときに、<= を使うか >= を使うか迷うことはありませんか？

たとえば次の2つのコードは同じ意味をもちますが、どちらがよいと思いますか。

```
// コード①
let x = Math.random();
if (0.6 <= x) {
  x = "万年筆";
}
else if (0.3 <= x) {
  x = "ボールペン";
}
else {
  x = "シャープペン";
}
```

```
// コード②
let x = Math.random();
if (x >= 0.6) {
  x = "万年筆";
}
else if (x >= 0.3) {
  x = "ボールペン";
```

```
}
else {
  x = "シャープペン";
}
```

筆者は「コード①」のようなコードをいつも書くようにしています。

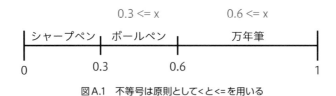

図A.1　不等号は原則として<と<=を用いる

　なぜかというと不等号（<）の方向が、「数直線」の方向と同じになるからです。数直線は左から右に大きくなりますので、<=と<を用いて条件を書くようにすれば、左側に小さな値、右側に大きな値が来ることになり、数直線と同じになります。

　コード②のように「x >= 0.6」などと書いてしまうと、大きなxのほうが左側に来てしまうので、数直線と逆になってしまいます。

　意味的に見て>=や>を使ったほうが「わかりやすい」という場合もあるので、いつもではありませんが、<=と<を用いるようにしておくと、迷わなくてすみます[注1]。

　もちろん、次のようなコードは×です。形式はできるだけ統一したほうが、「雑音」が減って読みやすくなります[注2]。

```
// コード③
let x = Math.random();
if (x >= 0.6) {        // こちらでは >= を使っている
  x = "万年筆";
}
else if (0.3 <= x) {  // こちらでは <= を使っている
  x = "ボールペン";
} else {              // 「}」と「else」を同じ行に書くのなら、「else if」の行も同様に！
  x = "シャープペン";
}
```

注1　この書き方は、筆者が本か雑誌で読んだものです。「これはいい。迷わなくてすむのが一番いい」と、それ以来、この書き方を採用しています。だいぶ前のことで、どこに書いてあったのか忘れてしまいました（すみません）。

注2　ちなみに、これは一般の文章でも同じです。「雑音」はないほうが余計なことに気を取られずにすむので、理解しやすくなります。この本は、できるだけ雑音を少なくするように書いたつもりですが…。

条件演算子（三項演算子）

　三項演算子は、JavaScriptでは唯一の3つのオペランド（被演算子）をとる演算子です。「?」と「:」の2つの文字で構成されており、たとえば次のように書きます。

```
// コード①
let x = c ? v1 : v2;
```

　三項演算子が使われているのは「=」の右辺の「c ? v1 : v2」の部分です[注3]。この文を実行すると、条件cが成り立つときはv1が、そうでないときはv2が、変数xに代入されます。

　「c ? v1 : v2」の部分は、cの真偽によって、v1あるいはv2の値を返すので「c ? v1 : v2」全体でも値を返し、その値をxに代入（記憶）することになります。

　これをif文で書けば次のように書けます。

```
// コード②
let x;
if (c) {
    x = v1;
}
else {
    x = v2;
}
```

　「コード②」はだいぶ長くなるので、「コード①」の形式を好む人がいますが、この構文を知らない人にはチンプンカンプンなのと、cやv1、v2に複雑な計算式を書いたりすると読みにくくなるので、注意が必要です（筆者は滅多に使いません）。

　なお、「コード②」は、次の「コード③」のように書いても同じことになります。こちらのほうが短くなります。とくにxのデフォルト値（指定されないときの値、標準的な値）がv2という場合は、下の「コード③」のほうが自然な感じがします。これに対して、cの真偽が五分五分といったときには上の「コード②」のほうが、実体を自然に表現している印象になります。

```
// コード③
let x = v2;
if (c) {
  x = v1;
}
```

注3　cは condition（条件）、vは value（値）の先頭文字です。

A.2　制御構造

<u>for文の条件などの省略と break、continue</u>

●無限ループ

次の例のように、for文（第4章参照）の「条件部」に何も書かないと**無限ループ**になります。条件に**true**が書かれている場合と同じになります（「タイモン」については第7章の問題7-6を参照）。

```
"use strict";
for (let i=1, 合計 = 0; ; i++) { // 条件部には何もなし。初期設定部で2つの代入
  合計 += i;
  document.write(`タイモンが${i}匹来ました。`);
  document.write(`合計${合計}匹になりました。<br>`);
}
```

このまま実行してしまうと、ずっとメッセージが表示され続けますので、どこかでやめなければなりません。

なお、これまで説明しませんでしたが、上のfor文の初期設定部（let i=1, 合計 = 0）のように複数の変数の宣言と初期化を1行でまとめて行えます。for文で使うと、for文の実行時にこの2つの変数を初期化することが明示されます（for文以外でもこの書き方が使えますが、1行にひとつずつ書いたほうがわかりやすいので、あまり用いられません）。

●break文

無限ループを終了する方法として break文を使う方法があります。たとえば次のように break文を入れると、タイモンが合計100匹を超えたところでループを抜けられます（example/ch2101.html）。

```
11: "use strict";
12: for (let i=1, 合計 = 0; ; i++) {
13:   document.write(`タイモンが${i}匹来ました。`);
14:   合計 += i;
15:   document.write(`合計${合計}匹になりました。<br>`);
16:   if (100 < 合計) {
17:     document.write(`<br>タイモンが100匹を超えて、${合計}匹になりました。`);
18:     break;   // ループを抜ける
19:   }
20: }
```

実行結果は次のようになります。

```
タイモンが1匹来ました。合計1匹になりました。
タイモンが2匹来ました。合計3匹になりました。
タイモンが3匹来ました。合計6匹になりました。
タイモンが4匹来ました。合計10匹になりました。
```

タイモンが5匹来ました。合計15匹になりました。
タイモンが6匹来ました。合計21匹になりました。
タイモンが7匹来ました。合計28匹になりました。
タイモンが8匹来ました。合計36匹になりました。
タイモンが9匹来ました。合計45匹になりました。
タイモンが10匹来ました。合計55匹になりました。
タイモンが11匹来ました。合計66匹になりました。
タイモンが12匹来ました。合計78匹になりました。
タイモンが13匹来ました。合計91匹になりました。
タイモンが14匹来ました。合計105匹になりました。

タイモンが100匹を超えて、105匹になりました。

実は、上の問題は次のように、条件部に**合計**の条件（**合計<=100**）を書いても同じことになります（example/ch2101b.html）。

```
10: "use strict";
11: let 合計 = 0;
12: for (let i=1; 合計<=100; i++) {
13:   document.write(`タイモンが${i}匹来ました。`);
14:   合計 += i;
15:   document.write(`合計$(合計)匹になりました。<br>`);
16: }
17: document.write(`<br>タイモンが100匹を超えて、${合計}匹になりました。`);
```

ただし、上のコードの17行目で変数「**合計**」を使う必要があるので、for文の前（11行目）で「**合計**」を宣言しておかないと、17行目では「**合計**」を参照できなくなってしまいます。

その点、「**合計**」関連の記述をfor文の中にすべて収めることができる、example/ch2101.htmlのコードのほうが「見通しがよいコード」といえるかもしれません。

なお、for文の「初期設定部」も「再設定部」も省略できます。

●continue文

breakは途中でループを抜けますが、「ループのこの回の処理はここでおしまい。ループの次の回に行きましょう」としたい場合があります。

少し恣意的な例ですが、次のようなケースを考えてみましょう[注4]。

- タイモンが合計150匹を超えて集まるまで続ける
- 4匹、あるいは4の倍数のタイモンがやって来ると、4匹ずつ麻雀（とか「コントラクトブリッジ」とか4人でする遊び）をやりに行ってしまうので、その場合はタイモンの数が増えない
- 1匹のときは合計は書かない

実行結果は次のようになります。

注4　少し複雑な問題を解決しようとすると、このように条件がいくつか組み合わさることがよくあります。決して珍しいものではありません。短い例を作るのが難しいので、恣意的な例になりましたが。

タイモンが1匹やって来ました。
タイモンが2匹やって来ました。合計3匹になりました。
タイモンが3匹やって来ました。合計6匹になりました。
タイモンが4匹やって来ましたが、遊びに行ってしまったので、6匹のママです。
タイモンが5匹やって来ました。合計11匹になりました。
タイモンが6匹やって来ました。合計17匹になりました。
タイモンが7匹やって来ました。合計24匹になりました。
タイモンが8匹やって来ましたが、遊びに行ってしまったので、24匹のママです。
タイモンが9匹やって来ました。合計33匹になりました。
タイモンが10匹やって来ました。合計43匹になりました。
タイモンが11匹やって来ました。合計54匹になりました。
タイモンが12匹やって来ましたが、遊びに行ってしまったので、54匹のママです。
タイモンが13匹やって来ました。合計67匹になりました。
タイモンが14匹やって来ました。合計81匹になりました。
タイモンが15匹やって来ました。合計96匹になりました。
タイモンが16匹やって来ましたが、遊びに行ってしまったので、96匹のママです。
タイモンが17匹やって来ました。合計113匹になりました。
タイモンが18匹やって来ました。合計131匹になりました。
タイモンが19匹やって来ました。合計150匹になりました。
タイモンが20匹やって来ましたが、遊びに行ってしまったので、150匹のママです。
タイモンが21匹やって来ました。合計171匹になりました。

合計150匹を超えたので、十分な数が集まりました。おしまい。

このような場合には、continue文を使うと便利です（example/ch2102.html）。

```
11: "use strict";
12: const 必要な数 = 150;
13:
14: for (let i=1, 合計 = 0; ; i++) {
15:   document.write(`タイモンが${i}匹やって来ました`);
16:   if (i%4 === 0) {     // iが4で割り切れる
17:     document.write(`が、遊びに行ってしまったので、${合計}匹のママです。<br>`);
18:     continue;   // この回の処理は終わり
19:   }
20:
21:   合計 += i;
22:   if (i === 1) {
23:     document.write(`。<br>`);
24:     continue;   // この回の処理は終わり
25:   }
26:
27:   document.write(`。合計${合計}匹になりました。<br>`);
28:   if (必要な数 < 合計) {
29:     document.write(`<br>合計${必要な数}匹を超えたので、十分な数が集まりました。おしま
   い。`);
30:     break;
31:   }
32: }
```

continue文を使わずに書くとすると、次のようなコードになるでしょうか（**example/ch2102b. html**）。

if文の「入れ子」になって、少し見にくくなったと思いませんか。これに対して、上のコードは、条件ごとに明確に分かれていて読みやすいコードになっています。

```
11: "use strict";
12: const 必要な数 = 150;
13:
14: for (let i=1, 合計=0; ; i++) {
15:   document.write(`タイモンが${i}匹やって来ました`);
16:   if (i%4 === 0) {
17:     document.write(`が、その${i}匹が雀荘に行ってしまったので、${合計}匹のママです。
    <br>`);
18:   }
19:   else {
20:     合計 += i;
21:     if (i === 1) {
22:       document.write(`。<br>`);
23:     }
24:     else {
25:       document.write(`。合計${合計}匹になりました。<br>`);
26:       if (必要な数 < 合計) {
27:         document.write(`<br>合計${必要な数}匹を超えたので、十分な数が集まりました。
    おしまい。`);
28:         break;
29:       }
30:     }
31:   }
32: }
```

break文やcontinue文をうまく使って、わかりやすい、読みやすいコードを書きましょう。

なお、break文、continue文は、下で紹介するwhile文などでも同じ目的で使えます。

for文のほかの構文

第9章の「問題9-2」にfor...inのタイプのfor文が登場しましたが、これを含め次のようなfor文もあります。

● for ... in

オブジェクトのプロパティを順番にループします。プロパティの順番は決まっていません（「不定」です）。配列の場合は添字（インデックス）が返されますが、同様に順序は不定です（第9章の「問題9-2」参照）。

```
for (let key in obj) {
  console.log(key); // オブジェクトobjのプロパティを順番にリスト
}
```

● **for ... of**

配列、文字列など「反復可能な」オブジェクトの全要素をループします（この本では紹介していませんが「Map」や「Set」も反復可能なオブジェクトです）。

次の例では文字列の各文字を順番に処理しています（example/ch2103.html）。

```
for (let c of "アイウエオ") {
  console.log(c)  // ア イ ウ エ オ が1行ずつリストされる
}
```

for文以外のループ構文

筆者はfor文以外のループはほとんど使わないのですが、場合によってはwhileループ、do ... whileループも便利な場合があります。

● **while文**

while文は次のような形式になります。

```
while (条件) {
  // 実行するコード
}
```

これはfor文で次のように書くことができます。

```
for ( ; 条件; ) {
  // 実行するコード
}
```

「初期化処理も再設定処理も必要がない」という場合は、while文のほうがわかりやすいでしょうが、筆者の経験上そういうケースはあまりないので、多くの場合for文を使います。

● **do ... while文**

do ... while文は、条件を確認する前に、必ず一度はループ本体のコードが実行されるという点が特徴です。ただ、筆者は実践で一度も使ったことがないような気がします。

```
do {
  // 実行するコード
} while (条件);
```

なお、付録Bで紹介するGo言語にはループの構文としてfor文だけしかありません。Go言語を作った人たちは、それで十分だと考えたようです（筆者も同意します）。

switch文

第3章でif文を使った分岐処理を説明し、それ以降何度も使ってきました。分岐処理には多くの場合if文が使われますが、選択の条件が単純な場合にはswitch文も使われます。

例を見てみましょう（ch2104.html）。第9章の問題9-5で使ったDateオブジェクトを使います。

```
const now = new Date(); // nowは現在時刻を表す。問題9-5参照
const dayOfTheWeek = now.getDay(); // 0: 日曜 1: 月曜 2: 火曜 ...
switch (dayOfTheWeek) {
case 0:
  document.write("今日は日曜だ。教会へ行かなくちゃ（と夢で思ったような気がする）。");
  break;
case 1:
  document.write("今日は月曜日。元気だして1週間頑張ろう！");
  break;
case 2:
  document.write("今日は火曜日。まだまだ今週は始まったばかりだよ。");
  break;
case 3:
  document.write("今日は水曜日。週の真ん中。");
  break;
case 4:
  document.write("今日は木曜日。バブルの頃、「ハナモク」なんていう言葉があったのをご存じ？");
  break;
case 5:
  document.write("今日は金曜日。「ハナキン」はまだ使われてるのかな？ なんと今は「華金」と書くらしい！");
  break;
case 6:
  document.write("今日は土曜。まだ寝てても大丈夫。");
  break;
}
```

上のプログラムは曜日によって、その曜日に関連するメッセージを表示します。このように、単純な条件で分岐をする場合はswitch文が便利ですが、筆者はほとんど使ったことがありません。単純な値に分かれるケースはあまりないような気がします（ので、付録でしか紹介しませんでした）。

なお、switch文の「一般形」は次のようになります。

```
switch (【式】) {
  case 【値1】:
    【文の並び】
    break;
  case 【値2】:
    【文の並び】
    break;
  ...
  default:
    【文の並び】   // どのcaseにも一致しなかった場合
}
```

ここで【式】は、変数や定数、演算子や関数などを使って計算した結果、値が生成されるものを意味します。

また、defaultはどのcaseの条件にも合わなかった場合に選ばれるもので、if文のelseのようなものです。

switch文では、breakを書かないと、その下に書いてあるcaseの【文の並び】も実行されてしまうので注意が必要です。ほかの多くの言語にもswitch文がありますが、このようなときにbreakを書く必要がある言語と、書く必要がない言語があります。Go言語は後者です（Go言語ではcaseを選ぶ条件に、複雑な論理式を書けるのでif文のように使えて便利です）。

A.3　配列関連のメソッド

「7.3 合計や平均の計算」で配列に記憶されている値の合計をループで求める方法を紹介しましたが、ループで全要素をなめる処理を自分で書かなくても、配列の各要素に対して処理をするメソッドが用意されています。

なお、JavaScriptの配列はArrayという名前のオブジェクトになっています。配列に付随している関数（メソッド）の名前は、Array.forEachのように書くことにします（Windowとwindowの関係と違って、Arrayの実体はarrayとはしないのが普通ですので、array.forEachのようには書きません）。

Array.forEach

このメソッドは配列の各要素に対して、順番に指定された関数を実行します（指定する関数としては、無名関数を書くことが多いでしょう）。

たとえば次のコードを見てください（example/ch2105.html）。

```
const a = ["零", "一", "二", "三"];
a.forEach((要素の値, 添字, a) => {
  console.log(添字 + ":" + 要素の値);
});
```

上のプログラムを実行すると、コンソールに次のように各要素の値が添字とともに表示されます。

```
0:零
1:一
2:二
3:三
```

なお、上の例では3番目の引数a（配列そのもの）は、アロー関数の本体では使われないので、省略できます。

次のように英語1文字の変数が使われる場合もよくあります。vはvalue（値）、iはindex（添字）の先頭文字です（example/ch2105e.html）。

```
a.forEach((v, i, a) => {
  console.log(i + ":" + v);
});
```

「7.3 合計や平均の計算」で配列に記憶されている値の合計をループで求める方法を紹介しましたが、forEachを使って次のように書くこともできます（example/ch1206.html。ただし通常はこのようには書きません。すぐ下のArray.reduceの説明を見てください）。

```
11: const テストの点数 = [98, 34, 70, 56, 89, 65, 70, 46, 64, 56];
12: let 合計 = 0;
13: テストの点数.forEach((v, i, テストの点数) =>{
14:   合計 += v;
15: });
16: const 平均 = 合計/テストの点数.length;
17: document.write(`合計: ${合計}<br>平均: ${平均}点`);
```

Array.reduce

英語のreduceは「凝縮する」「切り詰める」「縮約する」などの意味をもつ単語です。配列の全要素を（何らかの意味で代表する）ひとつの値に「縮約」するわけです。

メソッドreduceには、第1引数として何らかの方法で2つの値を1つの値に「縮約」する関数を指定します。第2引数には初期値を指定します。

例を見たほうがピンとくるでしょう（example/ch2107.html）。

```
12: const テストの点数 = [98, 34, 70, 56, 89, 65, 70, 46, 64, 56];
13: const 合計 = テストの点数.reduce((x,y) => x+y, 0);
14: const 平均 = 合計/テストの点数.length;
15: document.write(`合計: ${合計}点<br>平均: ${平均}点`);
```

結果は次のようになります。

```
合計: 648点
平均: 64.8点
```

第4章で最初に紹介した形式のfor文で書き換えてみましょう（example/ch2107b.html）。できるだけ同じ変数を使ってみることにします。上の13行目は、下のコードの13〜18行目に対応します。

```
12: const テストの点数 = [98, 34, 70, 56, 89, 65, 70, 46, 64, 56];
13: let x = 0;
14: for (let i=0; i<テストの点数.length; i++) {
15:   const y = テストの点数[i];
16:   x += y;
17: }
18: const 合計 = x;
19: const 平均 = 合計/テストの点数.length;
20: document.write(`合計: ${合計}点<br>平均: ${平均}点`);
```

Array.reduceは、チョッと難しいでしょうか？　何回か使ってみると慣れますので、頭の片隅にしまっておいて、「使えるかも」という場面に出会ったら、この説明をもう一度読んでトライしてみてください。

Array.map

Array.mapは、配列のすべての要素に指定された関数を適用し、その結果からなる新しい配列を返します。これも例を見たほうがわかりやすいかもしれません（example/ch2108.html）。

```
12: const テストの点数 = [98, 34, 70, 56, 89, 65, 70, 46, 64, 15];
13: const 五段階評価の点数 = テストの点数.map(x => Math.floor(x/20)+1);
14: document.write(五段階評価の点数);
```

結果は次のようになります（配列をdocument.writeに渡すと要素が順番に表示されます）。

```
5,2,4,3,5,4,4,3,4,1
```

100点満点のテストの点数から、5段階評価の数値に変換しています（20点ずつ、5つに分けただけです）。

Arrayのその他のメソッド

配列にはこのほかにも、（用途によってはとても便利な）メソッドが用意されています。例をひとつずつあげておきます。これらのメソッドの詳細やこれ以外のメソッドについては、この付録Aの最初にあげた書籍やサイトなどを参照してください（『JavaScript　第7版』の「7.8　配列のメソッド」の説明はわかりやすいのでオススメです）。

- filter ── 配列の要素のうち、指定された関数がtrueを返す要素からなる新しい配列を作成（example/ch2109.html）
- every ── 配列のすべての要素が指定された関数によるテストをパスするかどうかを確認。全部パスすればtrue（example/ch2110.html）
- some ── 配列のいずれかの要素が指定された関数によるテストをパスするかどうかを確認。ひとつでもパスすればtrue（example/ch2111.html）
- sort ── 配列の要素を並び替える（「ソート」する）（example/ch2112.html）
- reverse ── 配列の要素を逆順にする（example/ch2113.html）
- find() ── 指定された関数に対してtrueを返す最初の要素を返す（example/ch2114.html）
- findIndex() ── 指定された関数に対してtrueを返す最初の添字を返す（example/ch2115.html）

付録 **B**

ほかの言語も使ってみよう

　この本ではブラウザのJavaScriptを使って、プログラミングの基本を紹介してきました。ここまでの内容を理解すれば、ブラウザ上でかなりのことができるはずです。

　ただ、ブラウザのJavaScriptでは、ブラウザに表示される内容しか扱えません。いわゆるウェブの「フロントエンド」のことだけです。

　フロントエンドを専門にして仕事をすることも可能ですし、趣味などでブラウザのJavaScriptだけを使ってもいろいろなことができますから、ブラウザのJavaScriptを極める方向に進むのもひとつの選択肢です。その場合は、付録Aの最初にあげた書籍や、オンラインや対面の講座、各種ウェブページなどでさらに先に進むとよいでしょう。

　多くの人はブラウザのJavaScript以外の言語を扱う必要が出てくるでしょう。たとえば、「AI関連のことをやりたい」とか「自分がもっている写真やムービーを整理して公開したい」といったように、プログラムを使って自分で何かをしたい、あるいは「フロントエンド以外のこともやりたい」となると、ブラウザのJavaScriptだけでは難しくなってきます。

　でも、あまり心配はいりません。JavaScriptを学んだら、実はほかの言語の基礎も学んだことになります。外国人が最初に大阪にすんで大阪弁を喋れるようになったのなら、東京弁を喋るのはそれほど大変ではありません。JavaScriptが書けるのなら、早ければ1日、長くても1週間もあれば、ほかの多くの言語でも、基本的なプログラムは書けるようになるはずです。

　細かいところまでカバーするとなると何ヶ月かかかると思いますが、自分用のプログラムだったらこの本で取り上げたような内容を知っていれば書けるはずです。あとは、書いて、書いて、また書いて、そしてときどきネット（ChatGPTなども含む）や本で調べて、そしてまた書いて、実力をアップしていけばよいのです。

　この付録Bでは現在世界中で使われている言語の中でも、比較的長い間使われていて利用者の数が多い言語を紹介します。読者のみなさんが次に進む道（次に選ぶ言語）の選択の材料にしていただければ幸いです。また、ほかの言語を知ることで、「プログラミングとはなにか」に関して新しい視点が得られるでしょう。

B.1　各言語の特徴

まず、各言語の名前とその特徴を簡単に紹介しましょう。

1. Python ^{バイソン} ── 構文が単純で、英語と同じように書けるため、初心者にもとっつきやすい。「次の言語」の選択肢の第1候補。とくにAI関連をやりたいならこの言語がオススメ。AI関連の開発の多くがPythonを使って行われており、ライブラリが充実している。ただし、画像や動画を使うのは、JavaScriptのほうが（少なくとも最初は）簡単

2. Node.js ^{ノードジェイエス} ── 文法はブラウザのJavaScriptと同じだが、第10章で紹介した、ブラウザと結びついたDOMやBOMは使えない（その代わりほかの機能が使える）。サーバ側でも使えるので、JavaScriptだけでウェブ開発が完結する（ブラウザ用とサーバ用の両方のプログラムをどちらもJavaScriptで書ける）。また、Electron ^{エレクトロン} というシステム（「フレームワーク」）を使うと、ひとつのコードでWindowsでもmacOSでも動くアプリを構築できる^{注1}。ただし、筆者は言語仕様に難解なものが多いように思う。初心者はしばらく手を出さないほうが無難か

3. Go ^{ゴー}（「golang」とも書かれる） ── この中ではもっとも新しい言語。言語の機能が重要なものに絞られているため、コンパクトで、比較的で覚えやすい。C++には少し劣るかもしれないが、実行が高速（筆者は結構好き）

4. Java ^{ジャバ} ── オブジェクト指向言語の代表格。企業で大きめのシステムに使われることが多い。また、Androidスマートフォン用のアプリ開発ではこの言語が主に使われる（全体にコードが冗長な感じで、1行が長くなるので、筆者の好みではない）

5. PHP ^{ピーエイチピー} ── 文字列の処理が多いならPHPでも十分（昔から文字列処理に多く使われてきたPerl ^{パール} という言語の機能を取り込んでいる）

6. C++ ^{シープラスプラス} ── この中では一番の古株。ゲームプログラミングでは一番よく使われる。実行が高速。コンピュータの性能をフルに活かす効率的なコードが書けるが、書き方を間違えると「脆弱性」につながる

 B.2　例題

これから、上にあげた言語のうち、Python、Node.js、Go、Javaで同じような機能をもつプログラムを作ってみます。「ような」と書いたのは、環境によってインタフェースが少し変わってしまうからです。

最初にブラウザのJavaScriptを使ったバージョンを紹介します。

まず、実行してみてください。ランダムに選ばれる1〜100までの数字を当てる「数当てゲーム」です。

`example`フォルダの下のHTMLのファイル（`example/ch2200.html`）からJavaScriptのファイル（`example/ch2200.js`）を読み込んでいます。

なお、この付録Bでは、長くなるのでソースコード全体を掲載していません。エディタなどで参照してください。

> ブラウザで表示 ▶ `https://musha.com/scjs?ch=2200`

注1　第1章から使ってきたVS CodeもElectronを使って開発されています。

全体の大まかな流れは次のとおりです。

1．乱数で「正解」を生成
2．以下を、当たるかユーザーがやめるまで繰り返す
　2-1　ユーザーの入力を得る
　2-2　入力と正解を比較して、メッセージを表示したり終了したりする
　　2-2-1　当たりのとき、当たりのメッセージを表示して終了
　　2-2-2　大きいとき「大きすぎます」と表示
　　2-2-3　小さいとき「小さすぎます」と表示
　　2-2-4　それ以外の数値や文字列が入力されたときは、その旨を示すメッセージを表示

　全体の流れを見るためにメインの関数numberGameのコードを示します（example/ch2200.html
およびexample/ch2200.js）。メインの処理の流れは、これから見る他の言語のプログラムでもほぼ同
じです。HTMLや下位の関数のコードはファイルを参照してください（詳しくコメントを付けておきまし
た）。
　起動（デバッグ）する際には、ch2200.htmlをエディタペインに表示しておいてから、「実行」してください。
ch2200.jsを表示したまま「実行」するとブラウザが起動されませんので、注意してください。
　もしlaunch.jsonがエディタペインに表示されてしまったら、まずそのファイル（launch.json）を削除し
て（サイドバーのエクスプローラーで選択し、右クリックで［削除］）、あらためてch2200.htmlを選択してエディ
タペインに表示してから「実行」してください。

```
 1: // 数当てゲーム -- 1から100までのいずれかの数字を当てる
 2: "use strict";
 3: const max = 100;    // 答えの最大値。1～maxまで
 4: const wait = 1000; // ダイアログボックスを表示するまでの時間(ミリ秒)
 5:
 6: if (max !== 100) { // maxを100以外にした場合、ドキュメント領域のメッセージを変更
 7:   changeMaxInHTML(max, "max"); // HTMLファイル内の最大値を書き換え
 8: }
 9:
10: const theNumber = getRandomInt(max); // 答えの整数を得る
11: // console.log(theNumber); // デバッグ用
12: setTimeout(numberGame, wait, theNumber, max, wait);
13: // HTMLのメッセージをドキュメント領域に表示するため、ダイアログボックスの表示を1秒遅らせる
14: // 3つ目以降の引数はnumberGameの引数として渡される
15:
16:
17: // 関数 numberGame   メインのプログラム。1秒後に呼ばれる
18: function numberGame(theNumber, max, wait) {
19:   let message = `1以上${max}以下の数字を(半角で)入力してください`;
20:   // 最初のメッセージ。2回目以降のメッセージは：「大き(小さ)すぎます(●回目)」
21:
22:   for (let count=1;;count++) { // 当たったときにbreakで抜けるので「条件」はない
23:     message += `(${count}回目):`; // 2回目以降は前回の最後でmessageが作られている
24:     let answer = readUserAnswer(count, message); // ユーザーの答えを得る(整数)
25:
26:     if (successOrQuit(answer, theNumber, count, wait)) break; // ★終了★
```

B

```
27:        // 当たったか、ユーザーが終了を希望。メッセージは下位の関数で表示済
28:
29:     if (answer < 1 || max < answer)
30:       message = `1以上${max}以下の数字が入力されなかったので、はずれです。`
31:         + `半角の数字を入力してください`;
32:     else if (answer < theNumber) message = "小さすぎます";
33:     else  message = "大きすぎます";
34:   } // forループの終わり
35: } // 関数numberGame 終わり
```

次の点に留意してください。

- setTimeoutを使ってダイアログボックスが表示されるまでに少し間をおくことで、ドキュメント領域に説明が表示されるようにしています
- if文の本体が1行だけの場合、{...}を省略しているものがあります（たとえば、26行目や29〜33行目）。第12章のコラム「if文の「{」と「}」の省略」の規則に反していますが、このifなどの本体が2行以上になることはないだろうと判断して、簡潔さを重視して故意に規則破りをしています（例外のないルールはない！）

 ## B.3　開発環境のインストールとターミナルを使った開発（Python）

　ブラウザに付随するJavaScriptプログラムの開発では、エディタとブラウザを使いますが、ほかの言語では「ターミナル」とエディタやIDE（統合開発環境）を使って開発をするのが一般的です（Node.jsの場合も含む）。この本で見たように、ブラウザを使って（ブラウザに表示して）開発するのは例外的といえる環境なのです。

　この付録Bでは、ほとんどの環境で開発が行える「ターミナル」とエディタを使った方法を紹介します。

「開発環境」の準備（インストール）

　WindowsやmacOSなどのOSにはブラウザが付随しており、ブラウザにはJavaScriptの処理系が入っていますが、そのほかの言語の環境はOSには入っていない（「インストール」されていない）のが一般的です。そうした環境では、開発環境の「インストール」が必要になります。

　ブラウザのJavaScriptの次に簡単に始められる（と筆者が思う）、Pythonを例に見てみましょう。

　最近は各言語の「ホームページ」があり、そこに行くとインストーラがダウンロードできるようになっています（ウェブ検索してもよいですが、公式ページの情報が確実です）。また、OSによってはより簡単にインストールができるようになっている場合もあります。

　では、まずPythonの開発環境をインストールしてみましょう。

●WindowsへのPythonのインストール

Windowsの場合、VS Codeを使っていればとても簡単にインストールできます。

1. VS Codeの右下のパネルペインで「ターミナル」のタブを選択します。
   Windows PowerShellが起動して次のような「プロンプト」が表示されます（jsはユーザー名）

```
PS C:\Users\js\Desktop\jsdata>
```

2. プロンプトの後ろにpythonと入力してEnterキーを押します。
   すると新しいウィンドウが開き、Microsoft StoreのPython 3.12のページが表示されます（バージョン［3.12］は変わっている可能性があります）
3. ［入手］を選択してインストールします

しばらくすると、インストールが終了します。次の手順でPythonが動作することを確認しておいてください。

4. 先ほどpythonと入力した「ターミナル」のタブのプロンプトの後ろに、もう一度pythonと入力します

するとPythonの処理系が起動され、次のようなメッセージが表示されて、最後にPythonのプロンプト>>>が表示されます。

```
Python 3.11.6 (tags/v3.11.6:8b6ee5b, Oct  2 2023, 14:57:12) [MSC v.1935 64
bit (AMD64)] on win32
Type "help", "copyright", "credits" or "license" for more information.
>>>
```

これで、Pythonが起動されました。

5. Control+Zに続いてEnterを入力して、Pythonをいったん終了しておいてください

● macOSへのPythonのインストール

macOSの場合、次のウェブページからインストーラをダウンロードしてインストールするのが簡単でしょう —— https://www.python.org/downloads/

1. 「Download the latest version for macOS」と書かれたすぐ下にある、「Download Python 3.12.2」などと書かれたボタンをクリックしてダウンロードします（バージョン［3.12.2］は変わっている可能性があります）
2. インストーラをダブルクリックしてインストールします

インストールが終わったら、次の手順でPythonが動作することを確認しておいてください。

1. 画面右上に表示されている虫眼鏡のアイコン（Spotlight検索）をクリック
2. 「ターミナル.app」と入力してreturn

3. ターミナルのウィンドウが開くことを確認

4. python3と入力してreturnを押し、Pythonが起動されることを確認（python3でうまく行かなかったらpythonを試してみてください）

5. exitを入力してターミナルを終了し、ウィンドウを閉じる

もしうまく行かなかったら、まずパソコンを再起動してみてください。それでもダメな場合は、次のページの手順に従ってインストールしてみてください —— https://musha.com/scjs?ap=pym

例題の実行

インストールが完了したら実行してみましょう。

1. VS Codeで、jsdataのフォルダを開きます

2. パネルペインの「ターミナル」のタブを選択します

3. 次のコマンドを実行して、例題のフォルダに移動します（cdは「Change Directory」の略）

```
$ cd exmaple
```

4. 次のようにPythonを実行する「コマンド」を入力して「数当てゲーム」が動くことを確認してください

「$」は入力を促す「プロンプト」を表します（Windowsでは「PS C:\Users\js\Desktop\jsdata\example>」などとなっているはずです。ここでは「$」で表します）。「#」はコメントの始まりを表します。#の後ろに説明を書きます

```
$ python ch2201.py      # ← あるいは python3 ch2201.py
```

たとえば次のように実行されます。

```
$ python ch2201.py
数当てゲームです。1以上100以下の整数を入力してください(1回目)： 50
小さすぎます。
1以上100以下の整数を入力してください(2回目)： 75
大きすぎます。
1以上100以下の整数を入力してください(3回目)： 62
小さすぎます。
1以上100以下の整数を入力してください(4回目)： 66
大きすぎます。
1以上100以下の整数を入力してください(5回目)： 65
おめでとうございます。「65」が当たりです。5回目であたりましたね。
$
```

Pythonの構文的な特徴（JavaScriptとの違い）としては次のような点があげられます。

- 関数やif文、for文などの範囲は、{...}ではなく、インデント（字下げ）によって指定する

- 呼び出される関数は、実際に呼び出される前に定義されていないといけない
- `if`文などの条件は`(...)`で囲まないで、「`:`」で区切る
- 関数の定義は`def`で始める

　さて、もう一度「数当てゲーム」を入力して、全角で（かな漢字変換をオンにして横幅の広い文字で）数字を入力してみてください。JavaScriptの場合と違って、全角の数字もきちんと数字として扱ってくれます。Pythonはプログラマーに優しい言語ですね。

　ではPythonのプログラムを読んでみましょう（`example/ch2201.py`）。JavaScriptの構文と似ているところも多いので、想像しながら読んでみてください。

　Pythonをやってみたくなりましたか？　そういう方には次の本がおすすめです（手前味噌ですが）。

- 『Python基礎＆実践プログラミング』（Magnus Lie Hetland著、武舎広幸ほか訳、インプレス）── 基礎から応用までこの本1冊でPythonがしっかりと身につきます。JavaScriptを知っている皆さんなら、十分読みこなせるはずです。こちらに訳者の紹介ページがあります ──
  `https://musha.com/sc/pyb`

B.4　Node.jsのコード

　上でPythonをインストールして、実行方法と、Python版の「数当てゲーム」を見ました。今度はNode.jsについて見てみましょう。

　ただし、インストール方法はPythonとよく似ていますので詳細は省略します。次のウェブページなどを参照してください

- `https://nodejs.org/` ── 公式サイト
- `https://musha.com/scjs/?ln=node` ──『初めてのJavaScript 第3版』のサポートページのNode.jsの説明

　実行方法もほぼ同じですが、実行の前にreadline-syncというライブラリ（「モジュール」と呼ばれます）をダウンロードしておく必要があります。ターミナルで例題のフォルダ`example/ch2202node`に移動してから、次のコマンドを実行して`readline-sync`というライブラリをインストールしておいてください。

```
$ cd ch2202node  # ← exampleフォルダの下にあるフォルダch2202nodeに移動
$ npm install readline-sync  # ← ライブラリ(モジュール)をインストール
```

　このコマンドを実行すると、同じフォルダに`node_modules`というフォルダと`package-lock.json`と`package.json`というファイルができます。

　続いて、Node.jsを実行する「コマンド」を入力して「数当てゲーム」が動くことを確認してください。

```
$ node ch2202.js
```

　実行結果はPythonのときと同じ（になるはず）ですので、省略します。

　ではNode.jsのプログラムを確認してください（`example/ch2202node/ch2202.js`）。

下記の点に留意してください。

- すでに書きましたが、利用できるオブジェクトが違うだけで文法規則などは同じですので、`Math.random`、`Math.floor`、`parseInt`など、同じ関数を利用しています
- モジュール（ライブラリ）`readline-sync`が返すオブジェクトを`readlineSync`という定数に代入し、このオブジェクトのメソッド`question`を呼び出すことで、メッセージ`message`を表示しつつ、ユーザーからの入力を得ています
- ダイアログボックスを表示するわけではないので`setTimeout`を使う必要はありませんが、できるだけ同じコードを使うために、`wait`の値を0にして`setTimeout`を使って`numberGame`や`printSuccessMessage`を呼び出しています
- 入出力を担当する`readLine`と`printMessage`は、ブラウザ版とは違う関数を呼び出していますが、機能は同じになっています

　Node.jsの大きな特徴は、「非同期」の処理が得意な点です。ファイルの入出力やネットワークを経由した通信などは、時間がかかったり、不安定だったりするために、入出力操作などの実行の終了を待たずに処理を前に進め、入出力の準備ができたところで結果をもらうという処理をします。慣れないとなかなか理解が難しいと思いますが、ともかく非同期の処理を行うことで、ウェブサーバなどの効率的な実行が可能になっています。

　じつは、上のコードでは通常は非同期で行う入力処理を、同期的に（入力が終わるのを待って）処理しており、このためにモジュール`readline-sync`を使っています。こうしたほうが、ブラウザ版と同じようなコードで書くことができ、わかりやすいと考えたからです。

　モジュール`readline-sync`を使わずに、非同期の処理を使うこともできます（`example/ch2202node/ch2202b.js`に非同期版を置きました。こちらはモジュールのインストールなしで実行できます）。慣れないと理解するのがかなり大変だと思います。これが筆者が、「Node.jsを『次の言語』とはしないほうがよいのではないか」と考える大きな理由のひとつです。

B.5　Go言語のコード

　今度はGo言語について見てみましょう。

　インストール方法はNode.jsやPythonとほぼ同じです。以下の書籍などを参考にしてください（またまた手前味噌ですが）。

- `https://go.dev/dl/` —— 公式サイト
- 『初めてのGo言語 —— 他言語プログラマーのためのイディオマティックGo実践ガイド』（Jon Bodner著、武舎広幸訳、オライリー・ジャパン。電子版はオライリー・ジャパンのサイトからのみ購入可能）。`https://musha.com/scgo` に紹介ページがあります（「付録B 実例で学ぶGo言語入門」を無料公開中！）

　Goはいわゆる「コンパイル型言語」です。コンパイル型言語では、通常ソースコード（プログラム）をいったん「実行形式ファイル」に「コンパイル」をして、その実行形式ファイルを改めてコマンドとして実行します。

　これに対して、JavaScriptやPythonなどの「インタプリタ型言語」では、実行形式ファイルを作らずにソースコードを「機械語」と呼ばれるコンピュータが直接解釈できる言語に変換しながら即座に実行します。

ただしGoには「インタプリタ型言語」と同じような感じに実行できる方法が用意されています[注2]。ここでは、この方式で実行してみましょう。

Go言語バージョンの「数当てゲーム」(example/ch2203.go)は（VS Codeの）ターミナルで次のように実行できます[注3]。

```
$ cd ..    # ← 上のフォルダ(ディレクトリ)へ移動。jsdata/exampleに戻る
$ go run ch2203.go   # ← コンパイルと実行
```

2つ目のコマンド「go run ch2203.go」で、コンパイル後に即座に実行してくれます。

実行結果はPythonやNode.jsのときと同じ（になるはず）ですので、省略します。

ではGoのソースコードを確認してください（example/ch2203.go）。

コードを読んだり試したりする上で、とくに次の点に留意してください。

- 変数名や関数名、引数などに「型」を指定する必要がある。int（整数）、string（文字列）など。このとき変数名を先に、型の指定は後に書く。たとえば「var a int」のようになる（「型」を指定することで、変数におかしな値を代入したりすることをある程度未然に防げる（エラーがコンパイル時に見つかるため。JavaScriptで "use strict" を指定するのと同じような効果がある）
- 代入には := と = があり、「:=」は変数の宣言も兼ねる。この場合、型は推定されるので指定不要。右辺の値と型が左辺の初期値と型になる
- if文やfor文の条件などは(...)で囲まない
- 関数から複数の値を返せる。多くの場合、最後の引数でエラーがあったかどうかを示す値を返す。それがnilならエラーがなかったことになる
- ループはfor文だけ。whileやdo...whileを使うようなものもforで書けるようになっている
- 「{」や「}」の前後で改行してもいい位置とダメな位置がある。たとえば関数の冒頭は次のように書く

    func main() {
  次のように2行に書いてしまうと（コンパイル時の）エラーになる
    func main()
    {
  これは「} else if ... {」や「} else {」などについても同様
- 定義だけして使わない変数があるとエラーになる（定数は使わなくてもエラーにはならない）
- importして利用しないパッケージ（ライブラリ）があるとエラーになる

Go言語の、筆者がとくに気に入っている特徴としては、次のようなものがあげられます。

- 比較的新しい言語であるにもかかわらず、機能がシンプルで全体像を把握しやすい。これは次のような点を考慮してとのこと
  - 比較的経験の浅い開発者もチームに加われるようにしたかった

注2　裏では、実行形式ファイルを作成して即座にコマンドとして実行し、実行後に実行形式ファイルを消すという操作を行っています。

注3　Node.jsのプログラムがある ch2202node のフォルダにいると仮定しています。そうでない場合は、jsdata/example に移動してください。わからなくなってしまったら、いったんVS Codeを終了して、jsdata のフォルダを開き、ターミナルで cd example を入力して、jsdata/example に移動してください。

- 多くの言語が「拡張につぐ拡張で互換性を軽視してきた」との反省がある
- 並行処理がわかりやすく記述でき、複数の「CPU コア」を効率よく使うコードが書きやすい
- クロスプラットフォームの開発が容易（たとえば、macOS でプログラムをコンパイルすることで、Windows や Linux で実行できる実行形式ファイルを簡単に作成できる）

なお、付録 A で触れた Go の switch 文を使うと、example/ch2203.go の if 文（上）を、下のように書けます（example/ch2203b.go）。

【ch2203.go。if 文を使ったコード】

```
25: if num, err := readUserAnswer() // ユーザーからの回答の数字(num)をもらう
26: // この行は、条件の前で、変数を宣言し、値の代入をしている部分
27: // err がnilでないときは何らかのエラーが起こったことを示す
28: err != nil || num < 1 || max < num  { // この行がifの条件
29:    // readUserAnswerからは2つの値が返ってくる。numとerrに代入
30:    // エラーがなくて、範囲外の数字が返ってきたときの処理
31:    fmt.Printf("1以上%v以下の整数ではないので、ハズレです。\n", max)
32: } else if num == theNumber { // 当たらなかったとき
33:    printSuccessMessage(count, theNumber) // 当たったときのメッセージを表示
34:    break  // forループを抜ける
35: } else if num < theNumber {
36:    fmt.Println("小さすぎます。") // fmt.Printlnは出力後改行する
37: } else {
38:    fmt.Println("大きすぎます。")
39: }
```

↓

【ch2203b.go。switch 文を使ったコード】

```
25: num, err := readUserAnswer()
26: switch {
27: case err != nil || num < 1 || num > max:
28:    fmt.Printf("1以上%v以下の整数ではないので、ハズレです。\n", max)
29: case num == theNumber:
30:    printSuccessMessage(count, theNumber)
31:    return  // ここで関数を終了。breakにするとswitch文を抜けるだけになるのでダメ
32: case num < theNumber:
33:    fmt.Println("小さすぎます。")
34: default:
35:    fmt.Println("大きすぎます。")
36: }
```

case の条件に複雑な論理式を書ける点と、各 case の最後に break を書く必要がない点が、JavaScript の switch 文とは違っています（Go 言語のほうが便利です）。

筆者は Python の次に学ぶのは Go 言語をオススメします。高速な処理をしたい、コンパイル型言語をマスターしたいという人なら、Python の前にこの言語を始めてもよいかもしれません。

B.6 Java のコード

今度は Java 言語です。

Java の処理系のインストール方法は次のウェブページなどを参照してください。

- java.com のページ —— `https://musha.com/scjs?ap=java`

Java も、Go 言語同様コンパイル型言語です。通常、次のようにコンパイルしてから実行します。

```
$ javac NumberGuessingGame.java    # ←コンパイル
$ java NumberGuessingGame    # ←実行
```

`NumberGuessingGame.java` というファイルをコンパイルすると `NumberGuessingGame.class` というファイルができます。`java` コマンドで実行する際には `.class` は指定しません。

試しに ChatGPT（GPT-4）で、Go 言語版のコード（`example/ch2203.go`）を Java に変換してもらったところ、うまくいったようですので、そのコードを紹介します（コメントのみ加えました）。他言語に変換する場合、ChatGPT はとても便利です！

関数名などは同じになっているので、対応が取りやすいでしょう。なんとなく雰囲気を感じ取ってください。なお、Java の場合、ファイル名とクラス名を一致させなければいけないので、`example/ch2204java/` というフォルダを作って、その下に `NumberGuessingGame.java` というファイルを置いています。

Java の特徴をあげましょう。

- **オブジェクト指向言語である** —— Java の大きな特徴として、（バリバリの）オブジェクト指向言語だということがあげられます。このため、すべてのコードはクラス（class）の一部として書かれます。すべての関数は何らかのクラスに属するメソッドでなければなりません

  長年に渡るオブジェクト指向研究の成果の多くが、言語の機能として取り込まれています（第9章参照）

- **クロスプラットフォームである** —— Go 言語も「クロスプラットフォーム」ですが、各 OS 専用の実行ファイルを生成します。これに対して、Java ではすべての OS で同じファイルを実行できます。たとえば上の実行例の場合、OS ごとに用意されている「Java 仮想マシン」が、`NumberGuessingGame.class` を読み込んで実行します。コンパイルの結果生成されるファイルは、どのプラットフォームでも同じです

- **大きめのプロジェクトで採用されることが多い** —— Java での開発には「決まり事」が多い印象があります。たとえば、ファイルの名前と、そのファイルの中で定義されているクラスの名前が一致しなければなりません。ですので、上のコードは `NumberGuessingGame.java` というファイルに入っていなければなりません。

  これらの「決まり事」は、コードの一貫性や品質の保持につながる場合もあり、チーム開発や大規模プロジェクトでは「長所」として働きます

なお、PHP 言語（`ch2205.php`）と C++ 言語（`ch2206.cpp`）の例については、コメント付きのコードを `example` フォルダに置きました。興味のある方はご覧ください。

B.7　練習問題

付録ではありますが、練習問題を出しておきましょう。

問題B-1　数当てゲームのブラウザのJavaScript用のコードとNode.js用のコードを同じコードで実行できるようにせよ

- ブラウザで実行されているかどうかは、windowオブジェクトの有無などで調べられます。下のコードを参考にしてください

```
if (typeof window === 'undefined') { // windowが未定義
  ... // Node.jsの場合の処理
}
else {
  ... // ブラウザの場合の処理
}
```

解答例は、フォルダexercise/prob2201の下にあります。

問題B-2　問題B-1のコードを使って、数字を全角で入れても大丈夫なようにせよ

自分で考えてもよいですし、ChatGPTやBing（https://bing.com の「チャット」）などに尋ねたり、ネット検索しても結構です。全角の数字の入力を整数として解釈する方法を考えてください。ChatGPTなどに尋ねるなら、たとえば次のような質問で大丈夫でしょう（ChatGPTなどの回答は間違っているときもあるので、きちんと動くか確認してから利用してください）。

JavaScriptの関数で、全角の数字文字列を半角の数字文字列に変えるものを作ってください。

解答例は、フォルダexercise/prob2202の下にあります。

これで本文はおしまいです。お疲れ様でした！

あとがき

　2014年のこと。しばらくの間、本の翻訳を中心に仕事をしていたのですが、翻訳の途中で新版が出てしまった翻訳書に関して編集者の方と意見が食い違い、「喧嘩別れ」をしてしまいました[注1]。

　主要な取引先を失ってしまったもののお気楽な性格の私は「まあ、なんとかなるさ」と仕事探しを始め、その一環としてプログラミング講座（とストレッチ講座）をやってみることにしました。その2年前ぐらいに、同じ出版社の仲介で通信教育の会社から3巻からなるDVD版のJavaScript講座を作成しており、「わかりやすい」というレビューも何件かいただいていたので、それをベースに対面の講座を始めてみたのです[注2]。

　「ストリートアカデミー」（現「ストアカ」）で宣伝をして、あるウィークデーに、初めて開いた講座の参加者は、男性、女性お一人ずつ。

　「やっぱり、お休みの日のほうがいいかな？」と思って次回からは休日に開催してみました。プログラミングやUI/UX関連の翻訳書を何冊か出していたのがよかったのか、2回目の参加者は14人。

　それ以降、新型コロナウイルス感染症の流行で中止を余儀なくされるまで、途中から始めた「実習編」も含め、ほぼ月に2回のペースで開催し、他サイト経由の受講者も含め、減った分の収入を補うのに十分な数の方々にご参加いただきました（参加者の皆さん、ありがとうございます）。

　受講生の方々の反応を見て、「こんなところで躓くのか。たしかに、初心者にはわかりにくいか〜」「こうしたほうがわかりやすいかな？」と試行錯誤を繰り返して「改良」を重ねました。

　新型コロナウイルス感染症の影響で対面の講座が開けなくなったのは、実習編の問題集を3巻まで作り、繰り返し参加していただけるようにした頃でした。内容もだいぶ固まってきたところでもあったので、「入門編」の内容に沿った動画を作って、無料公開することにしました[注3]。

　そして、最後の仕上げがこの本というわけです。

　翻訳も大変ですが、自分の本を書くのも大変でした。翻訳の場合のような「枠組み」がなく、章立てをゼロから考えなくてはなりません。また、細かい点についても「原著と同じ」という手が使えません。これは想像以上に大変な作業でした[注4]。

　そんな大変な作業を、陰に陽に支えてくださった皆さんには心から感謝しております。

　この本を執筆する直接のきっかけとなったのは、2019年5月にオーム社の橋本享祐さんからいただいた、翻訳のご依頼でした。「もちろん翻訳ではなく、JavaScriptの入門書を新たにというのもあります」というお言葉をいただいていたのが頭に残っていて、「ビデオの次は本にしたいな」と思ったときに、最初に橋本さんのことが浮かんだのです。執筆中は橋本さんをはじめとするオーム社の皆さんから、全体の構成から技術的な細部の内容まで、数多くのアドバイスをいただきました。まことにありがとうございます。

　また、これまで筆者の翻訳や執筆に寄り添ってきていただいた三輪幸男さん（ピアソン・エデュケーション）、鈴木光治さん（チューリング）、宮川直樹さん（オライリー・ジャパン）、石橋克隆さん（インプレス）、村田純一さん（ビー・エヌ・エヌ新社）、撹木敏男さん（河出書房新社）を始めとする編集者の皆さん。筆者をここまで鍛えていただき、ありがとうございます。

注1　その後、その編集者の方とは、しばらくして無事「仲直り」をして、それからも翻訳書を何冊か出版しています。

注2　もうひとつ、ほぼフルタイムで翻訳ソフトの開発もやったのですが、こちらは人事抗争に敗れて、1年で退社しました。「社会勉強」にはなりましたし、翻訳ソフトの最新トレンドを知ることもできたので無駄ではありませんでしたが、今でも少しトラウマが疼きます。「人のいいオタク的人間」が多かった昔のソフトウェア業界が懐かしい……。

注3　現在、この動画をこの本に合わせるようバージョンアップ中です。出版時には完成しているはずですので、この本と合わせてご覧ください。サポートページからどうぞ。

注4　技術書を翻訳するときは原著者の手抜きにブツブツ文句をいうことが多かったのですが、これからは少しそのトーンも柔らかくなるかもしれません。

313

　この本を書いている途中で、どうして筆者がプログラミングに夢中になったのかを思い出そうとしたところ、感謝の気持ちをきちんとお伝えしていなかった方々がいたことに思い至りました。入り浸りになったコンピュータルームで、大学売店の経理処理などのプログラム作成のアルバイトを、何もいわずに許してくださった国際基督教大学（ICU）の計算センターの皆様。計算センターの方々には、卒業の3年後、（最初の）博士課程の試験に不合格になってしまった際にお邪魔したときには、就職先のお世話までしていただきました（こちらも所長面接で不合格になってしまいましたが[注5]）。今まで、きちんとお礼を申し上げる機会もなくてすみません。ありがとうございました。

　この「あとがき」を書いていて、この時期にもう御一人、わざわざ就職先をご紹介いただいた方がいらしたことを思い出しました。山梨大学の古川進先生は、授業をひとつ受けただけの筆者に暖かく接してくださり、孤独な迷いの2年間を乗り越える「羅針盤」となってくださいました。ご紹介いただいた企業とは縁がありませんでしたが、ここに深く感謝いたします。

　プログラミングに関しても色々な方々にお世話になってきました。ここでお名前をあげ始めると終わらなくなりそうですので、筆者が最初に就職したリソースシェアリング株式会社で機械翻訳ソフトウェアを一緒に開発した、中瀬純夫部長、古賀勝夫部長（いずれも当時）を始めとする一癖も二癖もある開発者の皆さんに代表していただくことにしました。（AI翻訳に押されて風前の灯かもしれませんが）当時作った翻訳ソフトが、まだ生き残っています！　常識にとらわれずに突き進んだあのときの開発体験が、筆者のその後の（ちょっとヤクザな）プログラマー人生に大きな影響を与えました。ありがとうございます。新型コロナウイルス感染症で中止になっていた飲み会をそろそろ再開しましょうか。

　最後になりますが、筆者の文章に対していつも厳しいチェックを入れてくれる、マーリンアームズ株式会社の武舎るみ氏に、감사합니다（カムサハムニダ）。引き続き、よろしくお願いいたします。

　こうして振り返ってみると、プログラミングの実力を上げるには、自分で書きたいコードを楽しんでバンバン書くか、お金を稼ぐために真剣にコードを書くか、が一番効果的ではないかと思います。

　書籍などを読むのももちろん無駄ではありませんが、まずは書いて書いて書きまくってみてください。

Happy Programming!

2024年2月

マーリンアームズ株式会社

武舎 広幸

注5　今振り返ると、どちらの試験も「不合格になってよかった」と思っています。人生何が幸いするかわかりません。

索引

記号

'	20
"	20
`	20, 81
-	59
--	61, 288
-=	61
!=	59
!==	59
%	60
*	59
**	60
*=	61
/	60
/* ... */	34
//	34
/=	61
;	19, 35
+	59
++	61, 288
+=	61
<	58
<=	58
=	48
=>	126
==	48, 59, 289
===	48, 59, 289
>	58
>=	58

HTMLタグ

<!-- ... -->	34
<!DOCTYPE html>	16
<a href="...">...</a>	98
<body>...</body>	16
 	39
<div>...</div>	122, 184
<footer>...</footer>	269
<h1>...</h1>	17
<head>...</head>	16
<header>...</header>	269
<html>...</html>	16
<img src="...">	29
<li>...</li>	92
<main>...</main>	269
<nav>...</nav>	269
<ol>...</ol>	92
<p>...</p>	17
<script>...</script>	13, 17
...	107
<table>...</table>	94
<title>...</title>	16
<ul>...</ul>	267
<video>...</video>	184

A

addEventListener()	230
alert()	18, 197
API	278
Array.forEach()	298
Array.map()	300
Array.reduce()	299

B

BOM	199
break文	292

C

C++	302

CharGPT 144
clearInterval() 124, 197
console.clear() 200
console.log() 90, 168, 200
console.table() 200
console.time() 200, 218
console.timeEnd() 200, 218
const 87
continue文 293
CSS 13

D

Dateオブジェクト 192
do ... while文 296
DOCTYPE 宣言 16
document.close() 122, 209
document.getElementById() 163, 209
document.getElementsByClassName() 187, 209
document.open() 122, 209
document.write() 29, 31, 122, 209, 212
Documentインタフェース 203
documentオブジェクト 207
DOM（ドキュメントオブジェクトモデル）................ 199
DRY原則 171, 269

F

false 51
for ... in文 191, 295
for ... of文 139, 296
for文 75
function 103

G

Go 302, 308

H

hello, world 2, 22
HTML 13
HTMLCollection 187, 195
htmlタグ 16

I

if文 49

J

Java ....x, 302, 311
JavaScript v
jQuery 273
JSON 280

K

KISSの原則 172

L

lengthプロパティ 136
let 46, 259
location.hostnameプロパティ 202
location.hostプロパティ 202
location.hrefプロパティ 202
location.protocolプロパティ 202

M

Math.floor() 71
Math.random() 32
MDN web docs 203
metaタグ 16
muted属性 186

N

navigator.cookieEnabledプロパティ 202
navigator.geolocationプロパティ 202
navigator.languageプロパティ 202
navigator.maxTouchPointsプロパティ 235
navigator.onLineプロパティ 202
navigator.userAgentプロパティ 202
new 203
Node.js 302, 307

P

padStart() 99
PHP 302
prompt() 197
Python 302, 304

R

RAM 47
ReferenceError 160

S

setInterval() 121, 123, 197
setTimeout() 127, 188, 197
switch文 297

T

toString() 99
true 51
try ... catch文 160

U

Uncaught ReferenceError: ●● is not defined 160
Uncaught SyntaxError: Unexpected token '}' 161
Uncaught TypeError: ●● is not a function 160
Uncaught TypeError: Cannot read properties of
　　null (reading '●●') 163
Uncaught TypeError: Cannot set properties of
　　null (setting '●●') 164
Uncaught（エラーメッセージ） 159
undefined 112
use strict 46, 150

V

var 259

W

while文 296

window.alert() 18, 197
window.clearInterval() 124, 197
window.confirm() 197
window.consoleオブジェクト 198, 200
window.documentオブジェクト 198
window.historyオブジェクト 198
window.innerHeightプロパティ 197
window.innerWidthプロパティ 197
window.locationオブジェクト 198, 202
window.navigatorオブジェクト 198, 202, 235
window.prompt() 197
window.setInterval() 121, 123, 197
window.setTimeout() 127, 188, 197
Windowインタフェース 203
windowオブジェクト 196

ア行

アルゴリズム 258
アロー関数 126

一重引用符（'） 20
イベントハンドラ 229
イベントループ 229
イベント処理 225
入れ子 211
インタフェース 203
インデックス 135
インデント 113, 170
引用符 20

ウェブサイト 264
ウェブブラウザ 4

エディタ 4
エラーメッセージ 150, 161
演算子 48, 259

オブジェクト 175, 195, 198
オブジェクト指向 177
オブジェクト指向言語 311
オペレータ 48, 259

カ行

開始タグ 17
返り値 103
型 77, 162, 256
可読性 86
可変部分付き文字列 81
仮引数 106
関数 18, 101, 109
関数名 19

偽 51
キャメルケース 210
局所変数 51, 259
空文字列 21

組み込み関数 161
クラス指定 184
グローバル変数 52, 259
クロスプラットフォーム 311

コード vii
コメント 33
コールスタック 167
コールバック関数 284
コンスタント 87
コンソール 91, 150
コントロールフロー 258

サ行

サブルーチン 109
三項演算子 291
算術演算子 59

式 83
識別子 110, 170
字下げ 113, 170
辞書 190
実引数 106
写経 22
終了タグ 17
小数リテラル 82
処理系 19

真 51
数値リテラル 82
スコープ 51, 259
スタイル（CSS） 83
ステップアウト 166
ステップイン 166
ステップオーバー 166
ステップ実行 165
ストレージ 47
スネークケース 210

正規表現 271
制御フロー 258
整数リテラル 82
セミコロン（；） 19, 35
全角 20
宣言 46

添え字 135
属性 30
ソフトウェアテスト 173

タ行

ダイアログボックス 2
大域変数 52, 259
代入 48
代入演算子 48
タイポ 145
タグ 16

定数 87
データ構造 256
テキストエディタ 4
手続き 109
手続き型言語 179
デバッガ 164
デバッグ 143
デバッグコンソール 53, 91, 150
テンプレートリテラル 81

動画オブジェクト 182
ドキュメント領域 2

匿名関数 125
閉じタグ 17

ナ行

内部メモリ 47
難読化 63

二重引用符（ " ） 20

ハ行

配列 133
バグ 143
パス 265
バッククオート（ ` ） 20, 83
ハッシュテーブル 190
半角 20

引数 19

ブラウザ 4
ブレークポイント 165
フロー制御 258
プログラミング言語 vi
プロパティ 180
フロントエンド 301

ヘッダ 16
ヘッド部 16
変数 46

ボディ部 16

マ行

ミリ秒 123

無限ループ 292
無名関数 125
メソッド 180
メモリ 46

文字列 20
文字列リテラル 82
戻り値 103

ヤ行

ユーザー定義関数 101

ラ行

ライブラリ 273
乱数 32

リテラル 82
リファクタリング 105
リンク 98

ループカウンタ変数 76
ループ変数 76

例外処理 159
連想配列 190

ローカル変数 51, 259
ログ 92, 168
ロジカルオペレータ 58
論理式 51
論理演算子 58

著者紹介

武舎 広幸 (むしゃ ひろゆき)

　国際基督教大学、山梨大学大学院、リソースシェアリング株式会社、オハイオ州立大学大学院、カーネギーメロン大学機械翻訳センター客員研究員などを経て、東京工業大学大学院博士後期課程修了。現在、マーリンアームズ株式会社 (https://www.marlin-arms.com/jpn/) 代表取締役。英→日、英→韓、英→中、タイ語→日本語の機械翻訳をはじめとする自然言語処理関連ソフトウェアの開発、コンピュータや自然科学関連書籍の（人間）翻訳、プログラミング講座や辞書サイト (https://www.dictjuggler.net/) の運営などを手がける。

　著書に『パソコン英日翻訳ソフト活用法 ── PC‐Transer/ej実践マニュアル』『BeOSプログラミング入門』(以上、プレンティスホール、後者は共著)『プログラミングは難しくない！── ウェブではじめるJavaScript/Perl/Java』(チューリング)、『理工系大学生のための英語ハンドブック』(三省堂、共著) などがある。また、『Building Secure Software ── ソフトウェアセキュリティについて、開発者が知っているべきこと』(オーム社)、『マッキントッシュ物語』(翔泳社)、『はじめてのJavaScript 第3版』『インタフェースデザインの心理学 第2版』『初めてのGo言語』(以上、オライリー・ジャパン)、『Python基礎＆実践プログラミング』『全容解説GPT ── テキスト生成AIプロダクト構築への第一歩』(以上、インプレス) など50冊を超える翻訳書がある。

　個人サイト：https://www.musha.com/

実践 JavaScript！
―プログラミングを楽しみながらしっかり身につける―

2024 年 3 月 15 日　　第 1 版第 1 刷発行

著　　者　武舎広幸
発行者　村上和夫
発行所　株式会社　オーム社
　　　　郵便番号　101-8460
　　　　東京都千代田区神田錦町 3-1
　　　　電話　03(3233)0641(代表)
　　　　URL　https://www.ohmsha.co.jp/

© 武舎広幸 2024

組版　トップスタジオ　　印刷・製本　図書印刷
ISBN978-4-274-23173-5　Printed in Japan

本書の感想募集　https://www.ohmsha.co.jp/kansou/
本書をお読みになった感想を上記サイトまでお寄せください。
お寄せいただいた方には、抽選でプレゼントを差し上げます。